高等院校土建类创新规划教材　基础课系列

高层建筑施工

祁佳睿　车文鹏　陈娟浓　编著

清华大学出版社
北　京

内 容 简 介

本书按照国家最新的相关规范和规程进行编写，反映了现代高层建筑施工的新理论、新方法和新工艺。全书共分为 13 章，主要内容包括高层建筑概述、高层建筑的施工测量、垂直运输机械、高层建筑的基坑工程、深基坑土方的开挖、高层建筑的主体结构工程、高层建筑的扭转效应及动力特性、高层建筑基于性能的抗震设计、钢结构高层建筑的施工、高层建筑大体积混凝土施工的控制、现浇混凝土结构高层建筑的施工、高层建筑防水工程的施工、高层建筑的装饰工程。

本书内容实用性强、形式新颖，主要适用于土木工程专业、管理科学与工程专业的本科生、专科生及相关专业教学人员使用，也可作为相关岗位培训教材和建筑施工人员的参考书。

图书在版编目(CIP)数据

高层建筑施工/祁佳睿，车文鹏，陈娟浓编著. --北京：清华大学出版社，2015
(高等院校土建类创新规划教材　基础课系列)
ISBN 978-7-302-39353-5

Ⅰ. ①高…　Ⅱ. ①祁…　②车…　③陈…　Ⅲ. ①高层建筑—工程施工—高等学校—教材　Ⅳ. ①TU974

中国版本图书馆 CIP 数据核字(2015)第 031595 号

责任编辑：李春明
封面设计：杨玉兰
版式设计：东方人华科技有限公司
责任校对：周剑云
责任印制：杨　艳

出版发行：清华大学出版社
网　　址：http://www.tup.com.cn，http://www.wqbook.com
地　　址：北京清华大学学研大厦 A 座　　邮　　编：100084
社 总 机：010-62770175　　邮　　购：010-62786544
投稿与读者服务：010-62776969，c-service@tup.tsinghua.edu.cn
质 量 反 馈：010-62772015，zhiliang@tup.tsinghua.edu.cn
课 件 下 载：http://www.tup.com.cn,010-62791865

印 装 者：北京密云胶印厂
经　　销：全国新华书店
开　　本：185mm×260mm　　**印　　张**：17.25　　**字　　数**：415 千字
版　　次：2015 年 7 月第 1 版　　**印　　次**：2015 年 7 月第 1 次印刷
印　　数：1～3000
定　　价：36.00 元

产品编号：058692-01

前　言

高层建筑是社会生产和人类生活水平提高的产物，是现代工业化、商业化和城市化的必然结果。而科技的发展，高强轻质材料的出现以及机械化、电气化在建筑中的实现等，为高层建筑的发展提供了技术条件和物质基础。虽然高层建筑目前也存在着一些缺点，但随着科技的发展和进步，这些问题会逐步得到解决。

由于近年来高层建筑施工工艺理论和技术发展很快，尤其是在我国出现了不少新技术，而且其相关的规范、规程变动也较大。为贴近时代，及时介绍我国高层建筑施工技术和有关理论，特编写了本书。

本书共分为 13 章，各章主要内容分别说明如下。

第 1 章为高层建筑概述，对高层建筑的发展及意义进行阐述。

第 2 章介绍高层建筑施工测量的有关内容。

第 3 章至第 5 章介绍垂直运输机械、高层建筑的基坑工程、深基坑土方开挖的有关内容。

第 6 章介绍高层建筑的主体结构工程。

第 7 章至第 9 章介绍高层建筑的结构性能与控制、高层建筑基于性能的抗震设计、钢结构高层建筑施工的有关内容。

第 10 章至第 11 章介绍高层建筑大体积混凝土施工控制、现浇混凝土结构高层建筑施工的相关内容。

第 12 章至第 13 章介绍高层建筑防水工程的施工、高层建筑装饰工程的有关内容。

本书紧密结合工程实例，图文并茂，并在每章最后均附有相应的习题，希望在使用本书的过程中能与实践相配合。

本书适合作为高等学校土木工程专业本、专科学生的教学用书，也可作为土木工程技术人员的参考用书。

本书在编写过程中做了如下分工，其中第 1、4、6、7、8、9、13 章由祁佳睿老师编写；第 2、3、5、11 章由车文鹏老师编写；第 10、12 章由陈娟浓老师编写。参与本书编写工作的还有张宝银、张冠英、袁伟、刘宝成、任文营、张勇毅、郑尹、王卫军、张静等，在此一并表示感谢。

由于编者水平所限，书中难免存在疏漏之处，敬请广大读者批评指正。

编　者

目　　录

第1章

高层建筑概述

学习目标

- 掌握高层建筑概述。
- 掌握高层建筑的结构形式。
- 掌握高层建筑楼板构造。

本章导读

本章将对高层建筑进行概述。首先概述高层建筑的现状，内容包括高层建筑的发展过程、高层建筑的分类、高层建筑发展的原因和存在的问题；其次介绍高层建筑的结构体系，包括从建筑材料来划分高层建筑的结构形式、高层建筑的结构体系以及高层建筑的造型设计；最后介绍高层建筑的楼板构造，内容包括高层建筑常用的楼板形式、压型钢板组合式楼板、高层建筑楼板结构布置、建筑设备与楼板的相关构造。

项目案例导入

某工程地上 6 层，建筑面积为 21332m^2；地下 1 层，建筑面积为 7843m^2。采用钢筋混凝土框架-剪力墙结构。结构平面底部长约 150m 收至顶层 50m，宽约 50m，结构主体高度约 32.25m，高宽比较小。该建筑体型较长，且平面较不规则，建筑上部存在长悬臂和大跨度结构，最大悬臂长度为 12.7m，最大跨度为 33.6m，若要通过设置抗震缝将建筑分割成规则的区块，布置上较为困难。故本建筑主要通过加强抗侧力构件的刚度，加强平面联系，减小结构的绝对和相对变形量，来保证结构具有较好的抗震性能。

本工程 ±0.000 相当于绝对标高 90.300m，室外地面相对标高约-0.5m。地下水设防水位相对标高为-2.5m。该建筑只设一层地下室，部分地下室上方没有上部结构，上部结构层数及荷载不均匀，存在一定差异，地基基础设计考虑了地基承载力、控制差异沉降和地下水浮力等因素。地下室主体结构与通往地下室的车道结构上设缝断开，通过变形缝连接。根据本工程的特点，主体结构采用桩-筏板基础，桩基采用高强预应力管桩。为减小环境影响，采用静压法沉桩。部分框架柱下存在抗压和抗浮两种工况。其中，部分抗浮为不利工况，按抗浮要求布置抗拔桩。桩采用直径为 500mm 的高强预应力管桩，主要桩型有效桩长 14m，桩端进入第 6 层细砂层，单桩抗压承载力特征值为 1400kN，单桩抗拔承载力特征值 400kN。突出在整体结构外的通往地下室的车道采用天然基础。

案例分析

该建筑结构形式在抗震性能、建筑使用功能和经济性上具有一定的优势。工程采用基于性能的抗震设计方法，进行小震弹性计算、中震不屈服及中震弹性构件验算以及罕遇地震下的弹塑性分析，并结合结构超限情况采取相应的加强措施，使其结构具有良好的抗震性能。

随着社会经济、技术发展，高层建筑如雨后春笋般出现在各个城市，而高层建筑的设计施工及其安全性能也日渐得到了人们的关注。这一章我们主要来学习高层建筑概述的相关知识。

1.1 高层建筑的发展与分类

自 20 世纪 50 年代以来，高层建筑在国内外迅速发展，其首要特点是建筑数量多、层数多、结构体系新；其次是建筑材料、计算理论和施工方法不断更新。

1.1.1 高层建筑的发展

高层建筑的起点高度或层数，各国规定不一，且多无绝对、严格的标准。高层建筑的发展经历了一个相当长的过程。随着技术和材料的发展，现代高层建筑已经发展到了一个新的水平。

1. 国外的高层建筑

美国在世界近代高层建筑的发展中起了推动作用。从 1886 年芝加哥建造的 10 层家庭保险公司大楼到 1974 年芝加哥又以束筒结构形式建造的当时世界上最高的建筑物(共 110 层，总高 443m)西尔斯大厦(Willis Tower)，美国始终是世界高层建筑物的佼佼者。另外还值得一提的是美国纽约的水塔广场建造了当前世界上最高的钢筋混凝土高层建筑水塔广场大楼，共 76 层，高 262m，结构形式采用了筒体加框架体系。

日本的高层建筑在 1964 年以前极少，因为当时日本建筑法规不允许修建高层建筑。直到“二战”后日本对建筑抗震抗风的问题做了大量的研究后，1964 年 1 月日本才废除了旧法规。于是，1964 年日本建造了第一幢 17 层的新大谷饭店。近年来日本兴建了 100m 以上的高楼有 30 余座，并以钢结构为主，如东京新宿的京王旅馆，地上 47 层，地下 3 层。东京池袋区商业中心的办公楼共 60 层，高 226m，结构体系采用筒中筒。

2. 中国的高层建筑

我国高层建筑在近年来有了迅速的发展。20 世纪 50 年代建成 13 层的北京民族文化宫，12 层的民族饭店。20 世纪 60、70 年代在广州建成 27 层的广州宾馆、33 层的广州白云宾馆。1978—1981 年间我国高层建筑发展更快，四年间共建成高层建筑 510 幢，占新中国成立以来高层建筑总量的 76%。1989 年年底，建设部系统已建成的高层建筑面积约 900 万 m^2。

20 世纪 80 年代以后，我国的高层建筑发展进入了飞速发展时期，比较突出的有：深圳国际贸易中心大厦，建筑面积为 10 万 m^2，主体为 50 层，高度 160m，第 49 层为旋转餐厅，塔楼顶面为直升机停机坪；1990 年建成的北京京广中心大厦高 208m，共 52 层；上海中心大厦总体建筑结构高度为 580m，总高度 632m，是我国目前最高的建筑物。此外还有北京国贸中心、北京长城饭店、广州广东国际大厦、南京金陵饭店、上海联谊大厦等。

我国目前所建成的高层建筑绝大多数为钢筋混凝土结构，结构体系多为纯框架、框架-剪力墙、纯剪力墙及筒体结构。

【知识拓展】

高层建筑在我国还是一个新生事物，无论在建筑技术和建筑艺术的处理方面，还是在带给人们心理和生理的影响方面，都需要一一深入研究，妥善加以解决，使其逐步完善，真正能为改善城市面貌和创造良好的生活与工作环境起到积极的作用。

3. 高层建筑的发展动因

(1) 18 世纪末的产业革命使工业迅速发展、人口集中于城市，造成用地紧张，迫使建筑向高度发展。

(2) 从城市管理及规划角度看，城市建筑向高度发展，可缩短各种工程管线以及道路长度。

(3) 高层建筑增加了建筑的密集度，缩短了各部门相互间的距离，使横向和纵向联系结合起来。

(4) 在相同的城市占地面积下，高层建筑可节约用地，提供更多的地面空间供美化、绿化使用，改善了城市小气候。

(5) 由于科学技术的发展，提供了轻质高强的建筑材料和各种水、暖、电、卫、自控的现代化设施，以及先进的施工技术、施工机械，为高层建筑的发展奠定了物质基础。

(6) 各种现代建筑思潮为高层建筑提供了理论依据。从城市空间组合和城市环境需要考虑，建造一定数量的高层建筑，对丰富建筑造型和改善城市面貌能起到有益的作用。

世界各个国家和地区都根据各自的实际情况，如从经济文化、民族习惯、人口多少和城市的发展规模等因素出发，对高层建筑做了相应的尝试。尽管各个区域的发展不平衡，但总的来说，高层建筑已在世界范围内逐步兴起。

1.1.2 高层建筑的分类依据

高层建筑的分类标准不一，目前大多数国家都从层数高度、功能要求、体型、防火要求等方面进行分类。

1. 按层数和高度分类

目前世界各国对高层建筑的划分标准并不一致，各国都有其不同的规定。联合国教科文组织所属的世界高层建筑委员会建议按高度将高层建筑分为4类。

第一类：9～16层(最高到50m)；

第二类: 17～25层(最高到75m)；

第三类: 26～40层(最高到100m)；

第四类: 40层以上(即超高层建筑)。

目前我国对高层建筑的定义如下。

(1) 《高层民用建筑设计防火规范》(GB 50045—2005)中规定，10层和超过10层的居住建筑和超过24m高的其他民用建筑为高层建筑。

(2) 《钢筋混凝土高层建筑结构设计与施工规程》(JGJ 3—91)中规定：“本规定适用于八层及八层以上高层民用建筑……”按此规定即8层起算高层建筑。

(3) 我国《民用建筑设计通则》(JGJ 37—2005)规定：建筑高度超过100m时，不论住宅及公共建筑均为超高层建筑。

(4) 建筑高度：指建筑物室外地面到其檐口或屋面面层的高度。

2. 按功能要求分类

按功能要求高层建筑可分为以下几类。

(1) 高层办公楼。

(2) 高层住宅。

(3) 高层旅馆。

(4) 高层商住楼。

(5) 高层综合楼。

(6) 高层科研楼。

(7) 高层档案楼。

(8) 高层电力调度楼。

3. 按体型分类

按体型高层建筑可分为以下两类。

(1) 板式高层建筑。建筑平面呈长条形的高层建筑，其体型如板状。

(2) 塔式高层建筑。建筑平面长宽接近的高层建筑，其体型呈塔状。

4. 按防火要求分类

根据建筑物使用性质、火灾危险性、疏散及扑救难度等因素分类。我国《高层民用建筑设计防火规范》(GB 50045—2005)将高层建筑分为一类高层建筑和二类高层建筑。

1.2　高层建筑的结构形式

高层建筑结构体系包括高层建筑的材料、高层建筑的结构体系以及高层建筑的造型设计等。

1.2.1　高层建筑的结构分类

高层建筑的结构按建造材料可分为砖石结构、钢结构、钢筋混凝土结构等。

1. 砖石结构

砖石结构强度较低、自重大、抗震性能差，在我国只能用于 6 层及其以下民用房屋的建造。在国外由于轻质高强空心砖的强度可达 40～70MPa，因此砖石结构也可用于 8～18 层的住宅建筑。

2. 钢结构

钢结构具有自重轻、强度高、有延性、能承受较大的变形、施工快、便于装配等特点。在国外，钢结构用于高层建筑较为普遍；在我国由于钢材少、造价高，故一般多在超高层建筑采用。

3. 钢筋混凝土结构

同砖石结构相比，钢筋混凝土结构具有强度高、刚度好、抗震性好等特点，与钢结构相比更耐火，耐久性强、材料来源丰富，因此在我国的高层建筑中得到了广泛应用。

1.2.2　高层建筑的结构体系

高层建筑结构可分为水平结构和垂直结构。在工程实践中，垂直结构应用得较多。垂直结构要求具有足够的抗压强度，而水平荷载则要求结构具有足够的抗弯、抗剪强度和刚度，由于各种结构抗压抗侧力是同荷载大小及种类有关，因此形成了不同的结构体系，具体如下。

1. 纯框架体系

纯框架体系是指竖向承重结构全部由框架组成的体系。在水平荷载下，本体系强度低、刚度小、水平位移大，称为柔性结构体系。

1)　结构特征、优缺点和适用范围

目前纯框架体系主要用于 10 层左右住宅楼及办公楼。若过高则因水平荷载所引起的柱中弯矩加大而使底层柱断面过大而影响使用。框架体系因有框架柱承重故而可形成较大的灵活空间，使建筑平面布置不受限制。

2) 柱网布置及尺寸

纯框架体系的框架柱的断面通常为矩形，根据需要也可以设计成T形、I形和其他形状。纯框架体系的横梁断面常为矩形或T形，有时为了提高房屋净高度而做成花篮形。

纯框架体系的柱网布置首先应满足使用要求，并使结构布置合理、受力明确直接、施工方便，可在进行综合经济、技术比较后，选用合适的柱网。

【知识拓展】

根据我国情况，住宅建筑的开间一般为3.3～4.5m，公共建筑的开间可达6.6～7.5m。框架梁跨度通常在4～9m。梁截面可以根据梁的跨度进行估算来确定。梁高 h 可按力大小在 h=(1/10～1/15)L 范围选用。其中 L 为梁的跨度。梁宽 b 取梁高的(1/2～1/3)h，由于施工要求，梁宽还应比柱子宽度小5cm左右，以便梁的两侧钢筋不与柱竖钢筋相碰。柱的截面尺寸可按轴心受压估算，估算压力值可提高20%～40%，其中中柱取低值，边柱取高值。

2. 纯剪力墙体系

纯剪力墙体系是指该体系中竖向承重结构全部由一系列横向和纵向的钢筋混凝土剪力墙所组成，这种体系侧向刚度大、侧移小，称为刚性结构体系。

1) 结构特征、优缺点及适用范围

剪力墙通常为横向布置，间距小，约为3～6m，因此平面布置不灵活，仅适用于小开间的高层住宅、旅馆、办公楼等。本体系在理论上可建造上百层的民用建筑，但从技术经济考虑，地震区的剪力墙体系一般控制在35层(总高110m)以内，非地震区可适当放宽。

由于使用需要，剪力墙体系底层部分剪力墙改为框架，形成框架剪力墙结构，使得其结构的上部刚度与底层刚度相差悬殊，刚度突变，对地震区的建筑是不利的。

2) 纯剪力墙的结构布置

全部由剪力墙承重，可使房屋有足够的刚度来抵抗水平荷载。在民用建筑中，一般横墙短且数量多，纵墙长而数量少，因此纵横向剪力墙布置应适应这一特点，具体如下。

(1) 横向布置剪力墙。楼板支承在横墙上，横墙间距即楼板的跨度，通常剪力墙的间距为3～6.6m。这种布置方式刚度较好，但空间小，多用于住宅、旅馆等。

(2) 纵向布置剪力墙。楼板支承在纵墙上，根据建筑物的宽度可布置2～4道纵墙。这种布置方式的缺点是建筑物的刚度较差，但空间较大。

(3) 纵横向布置剪力墙。大梁支承在纵墙上，板支承在横墙上。在塔式高层建筑中，由于建筑平面纵横两个方向长度差别不大，采用此种方式较合理。

3. 框架-剪力墙体系

在框架体系中适当布置能抵抗水平推力的墙体，可使框架柱、楼板有可靠连接而形成结构体系。房屋的竖向荷载由框架柱和剪力墙共同承担，而水平荷载则主要由刚度较大的剪力墙来承受。

1) 结构特征、优缺点和适用范围

框架-剪力墙体系(有时简称框-剪体系)既有框架结构布置灵活的优点，又能承受水平推力，因此是目前高层建筑常用的结构形式。一般适用于 25 层以下(总高度在 90m 以内)的建筑。

2)　结构布置原则

在框架-剪力墙体系中，框架结构布置方法与纯框架结构布置相同，关键是如何合理布置剪力墙的位置，使其达到既满足建筑空间的使用要求，又能承受大部分水平推力。所以，剪力墙的数量、间距、位置等布置合理与否对高层框架-剪力墙结构的受力、变形及经济影响都很大。其布置原则和要求如下。

(1)　剪力墙的平面位置。在进行建筑平面设计时应同时考虑到剪力墙的位置，使建筑和结构能相互协调。

①　地震区的剪力墙应沿房屋纵、横两个方向布置，非地震区房屋仅沿横向布置剪力墙。

②　剪力墙宜对称布置，设在建筑物端部、平面形状变化及静载大的部位。

③　剪力墙中心线应与框架柱截面重心线重合，并使剪力墙与柱布置在一起形成Π、L、T、一字形。

(2)　剪力墙沿高度方向布置。

①　剪力墙宜贯通房屋的全高，其截面厚度应不变，防止刚度剧烈变化。

②　在框-剪体系中剪力墙应尽量不开洞，如必须开洞应布置在中部，开洞面积与剪力墙面积之比小于 0.16。

③　剪力墙间距不宜过大，这样可使楼板平面内的刚度足够大，从而保证框架与剪力墙侧移一致，能可靠地传递水平荷载。因此要求在现浇楼板中 $L/B \leqslant 4$(式中 L 为剪力墙间距；B 为房屋宽度)；在现浇面层的装配式钢筋混凝土楼板中 $L/B \leqslant 2.5$。

【小知识】

合理地确定剪力墙的数量，保证剪力墙能够承担 80%～90%的水平力，可用“壁率”这一指标表示。所谓“壁率”是指每平方米建筑面积中剪力墙水平截面的长度(cm/m²)。一般“壁率”取 12～50cm/m²。

4. 筒体体系

筒体结构由框架或剪力墙围合成竖向井筒，并以各层楼板将井筒四壁相互连接起来，形成一个空间构架。

1)　结构特征、优缺点和适用范围

筒体结构比单片框架或剪力墙的空间刚度大得多，在水平荷载作用下，整个筒体就像一根粗壮的拔地而起的悬臂梁把水平力传至地面。筒体结构不仅能承受竖向荷载，而且能承受很大的水平荷载。另外，筒体结构所构成的内部空间较大，建筑平面布局灵活。筒体结构适用于超高层建筑，尤其在地震区更能显示其优越性。

2)　筒体结构的类型

根据筒体的数目多少和布置方式的不同，可以将筒体结构分为单筒、筒中筒和束筒 3 种类型。

(1)　单筒结构。单筒很少单独使用，多数情况是与框架混合使用。按照框架和筒体位置的不同布置，有外筒内框架和内筒外框架两种布置方式。在实际工程中最常用的还是内筒外框架的布置，因为大多数的高层建筑经常把电梯井和管道井布置在建筑物的中心部位，这些井道便形成了天然的筒体结构，框架则被布置在它们的外围，以便获得良好的自然光线。另外，筒体结构也可与剪力墙结构混合使用。

【小贴士】

在实际施工中也有把两个单筒分别布置在建筑物两端，而在其中间布置框架的情况。这种布置方式主要适用于建筑物房间面积较大时，利用两端的筒体来加强房屋的刚度。

(2) 筒中筒结构。所谓筒中筒是指由内到外套置的几层筒体，内外筒之间通过楼板连成整体。由于几层筒体是共同工作的，故筒中筒比单筒能承受的水平力要大得多。筒中筒的内筒一般布置成辅助房间和交通空间，多采用实腹筒，也可用空腹筒。外筒宜用空腹筒，有利于采光。筒中筒结构形成的内部空间较大，抗侧力又好，所以特别适用于建造办公、商店、旅馆等多功能的超高层建筑。

(3) 束筒结构。束筒是由若干个筒体相并列形成的，其整体刚度比前两种筒体有显著提高，可使筒体建筑建造得更高。曾经是世界上最高的超高层建筑美国芝加哥的西尔斯大厦采用的就是束筒结构。

3) 筒体结构布置要点

筒体结构的平面形式通常采用方形和矩形，也可以采用圆形、椭圆形、三角形、多边形等形式。为使筒体能更好地发挥空间受力作用，矩形平面的筒体长短边之比不宜大于2。空腹式筒体的立柱间距不能太大，否则会影响筒体的整体性。筒体结构常用的柱距是1.2～3m，个别可扩大到4.5～5m，但一般不应大于层高。横梁高度在0.6～1.5m左右，上下横梁和左右两根柱之间的空隙即为开窗的孔洞。为了保证筒体的整体性，开窗面积不应大于整个墙面面积的50%。

1.2.3 高层建筑的造型

建筑的造型综合反映了内部与外部空间的融合，同时也反映了时代、民族和地区的特点。它会伴随着社会生产力的发展、科学技术的进步、人们的精神生活以及物质生活的提高而相应地演变。

1. 高层建筑造型的设计原则

人们要创造出美的空间环境，就必须遵循美的法则来进行构思。古今中外的建筑，尽管在形式处理上千差万别，但都遵循一个共同的准则——多样统一。因而，只有多样统一堪称形式美的规律。在多样统一的基础上再从主从、对比、韵律、比例、尺度、均衡等诸多方面来进行综合思考，这便是高层建筑造型设计的基本思路。具体设计原则如下。

(1) 高层建筑的体型首先应满足功能的要求，但不能机械地依附于功能，应综合地反映内部与外部空间从内到外，从外到内的统一协调。

(2) 高层建筑的体型所构成的空间实体应根据技术设备与经济条件综合考虑并加以比较，因地制宜地“富变化于统一”，使建筑既具有实用的属性又赋予其美的特征。

(3) 在体型设计时，应首先从整体组合来考虑，并符合城市规划部门对该地区的规划要求和设想。

(4) 从结构方面看，高层建筑应根据结构受力的特点，根据侧向力的位移和房屋的高厚比等综合因素来组合其体型空间。

(5) 在高层建筑设计中，还应考虑“阴影区”带来的影响。

(6) 高层建筑体型设计应注意解决体型对小气候的影响，由于气流的绕行而形成紊流使周围空间产生强烈缝隙风和涡流，这对通风均产生不利影响。

2. 高层建筑的基本体型

高层建筑的体型有很多，主要包括以下几种。

1) 矩形和正方形棱柱体

从几何角度看，这类体型对侧移较敏感。由于矩形和方形几何体受力明确、平面布局灵活、结构布置简单、经济效果好、建筑构件的类型少，且便于施工，故在国内外高层建筑中采用方形和矩形棱柱体较多。

2) 圆柱体和椭圆柱体

圆柱体和椭圆柱体的高层建筑形成了管状几何体和对侧向荷载的三维效应，其体型可减少风荷载 20%～40%，而且建筑形体富有变化。如美国亚特兰大的桃树广场旅馆，以其光亮而又简洁的圆柱体型闻名于世。

3) 三棱柱体

与方柱体、长方柱体和圆柱体相比较，三棱柱体的外墙面积最大，对抵抗侧向位移不利，为保暖隔热所耗费的能源最多，平面布置有不规则的死角出现，但因其外形新颖奇特而常受到建筑师的欢迎。在地形和环境需要时也可采用。为了克服这种体型存在的缺点，可将三棱柱体的三个角切去。

4) 角锥体和收分体

角锥体和收分体是减少建筑侧移的有效建筑体型，且建筑空间轮廓富于变化，但由于每层平面的大小都不同，从而增加了结构设计和施工的难度。

5) 其他体型

从以上基本体型可变化出各种体型，如十字形、新月形、Y 形、L 形、梯形等。

3. 高层建筑造型与结构的关系

建筑的造型设计在满足使用要求的基础上还必须综合考虑各工种的要求，特别是对高层建筑结构的受力特点和结构构造应有综合的了解，以便在建筑早期方案阶段提出较合理的建筑平面布局和有利于结构的造型方案。

【小贴士】

各种形态的建筑物总是通过各种结构体系的结构构架才得以支撑、稳定、坚固的。一定的结构体系只能表现一定的建筑造型。特定的平面与形体需要独特的结构形式来实现。因此，结构、材料、技术的发展与创新，常成为建筑形式的创造与飞跃的前提。好的建筑总是以好的结构为基础；美的形象总是由结构的精练来决定的。

1.3 高层建筑的楼板构造

高层建筑的楼板构造包括高层建筑的楼板形式、压型钢板组合式楼板、高层建筑楼板的结构布置、建筑设备与楼板的相关构造等。

1.3.1 高层建筑常用的楼板形式

高层建筑常用的楼板形式有钢筋混凝土平板、无梁楼板、肋梁楼板、密肋楼板和压型钢板组合楼板等。当建筑物高度大于 50m 时应采用现浇楼板，小于 50m 时可采用预制楼板，但在顶层、结构转换层和开洞过多的或平面较复杂的楼层仍应采用现浇楼板。

支承在墙体上的钢筋混凝土平板分为现浇平板、预制实心板或空心板和叠合板。平板适用于跨度较小的居住建筑和公共建筑。普通混凝土平板的跨度不宜大于 6m，预应力混凝土平板则不宜大于 9m。现浇平板宜用定型模板或用预应力混凝土薄板作为永久性模板。

钢筋混凝土无梁楼板适用于跨度较小的公共建筑。选用这种楼板时，应同时采用剪力墙或筒体作为抗震结构。普通混凝土无梁楼板的跨度不宜大于 6m，预应力混凝土无梁楼板跨度不宜大于 9m。

钢筋混凝土肋梁楼板宜现浇，也可采用预制板和现浇梁形成装配整体式肋梁楼板。当采用框架剪力墙结构时，应在预制板面铺设一层混凝土整浇层，以增强楼板的整体性。整浇层厚度通常为 40mm，若整浇层中埋有设备管线则应对其适当加厚。

肋梁间距不大于 1.5m 的钢筋混凝土楼板称为密肋楼板，适用于中等跨度的公共建筑。普通混凝土密肋楼板的跨度不宜超过 9m，预应力混凝土密肋楼板的跨度则不大于 12m。密肋楼板可做成单向密肋或双向密肋，采用定型模板进行现浇。密肋间距通常为 600～700mm。

1.3.2 组合式楼板

组合式楼板的做法是用截面为凹凸形的压型钢板与现浇混凝土面层组合形成整体性很强的一种楼板结构。压型钢板既可作为面层混凝土的模板，又可起结构作用，可增加楼板的侧向和竖向刚度，使结构的跨度加大、梁的数量减少、楼板自重减轻、加快施工进度，在国外高层建筑中有广泛的应用。

1. 压型钢板组合式楼板的类型

压型钢板的跨度可为 1.5～4m，最经济跨度为 2～3m。截面高度一般为 35～120mm，压强一般为 100～270N/m^2。为适应不同跨度和荷载，各国均有其产品系列。压型钢板组合式楼板有以下几种类型。

(1) 压型钢板只作为永久性模板使用，承受施工荷载和混凝土的荷重。混凝土达到设计强度后，单向密肋板即承受全部荷载，压型钢板已无结构功能。

(2) 压型钢板承受全部静荷载和动荷载，混凝土层只用作耐磨面层，并分布集中荷载。混凝土层可使压型钢板的强度增大 90%，工作荷载下刚度提高。

(3) 压型钢板既是模板，又是底面受拉配筋。其结构性能取决于混凝土层和钢板之间的黏结式连接。

2. 压型钢板组合式楼板抗剪螺钉连接构造

压型钢板组合式楼板的整体连接是由栓钉将钢筋混凝土、压型钢板和钢梁组合成整体。

栓钉是组合楼板的剪力连接件。楼面的水平荷载通过栓钉传递到梁、柱、框架，所以栓钉又称抗剪螺钉或剪力螺栓。其规格、数量按照楼板与钢梁连接处的剪力大小来确定。另外，栓钉应与钢梁牢固焊接，其焊接的钢梁用钢应与栓钉相同，并应选用与其配套的焊接座。

1.3.3　高层建筑楼板的结构布置

高层建筑楼板的结构布置与建筑物的平面形状和结构体系有关。楼板的跨度由承重墙或墙柱的间距来确定，且墙柱间距宜控制在楼板的经济跨度范围内。根据梁、板、柱(或墙)三者之间的支承关系及受力特点，可将楼板分别布置成单向板、双向板、无梁楼板、双向密肋板、单向密肋板等。

布置筒体楼板结构时，单筒体宜布置成双向肋梁楼板，使筒体受力均匀，并可提高楼层的有效净空高度。筒中筒结构楼板布置有以下 3 种布置方式。

(1) 当梁跨在 8～16m 时，可将梁两端直接支承在内外筒身上，形成较大空间，使内外筒体形成整体的联系，在四角内外筒之间可布置成双向肋梁楼板或单向密肋楼板，使整个筒体均匀受力。

(2) 在内外筒之间沿对角线布置斜向大梁，然后垂直于筒体布置次梁。

(3) 在内外筒之间直接放平板不设梁。这一做法施工简单，能充分利用层高，但由于受板跨度限制，故只能用在内外筒距离不大的平面组合中。否则会使板厚增加，板的自重随之增大，导致设计不合理。

1.3.4　建筑设备与楼板的相关构造

建筑设备与楼板的相关构造包括高层建筑给水排水设备与楼板的相关构造、高层建筑中安装的共用天线、电话以及设备层。

1. 高层建筑给水排水设备与楼板的相关构造

水泵间是供水系统中不可缺少的部分，高层建筑中由于供水系统的不同，可设置单个或多个水泵间。水泵间有振动和噪声，因此一般水泵间设置在一层或地下室、半地下室，有时也设在楼层。水泵间内至少有 4 台水泵，其中 2 台为生活水泵，2 台为消防水泵。如有集中热水系统则须另加热水泵。另外还需要设置周转水箱或水池。水泵应有设备基础，楼层上的设备基础与大楼连成整体，楼板采取现浇。水泵间在运行时有时会有水渗漏，因此，须在水泵间内设排水沟和集水井。集水井要下凹，以便集水，水泵间的集水井在楼层时，楼板要下凹，以免影响下面房屋的使用。水泵四周的地面要略高于相邻地面 5～6cm，以便做坡度和排水沟。水箱在楼层时，与上部楼板要留出不小于 80cm 的检修间隙。水泵间的设备如有震动，还应根据建造要求在楼板上设置相关的减震措施。

2. 高层建筑中安装的共用天线

共用天线杆要固定在屋顶上，按设计位置预埋钢板，并将天线杆焊在钢板上加以固定。天线上信号通常经由同轴电缆穿越屋面进入建筑物，因此必须在屋面上预埋穿越钢管。

为了保证接收电视屏幕上的图像清晰，共用天线系统的接收天线部分必须提高接收信号的强度，尽可能减少噪声对信号的干扰。因此天线杆一般不能安装在电梯井的上部和靠近主要交通干道的一侧。在安装共用天线前要用场强计在现场测定场强，选择干扰波和反射波影响最小的位置进行安装。

为了防雷，可在天线杆顶加避雷针，并同建筑物的防雷接地体作电气连接，以保证良好的接地效果。

【知识拓展】

共用天线的放大器、控制器、混合器最好设置在顶层房间内，以便管理和检修。专用房间的位置要靠近天线引入电缆处，最大距离不超过 15m。共用天线的分配器、干线和分支器及终端插座等，在高层建筑中应和同轴电缆管嵌墙暗装为宜。

3. 电话

高层建筑的总机室可以说是一个人工电话站或自动电话站。电话站的地板最好采用架空的活动地板，以便在地板下面敷设线路。如采用水泥楼地板时，除须留出线沟外，还应铺上橡皮或塑料地板。高层建筑中电话线路敷设一般要求采用电话电缆穿过金属管沿墙或楼板暗敷设。

4. 设备层

设备层，是指将建筑物某层的全部或大部分作为安装空调、给排水、电气、电梯机房等设备的楼层。一般在 30m 以下的建筑物中设备层通常设在地下室或顶层。但由于考虑设备的耐压大小和风道以及设备尺寸所占用的空间等因素，有时还要求布置中间设备层。

空调设备、各种管道与建筑结构、构造有密切关系，布置时要充分利用空间，使技术和美观相统一。

本章小结

本章首先介绍了高层建筑的发展过程、高层建筑的分类；接着介绍了高层建筑的结构体系，包括从建筑材料来划分高层建筑的结构形式、高层建筑的结构体系以及高层建筑的造型设计；最后介绍了高层建筑的楼板构造，内容包括高层建筑的楼板形式、压型钢板组合式楼板、高层建筑楼板的结构布置、建筑设备与楼板的相关构造。

思考与练习

1. 如何界定高层建筑与多层建筑？

2. 高层建筑结构有何特点？

3. 高层建筑采用的结构可分为哪些类型？各有何特点？

4. 谈谈你对高层建筑的发展趋势的见解。

5. 结合世界第一高楼迪拜塔的建造实例，说明设计超高层建筑要处理哪些不同于设计一般建筑的问题，并说明解决这些问题的方法。

第2章

高层建筑的施工测量

学习目标

- 正确掌握高层建筑施工测量的特点及基本要求。
- 了解施工控制系统。
- 掌握高层建筑建筑物主要轴线的定位及标定。
- 掌握高层建筑施工中的竖向测量方法。

本章导读

本章将对高层建筑施工测量的特点及基本要求、施工控制网的建构以及高层建筑中的测量方法进行详细讲述。首先介绍高层建筑施工测量的特点及基本要求。其次介绍建立施工控制网的内容，包括平面控制、高程控制。然后介绍建筑物主要轴线的定位及标定，内容包括桩位放样、建筑物基坑与基础的测定、建筑物基础上的平面与高程控制。最后介绍高层建筑中的竖向测量，内容包括激光铅垂仪法、天顶垂准测量、天底垂准测量。通过学习，读者要掌握高层建筑的基本测量方法，并能够通过实际案例对方法进行回顾掌握。

项目案例导入

某房地产有限公司开发的商住楼工程，位于某大道21号，由主楼(A、B两栋)、裙楼和地下室组成。本工程总用地面积为7456.91m^2，总建筑面积为20378.19m^2。A栋地上11层(含顶层跃层)，B栋地下共1层，地上共15层(含顶层跃层)，主体均为现浇框架-剪力墙结构，基础均为桩基础；裙楼地下共1层，地上共3层，主体为现浇框架结构，基础为桩基础。其中B栋和商场的负一层平时为地下车库，战时为人防工程，层高4.7m；A栋、B栋和裙楼的一到三层组成商场，层高由±0.000开始分别为：5.7m、4.8m、4.8m；A栋、B栋的四层及四层以上为住宅，标准层层高为3.0m，A栋檐高为42m，建筑总高度为45m，B栋檐高为51m，建筑总高度为54m。商场檐高为15.250m，建筑总高度为18.250m。

案例分析

1. 测量前的准备工作

(1) 熟悉设计图纸，仔细校核各图纸之间的尺寸关系。测设前需要准备好下列图纸：总平面图、建筑平面图、基础平面图等。

(2) 现场踏勘。全面了解现场情况，并对业主给定的现场平面控制点和高程控制点进行查看和必要的检核。

(3) 制订测设方案。根据设计要求、定位条件、现场地形和施工方案等因素制订测设方案，包括测设方法、测设数据计算和检核、测设误差分析和调整、绘制测设略图等。

(4) 对参加测量的人员进行初步的分工并进行测量技术交底，并对所需使用的仪器进行重新检验。

DSZ3水准仪检测项目是：圆水准器轴L′L′∥竖轴VV；十字丝的中丝⊥竖轴VV；水准管轴LL∥视准轴CC，保证$i \ngtr 20''$。

电子经纬仪的检测项目是：水准管轴LL⊥竖轴VV，应保证气泡偏离零点≯半格；十字丝的竖丝⊥横轴HH；视准轴CC⊥横轴HH；横轴HH⊥竖轴VV。

(5) 准备好测量所需要的辅助工具和材料。例如：50m钢卷尺1把、5m钢卷尺3把、8磅锤2把、羊角锤1把、红油漆1桶(带稀料)、毛笔5支、红蓝铅笔1把、15mm水泥钉1盒、50mm水泥钉1盒、铁锹1把、木桩若干。

2. 建筑物的定位

本工程中的规划测量部门已将建筑控制点施测完毕，所以根据控制点的坐标和拟建建筑物坐标，本工程的定位可以采用极坐标法进行施测。

3. 现场施工水准点的建立

本工程现场施工水准点的引测依据为业主和测绘部门指定的控制点，我方将采用指定控制点向施工现场内引测施工水准点(±0.000的标高)。为保证建筑物竖向施工的精度要求及观测的方便，在现场内布设四个施工水准点。水准点须布设在通视良好的位置，距离基坑边线大致在10～20m，可与建筑物某些轴线控制点在同一位置设置并进行保护。其方法是：初步定出四个水准点，分别是a_1、a_2、f_1、f_2，将其布设成闭合水准路线，且闭合差不应超过±6n0.5(n为测站数)或±20L0.5(L为测线长度，以km为单位)。

4. 建筑物的沉降观测

根据规范规定，对于20层以上或造型复杂的14层以上的建筑物，应进行沉降观测，并应符合现行行业标准《建筑变形测量规程》(JGJ/T 8—2007)的有关规定。

高层建筑施工测量对高层建筑的设计建造尤为重要。高层建筑施工者在施工时要特别重视测量的重要性。这一章我们来学习高层建筑施工测量的相关知识。

2.1 高层建筑施工测量的特点及基本要求

高层建筑施工测量的特点及基本要求如下。

(1) 由于建筑层数多、高度高，结构竖向偏差直接影响工程受力情况，故施工测量中竖向投点精度要求高，所选用的仪器和测量方法要适应结构类型、施工方法和场地情况。

(2) 由于建筑结构复杂，设备和装修标准较高，特别是高速电梯的安装等，对施工测量精度要求亦高。一般在设计图纸中须说明总的允许偏差值，由于施工时亦有误差产生，因此测量误差只能控制在总的允许偏差值之内。

(3) 由于建筑平面、立面造型既新颖且复杂多变，故要求开工前先制订施测方案、仪器配备、测量人员的分工，并经工程指挥部组织有关专家论证方可实施。

(4) 遵守国家法令、政策和规范，明确为工程施工服务。

(5) 遵守先整体后局部和高精度控制低精度的工作程序。

(6) 要有严格审核制度。

(7) 建立一切定位、放线工作要经自检、互检合格后方可申请主管部门验收的工作制度。

2.2 施工控制系统

目前我国高层建筑大量兴起，高层建筑中的施工测量已引起人们的重视。在高层建筑施工过程中存在着大量的施工测量问题，所以有必要建立施工控制系统，对施工进行严格的指导。

2.2.1 建立施工方格控制网

高层建筑必须建立施工控制系统。一般建立施工方格控制网较为实用，使用方便，可以使精度有保证，自检也方便。建立施工方格控制网，必须从整个施工过程考虑，打桩、挖土、浇筑基础垫层和建筑物施工过程中的定轴线均能应用所建立的施工控制网。由于打桩、挖土对施工控制网的影响较大，除了经常复测校核外，最好随着施工的进行，将控制网延伸到施工影响区之外。

【小贴士】

目前在高层建筑施工中，采用的“升梁提模”和钢结构吊装双梁平台整体同步提升等施工工艺，必须将控制轴线及时投影到建筑面层上，然后根据控制轴线作柱列线等细部放样，以备绑扎钢筋、立模板和浇筑混凝土之用。

1. 建立局部直角坐标系

为了将高层建筑物的设计放样到实地上去，一般要建立局部直角坐标系。为了简化设计点位的坐标计算和便于在现场建筑物放样，该局部系统坐标轴的方向应严格平行于建筑物的主轴线或街道的中心线。

为了便于在施工过程中能够保存最多数量的控制点标志，施工方格网布设应与总平面图相配合。

2. 使用极坐标法和直角坐标法的放样

在工业企业建筑场地上，一般地面较为平坦，适宜用简单的测量工具进行平面位置的放样。在平面位置的放样方法中，通常使用的是极坐标法和直角坐标法。用极坐标法放样时，要相对于起始方向先测设已知的角度，再由控制点测设规定的距离。

下面分析使用极坐标法和直角坐标法放样点位的精度。

1) 极坐标法

设有通过控制点 O 的坐标轴 Ox 和 Oy，待放样点 C 的坐标等于 x 和 y，如图 2-1 所示。放样是由位于 Ox 轴上离点 O 距离为 c 的点 A 来进行。即在 A 点测设出预先算得之角度α，再由点 A 测设距离到点 c。因此，为了放样 C 点，需要进行下列工作。

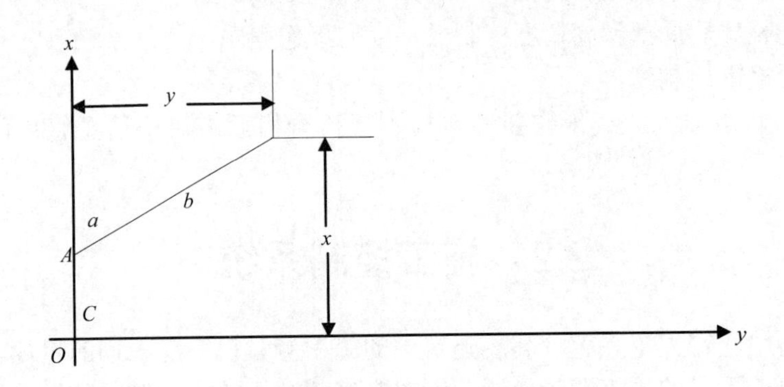

图 2-1 极坐标示意图

(1) 在 Ox 方向上量出由点 O 到点 A 的距离。

(2) 仪器对中。

(3) 在 A 点安置仪器测设角度α。

(4) 沿着所测设的方向，由 A 点量出距离 b。

(5) 在地面上标定 C 点的位置。

以上各项工作均具有一定的误差。由于各项误差都是互不相关发生的，所以彼此又都是独立的，按误差理论可以得出使用极坐标法测设 C 点的总误差：

$$M = \pm\sqrt{(\mu c)^2 + (\mu_1 b)^2 + e^2 + \left(\frac{m_\alpha b}{\rho}\right)^2} \tag{2-1}$$

式中：μ，μ_1——丈量 c 与 b 的误差系数；

e——对中误差；

m_α——测设角度误差；

由上式可看出，C 点离开 A 点，O 点愈远，则误差愈大。尤其是 b 的增大影响更大。此外，我们还可看出，总误差不取决于角度α的大小，而是取决于测设角度的精度。为此，为了减少误差 M，需要提高测设长度和角度的精度。

2)　直角坐标法

直角坐标法是极坐标法的一种特殊情况。此时α=90°，此外，b 和 c 均是直接丈量的，所以误差系数$\mu=\mu_1$。由此得 C 点位置的总误差为

$$M=\pm\sqrt{\mu^2(c^2+b^2)+e^2+\left(\frac{m_d}{\rho}b\right)^2+\tau^2} \tag{2-2}$$

【知识拓展】

当用直角坐标法放样时，首先要在地面上设定两条互相垂直的轴线，作为放样控制点。此时，沿着 Z 轴测设纵坐标，再由纵坐标的端点对 Z 轴作垂线，在垂线上测设横坐标。为了进行校核，可以按上述顺序从另一轴线上作第二次放样。为了使放样工作精确和迅速，在整个建筑场地应布设方格网作为放样工作的辅助控制工具，这样，建筑物的各点就可根据最近的方格网顶点来放样。

3. 施工方格控制网点的精测和检核测量

建立施工方格控制网点，一般要经过初定、精测和检测 3 个步骤来完成。

1)　初定

初定即把施工方格网点的设计坐标放样到地面上。此阶段可以利用打入的 5cm×5cm×30cm 小木桩作为埋设标志使用。

由于该点为埋石点，在埋设标志时必须挖掉，因此在初定时必须定出前后方向桩，离标桩 2～3m，根据埋设点和方向桩定出与方向线大致垂直的左右 2 个点，这样在埋设标志时，只要前后和左右用麻线一拉，此交点即为原来初定的施工方格网点，如图 2-2 所示。另外再配一架水准仪，为了掌握其顶面标高，在其前或后的方向桩上测一标高。因前后方向桩在埋设标志时不会被挖掉，因此可以在埋设时随时引测。为了满足施工方格网的设计要求，标桩顶部须现浇混凝土，并在顶面放置尺寸为 200mm×200mm 的不锈钢板。

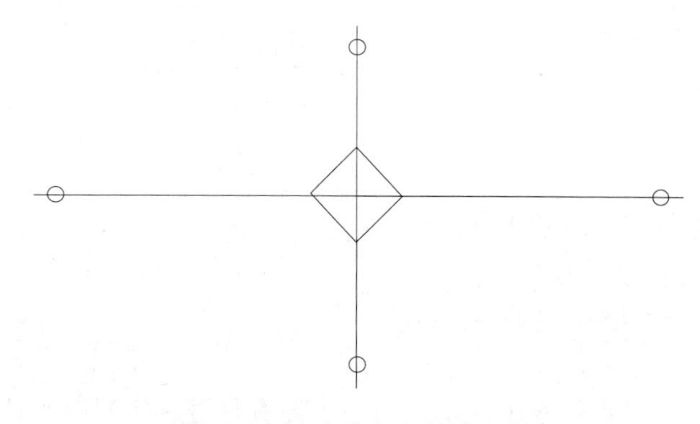

图 2-2　初定点位及方向桩示意图

2) 精测

方格网控制点初定并将标桩埋设好后，将设计的坐标值必须精密测定到标板上。为了减少计算工作量，一般可现场改正。改正方法如下。

(1) 180°时的改正方法。180°时的改正方法如图 2-3 所示。

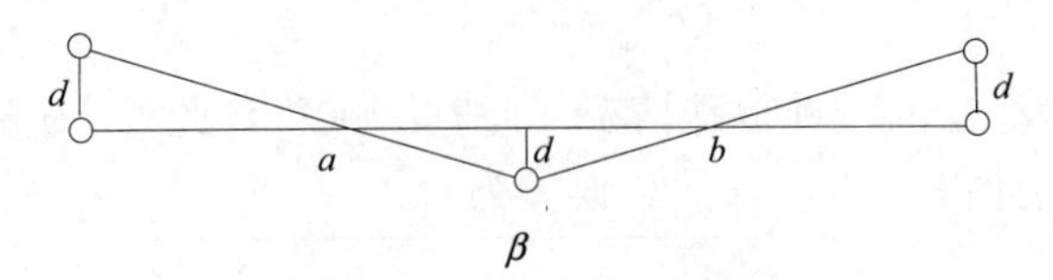

图 2-3 长轴线改正示意

其计算公式为

$$d=\frac{a\cdot b}{a+b}\cdot\left(90^{\circ}-\frac{\beta}{2}\right)\cdot\frac{1}{\rho''} \tag{2-3}$$

改正后用同样方法进行检查，其 180°之差应≤±10″。

(2) 90°时的改正方法。90°时的改正方法如图 2-4 所示。

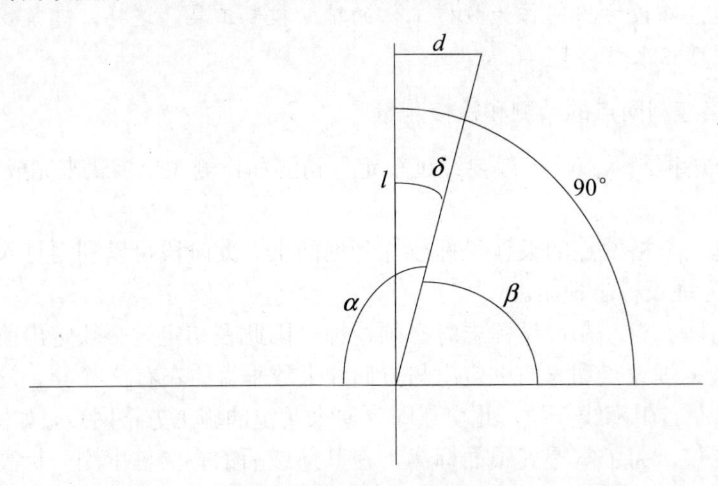

图 2-4 短轴线改正示意图

其计算公式为

$$d=l\cdot\frac{\delta}{\rho''} \tag{2-4}$$

$$\delta=\frac{\beta'-x'}{2} \tag{2-5}$$

式中：l——轴线点至轴线端点的距离；

δ——设计角为直角时的参数。

改正后检查其结果，90°之差应≤±6″。

3) 检测

虽然在现场精测时对点位做了改正，但为了检查是否有错误以及计算方格控制网的测量精度，必须进行检测。检测测角用 T_2 经纬仪两个测回，距离往返观测，最后根据所测得的数据平差计算坐标值和测量精度。

2.2.2　布置高程控制水准点

正确而周密地加以组织和较合理地布置高程控制水准点，能在很大程度上使立面布置、管道敷设和建筑物施工得以顺利进行，建筑工地上的高程控制必须以精确的起算数据来保证施工的要求。

利用水准点标高计算误差公式求得的标高误差为

$$m^2=n^2L_i+\sigma^2L_i \tag{2-6}$$

式中：n——每公里平均偶然误差，mm；

σ——平均系统误差，mm；

L_i——公里数， km。

【小贴士】

由于建筑的施工要由城市向建筑工地敷设许多管道和电缆等，因此高层建筑工地上的高程控制点要联测到国家水准标志上或城市水准点上。高层建筑物的外部水准点标高系统与城市水准点的标高系统必须统一。

2.3　建筑物主要轴线的定位及标定

建筑物主要轴线的定位及标定包括桩位放样、建筑物基坑与基础的测定、建筑物基础上的平面与高程控制等。

2.3.1　按照建筑施工控制网实施桩位放样

在软土地基区的高层建筑常用桩基为打入地基的钢管桩或钢筋混凝土方桩。由于高层建筑的上部荷重主要由钢管桩或钢筋混凝土方桩承受，所以对桩位要求较高。按规定钢管桩及钢筋混凝土桩的定位偏差不得超过 $d/2$(d 为圆桩直径或方桩边长)，为此在定桩位时必须按照建筑施工控制网实地定出控制轴线，再按设计的桩位图中所示尺寸逐一加以定出桩位。定出的桩位之间的尺寸必须再进行一次校核，以防位置定错。

2.3.2　高层建筑基坑与基础的测定

基坑下轮廓线和土方工程的定线既可以沿着建筑物的设计轴线，也可以沿着基坑的轮廓线进行定点，最理想的方法是根据施工控制网来定线。

根据设计图纸进行放样，常用的方法有以下几种。

1. 投影法

根据建筑物的对应控制点，投影建筑物的轮廓线，具体做法如图 2-5 所示，先将仪器设置在 A_2，后视 A_2'，投影 A_2A_2' 方向线，再将仪器移至 A_3，后视 A_3'，定出 A_3A_3' 方向线。用同样方法在 B_2B_3 控制点上定出 B_2B_2'， B_3B_3' 方向线，此方向线的交点即为建筑物的四个角点，然后按设计图纸用钢尺或皮尺定出其开挖基坑的边界线。

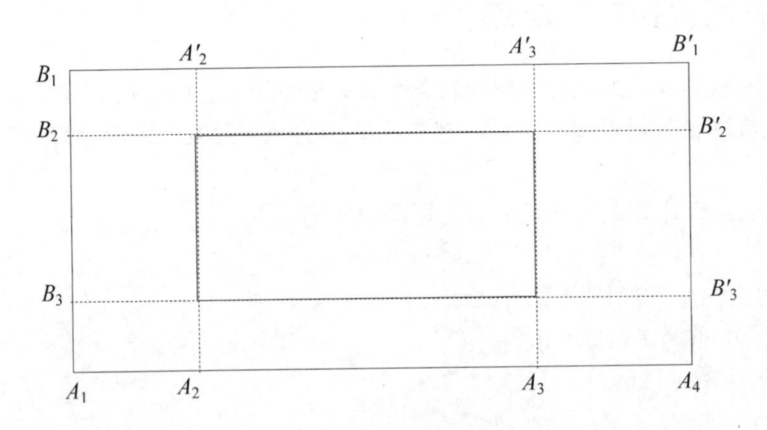

图 2-5　建筑物放样示意

2. 主轴线法

建筑方格网一般都确定一条或两条主轴线。主轴线的形式有 L 形、T 形、十字形等布置形式。这些主轴线是建筑物施工的主要控制依据。因此，当建筑物放样时，按照建筑物柱列线或轮廓线与主轴线的关系，在建筑场地上定出主轴线后再根据主轴线逐一定出建筑物的轮廓线。

3. 极坐标法

由于建筑物的造型格式从单一的方形向 S 形、扇面形、圆筒形、多面体形等复杂的几何图形发展，这就对建筑物的放样定位带来了一定的复杂性。极坐标法是比较灵活的放样定位方法，具体做法是，首先确定设计要素如轮廓坐标、曲线半径、圆心坐标等与施工控制网点的关系，计算其方向角及边长，在工作控制点上按其计算所得的方向角和边长逐一测定点位。将所有建筑物的轮廓点位定出后，再进行检查是否满足设计要求。

根据施工场地的具体条件和建筑物几何图形的繁简情况，测量人员可选择最合适的工作方法进行放样定位。

2.3.3　高层建筑的平面控制与高程控制

平面控制测量是为测定控制点平面坐标而进行的；高程控制测量是为测定控制点高程而进行的。具体内容如下。

1. 建筑物基础上的平面控制

建筑物基础上的平面控制由外部控制点(或施工控制点)向基础表面引测。如果采用流水作业法施工，当第一层的柱子立好后，马上开始砌筑墙壁时，标桩与基础之间的通视很快就会被阻断。由于高层建筑的基础尺寸较大，因而就不得不在高层建筑基础表面上做出许多要求精确测定的轴线。而所有这一切都要求在基础上直接标定起算轴线标志。使定线工作转向基础表面，以便在其表面上测出平面控制点。建立这种控制点时，可将建筑物对称轴线作为起算轴线，如果基础面上有了平面控制点，那就能完全保证在规定的精度范围内进行精密定线工作。

如图 2-6 所示为某一高层层面轴线投点图，根据施工控制，轴线 8、11、D 为主要轴线，仪器架设在 8，后视 8′投点，架在 D'后视 D'投点，此交点为 $8/D'$。以同样方法交出 $11/D'$，此两个主要轴线点定出后，必须再进行检查，看测出的交角是否满足 180°±10″和 90°±6″的精度要求，再用精密丈量的方法求得实际定出的距离，再与设计距离比较是否满足精度要求，如果超限则必须重测。精度要求由设计部门提出或甲方提出，一般规定基础面上的距离误差在±5mm 以内。当高层建筑施工到一定高度后，地面控制点无法直接投线时，则可利用事先在做施工控制网时投至远方高处的红三角标志作为控制。如图 2-7 所示为某高层建筑施工到 8 层时使用远方高处的红三角，用串线的方法定出 8 层基础面的控制点。

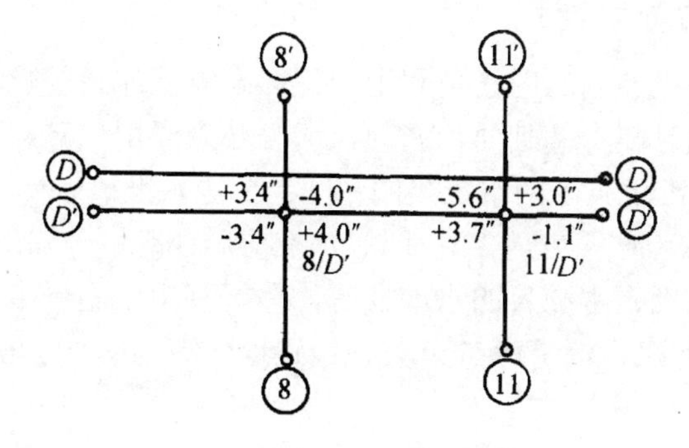

图 2-6　轴线放样图

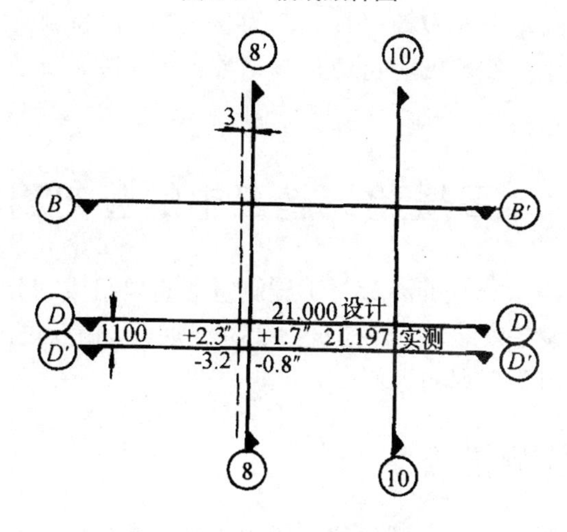

图 2-7　8 层底板的轴线投放

串线法是利用三点成一直线的原理。图 2-7 中若测定 8 轴线，则须将仪器安置在 $8/D'$处(目估)，将望远镜照准 8 点处的红三角，倒转望远镜测出 8′点处的红三角的偏差值，松动仪器中心螺栓，移动仪器大约偏差值的 1/2，再照准 8 目标、固定度盘，倒转望远镜照准 8′目标。这样往返测量多次，使仪器中心严格归化到 8 轴线上，最后测定 8 轴线的直线角是否满足 180°±10″。若测角已满足 180°±10″，即仪器中心已置于 8 轴线上，则可在建筑面上投放轴线。

【小贴士】

高层建筑施工时在基础面上放样，要根据实际情况采取切实可行的方法进行，但必须经过校对和复核，以确保无误。当用外控法投测轴线时，应每隔数层用内控法测一次，以提高精度，减少竖向偏差的积累。为保证精度应注意以下几点。

(1) 轴线的延长控制点要准确，标志要明显，并要保护好。

(2) 尽量选用望远镜放大倍率大于 25 倍、有光学投点器的经纬仪，以 T2 级经纬仪投测为好。

(3) 仪器要进行严格的检验和校正。

(4) 测量时尽量选择早晨、傍晚、阴天、无风的条件下进行，以减少旁折光的影响。

2. 建筑物基础上的高程控制

建筑物基础上的高程控制的用途是利用工程标高来保证高层建筑施工各阶段的工作。高程控制水准点必须满足整个基础面积之用，而且必须要用二等水准测量确定水准标面的标高。此外还必须把水准仪置于两水准尺的中间；二等水准前后视距不等差不得超过 1m；三等水准前后视距不等差不得大于 2m；四等水准前后视距不等差不得大于 4m。如果采用带有平行玻璃板并配有铟钢水准尺的水准仪时，最好利用主副尺来读数。主副尺的常数一般为 3.01550，主副尺之读数差≤±0.3mm，视线距地面高不应小于 0.5m。如果无上述仪器，可采用三丝法读数。

水准测量必须做好野外记录，观测结束后及时计算高差闭合差，确定是否超限，例如二等水准允许线路闭合限差为 $4\sqrt{L}$ 或 $1\sqrt{n}$ (L 为公里数、n 为测站数)。在确定观测结果满足精度要求后，即可将水准线路的不符值按测站数进行平差，计算各水准点的高程，编写水准测量成果表。

2.4 高层建筑施工中的竖向测量

竖向测量亦称垂准测量。垂准测量是工程测量的重要组成部分。它应用得比较广泛，适用于大型工业工程的设备安装、高耸构筑物(高塔、烟囱、筒仓)的施工、矿井的竖向定向，以及高层建筑施工和竖向变形观测等。

2.4.1 激光铅垂仪测量法

激光铅垂仪是一种铅垂定位专用仪器，适用于高层建筑的铅垂定位测量。该仪器可以从两个方向(向上或向下)发射铅垂激光束作为铅垂基准线，精度比较高，仪器操作也比较简单。

激光铅垂仪主要由氦氖激光器、竖轴、发射望远镜、水准管、基座等部分组成，如图 2-8 所示。激光器通过两组固定螺钉固定在套筒内。竖轴是一个空心筒轴，两端有螺扣用来连接激光器套筒和发射望远镜，激光器装在下端，发射望远镜装在上端，即构成向上发射的激光铅垂仪。倒过来安装即成为向下发射的激光铅垂仪。仪器配有专用激光电源。使用时必须熟悉说明书。用激光铅垂仪法做垂直向上传递控制时必须在首层面层上做好平面控制，并选择四个较合适的位置作控制点或用中心的十字控制，在浇筑上升的各层楼面时，必须在相应的位置预留 200mm×200mm 与首层层面控制点相对应的小方孔，保证能使激光束垂直向上穿过预留孔。在首层控制点上架设激光铅垂仪，调置仪器对中整平后启动电源，使激光铅垂仪发射出可见的红色光束，投射到上层预留孔的接收靶上，查看红色光斑点离靶心最小之点，此点即为第二层上的一个控制点。其余的控制点用同样方法做向上传递。

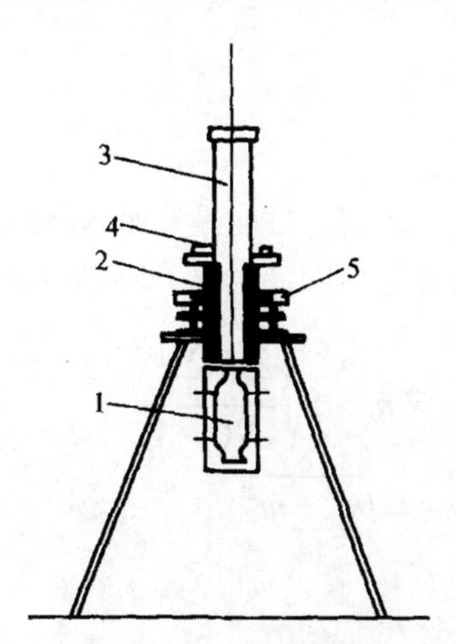

图 2-8　激光铅垂仪示意

1—氦氖激光器；2—竖轴；3—发射望远镜；4—水准管；5—基座

2.4.2　天顶垂准测量

天顶垂准测量的基本原理是应用经纬仪望远镜进行天顶观测时，经纬仪轴系间必须满足下列条件：①水准管轴应垂直于竖轴；②视准轴应垂直于横轴；③横轴应垂直于竖轴；④视准轴与竖轴是在同一方向线上。当望远镜指向天顶时，旋转仪器，利用视准轴线可以在天顶目标上与仪器的空间画出一个倒锥形轨迹。然后调动望远镜微动手轮，逐步归化，往复多次，直至锥形轨迹的半径达到最小，近似铅垂。当天顶目标分划上的成像经望远镜棱镜通过 90° 折射时可进行观测。

1. 使用仪器及附属设备

采用天顶垂准测量所使用的仪器及设备有：上海第三光学仪器厂的 DJK-6 普通经纬仪和上海第三光学仪器厂于 1985 年研制成的 DJ6-C6 垂准经纬仪；其他国产的 J6、J2 经纬仪(但望远镜要短，能置于天顶)；附属设备与仪器望远镜目镜相配的弯管棱镜组或直角棱镜；目标分划板(可以根据需要设计制作)。

2. 施测程序及操作方法

先标定下标志和中心坐标点位，在地面设置测站，将仪器置中、调平，装上弯管棱镜，在测站天顶上方设置目标分划板，位置大致在仪器铅垂或设置在已标出的位置上。将望远镜指向天顶，并固定之后调焦，使目标分划板呈现清晰，置望远镜十字丝与目标分划板上的参考坐标 X、Y 轴相互平行，分别置横丝和纵丝读取 x 和 y 的格值 GJ 和 CJ 或置横丝与目

标分划板 Y 轴重合，读取 x 格值 GJ。转动仪器照准架 180°，重复上述程序，分别读取 x 格值 $G'J$ 和 y 格值 $C'J$。然后调动望远镜微动手轮，将横丝与 $\frac{GJ+G'J}{2}$ 格值重合，将仪器照准架旋转 90°，置横丝与目标分划板 X 轴平行，读取 y 格值 $C'J$，略调微动手枪，使横丝与 $\frac{CJ+C'J}{2}$ 格值相重合。最后所测得 $X_J=\frac{GJ+G'J}{2}$；$Y_J=\frac{CJ+C'J}{2}$ 的读数为一个测回，将其记入手簿作为原始依据即可。

3. 数据处理及精度评定

一测回垂准测量中误差的精度评定，目前是参照国际标准“ISO/TC172/SC6N8E《垂准仪》野外测试精度评定方法”进行计算的，采用 DJ6-C6 仪器测试时计算公式为

$$m_x \text{或} m_y=\pm\sqrt{\frac{\sum_{1}^{4}m\sum_{i+1}^{10}V_{ij}^2}{N(n-1)}} \tag{2-7}$$

$$m=\pm\sqrt{m_x^2+m_y^2}$$

$$r=m/n$$

$$r''=\frac{m}{n}\cdot\rho''$$

式中：V_{ij}——改正数；

N——测站数；

n——测回数；

m——垂准点位中误差；

r——垂准测量相对精度；

2.4.3 天底垂准测量

天底垂准测量也可称为俯视法。天底垂准测量的基本原理、施测程序及其操作方法，具体如下。

1. 天底垂准测量的基本原理

如图 2-9 所示，利用 DJ6-C6 光学垂准经纬仪上的望远镜，旋转进行光学对中取其平均值而定出瞬时垂准线。也就是使仪器能将一个点向另一个高度面上作垂直投影，再利用地面上的测微分划板测量垂准线和测点之间的偏移量，从而完成垂准测量。基准点的对中是利用仪器的望远镜和目镜组，先把望远镜指向天底方向，然后调焦到所观测的目标变清晰、无视差为止，再使望远镜上的十字丝与基准点十字分划线相互平行，读出基准点的坐标读数 A_1，转动仪器照准架 180°，再读一次基准点坐标读数 A_2。由于仪器本身存在系统误差，A_1 与 A_2 不重合，故中数 $A=(A_1+A_2)/2$，这样仪器中心与基准点坐标 A 在同一铅垂线上，再将望远镜调焦至施工层楼面上，在俯视孔上放置十字坐标板(此板为仪器的必备附件)，用望远镜十字丝瞄准十字坐标板，移动十字坐标板，使十字坐标板坐标轴平行于望远镜十字丝，并使 A 读数与望远镜十字丝中央重合，然后转动仪器，使望远镜与坐标板原点 O 重合，这

样才算完成了一次铅垂点的投测。在一系列的垂准点标定后，作为测站，可做测角放样以及测设建筑物各层的轴线或垂直度控制和倾斜观测等测量工作。

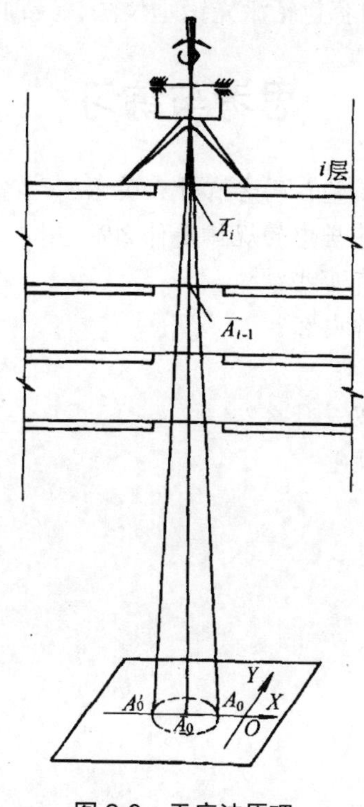

图 2-9　天底法原理

A_0—确定的仪器中心；O—基准点

2. 施测程序及操作方法

(1) 依据工程的外形特点及现场情况，拟订出测量方案。并做好观测前的准备工作，定出建筑物底层控制点的位置以及在相应各楼层留设俯视孔。一般俯视孔的孔径为 ϕ150mm，各层俯视孔的偏差≤ϕ8mm。

(2) 把目标分划板放置在底层控制点上，使目标分划板中心与控制点标志的中心重合。

(3) 开启目标分划板附属照明设备。

(4) 在俯视孔位置上安置仪器。

(5) 调整基准点对中。

(6) 当垂准点标定在所测楼层面十字丝目标上后，用墨斗线弹在俯视孔边上。

(7) 利用标出来的楼层上十字丝作为测站即可测角放样，侧设高层建筑物的轴线。数据处理和精度评定与天顶垂准测量相同。

本 章 小 结

本章对高层建筑施工测量的特点及基本要求、施工控制网的建构以及高层建筑中测量方法进行了详细讲述。首先介绍了高层建筑施工测量的特点及基本要求，接着介绍了建立施工控制网的内容，包括平面控制、高程控制；然后介绍了建筑物主要轴线的定位及标定，内容包括桩位放样、建筑物基坑与基础的测定、建筑物基础上的平面与高程控制；最后介绍了高层建筑中的竖向测量，内容包括激光铅垂仪法、天顶垂准测量、天底垂准测量。

思考与练习

1. 什么是控制测量和碎部测量？两者有什么关系？
2. 用脚螺旋使圆水准器气泡居中的规律是什么？
3. 地形图应用的基本内容有哪些？
4. 施工测量有哪些主要工作内容？
5. 建筑物的定位方法有哪些？
6. 竣工总平面图的编绘依据是什么？
7. 施工测设的基本工作有哪些？

第3章

垂直运输机械

学习目标

- 掌握塔机的概念、分类、主要机构。
- 掌握施工升降机的概念及分类、构造、拆卸注意事项、使用和维修保养。
- 了解高层建筑施工中的物料提升机。

本章导读

本章介绍施工现场常用的垂直运输机械——塔机、施工升降机和物料提升机的相关知识。本章应重点掌握的是三类垂直运输机械的安全保护装置、安装与拆卸以及安全使用等内容。同时，还应掌握《建筑机械使用安全技术规程》(JGJ 33—2001)、《塔式起重机安全规程》(GB 5144—2006)、《施工升降机安全规则》(GB 10055—2007)、《龙门架及井字架物料提升机安全技术规范》(JGJ 88—1992)等标准、规范。

项目案例导入

淮北启鑫工贸公司集资建造的1#楼工程坐落在淮北市杜集区矿山集境内。该工程建筑面积为3358.4m^2，建筑总高度为21m，两层框架结构局部6层，钢筋混凝土独立基础。内外墙采用加气混凝土砌块砌筑，屋面采用30mm厚的挤塑聚苯板，木门、塑钢窗，厕所、洗手间、开水间均为防滑地砖地面，外墙保温采用25mm厚挤塑聚苯板，外墙涂料面层。

本工程主要垂直运输物件为施工人员和材料、构件、设备等。经研究本工程采用以下垂直运输机械组合来完成物件的运送：1台塔吊+1台输送泵(包括布料杆设备)+1台施工电梯。具体分配为：混凝土泵和布料杆用来输送混凝土，塔机承担吊装和大件材料运输，电梯运送人员和零星材料。

塔机采用QTZ25型，臂长为34.6m，基本高度为25m，最大起重量为2.5t。

案例分析

本工程的全部作业面都处于塔吊的覆盖面和供应面的范围之内，且水平运输距离不大于80m。标高15.600m以上，装饰灰浆等材料用塔吊运输，考虑塔吊不能直接向外脚手架供料，所以在标高15.600m以下采用卸料平台作为材料的集散中心，灰浆等材料的水平运输采用手推车。

塔吊的供应能力在结构与装饰工程同时施工时不能满足施工生产的需求，需要增设施工电梯。选用施工电梯型号为SCD200，额定载重量为2t。施工电梯主要作为装饰灰浆、人员及其他零星材料的运输设备。在标高15.600m以上施工电梯每层留置出料口。灰浆水平运输使用手推小车，施工电梯每个料斗同时可装两辆小车。配合塔吊，可以满足施工生产的需求。施工电梯在地下室部分验收合格并进行土方回填后，开始安装。

混凝土泵和布料杆用于混凝土的垂直运输，混凝土泵采用HBT60-15-90S，布料杆为BL-15型，覆盖半径为15m，在混凝土的浇筑过程中，布料机需要移动一次。平均每车混凝土浇筑时间为20min，移动布料杆时，浇注间歇约1h。楼梯的混凝土后浇筑，使用塔吊和料斗运输，料斗容量为0.6m^3/斗。标准层的混凝土浇筑量为175m^3，在每次5～6小时内浇筑完毕，满足施工要求。

3.1 塔　机

塔式起重机是臂架安置在垂直的塔身顶部的可回转臂架型起重机，简称塔机。塔机是现代工业和民用建筑中的重要起重设备，在建筑安装工程中，尤其在高层、超高层的工业和民用建筑的施工中得到了非常广泛的应用。塔机在施工中主要用于吊运建筑材料和建筑构件。它的主要作用是重物的垂直运输和施工现场内的短距离水平运输。

3.1.1 塔机的分类

根据塔机的不同形式，可分类如下。

1. 按结构形式分类

按照结构形式可以分为固定式塔机、移动式塔机和自升式塔机。

(1) 固定式塔机：通过连接件将塔身基架固定在地基基础或结构物上，进行起重作业的塔机。

(2) 移动式塔机：具有运行装置，是可以行走的塔机。根据运行装置的不同，移动式塔机又可分为轨道式、轮胎式、汽车式、履带式。

(3) 自升式塔机：依靠自身的专门装置，增、减塔身标准或自行整体爬升的塔机。根据升高方式的不同又分为附着式和内爬式的两种。

2. 按回转形式分类

按回转形式可以分为上回转塔机和下回转塔机。

(1) 上回转塔机：回转支承设置在塔身上部的塔机。又可分为塔帽回转式、塔顶回转式、上回转平台式、转柱式等形式。

(2) 下回转塔机：回转支承设置于塔身底部，塔身相对于底架而转动的塔机。

3. 按架设方法分类

按架设方法分类可以分为非自行架设塔机和自行架设塔机。

(1) 非自行架设塔机：依靠其他起重设备进行组装、架设成整机的塔机。

(2) 自行架设塔机：依靠自身的动力装置和机构能实现运输状态与工作状态相互转换的塔机。

4. 按变幅方式分类

按变幅方式分类可以分为小车变幅塔机、动臂变幅塔机和折臂式塔机。

(1) 小车变幅塔机：起重小车沿起重臂运行进行变幅的塔机。

(2) 动臂变幅塔机：臂架做俯仰运动进行变幅的塔机。

(3) 折臂式塔机：根据起重作业的需要，臂架可以弯折的塔机。它同时具备动臂变幅塔机和小车变幅塔机的性能。

塔机型号分类及表示方法参见表3-1。

表3-1 塔机型号分类及表示方法

<table>
<tr><th rowspan="2">名 称</th><th rowspan="2" colspan="2">型 号</th><th rowspan="2">代号</th><th rowspan="2">代号含义</th><th colspan="2">主 参 数</th></tr>
<tr><th>名 称</th><th>单位表示</th></tr>
<tr><td rowspan="9">塔机
(起塔)</td><td rowspan="4">轨道式</td><td>T(台)</td><td>QT</td><td>上回转式塔机</td><td rowspan="9">额定起重力矩</td><td rowspan="9">kN·m×10^{-1}</td></tr>
<tr><td>Z(自)</td><td>QTZ</td><td>上回转自升塔机</td></tr>
<tr><td>A(下)</td><td>QTA</td><td>下回转式塔机</td></tr>
<tr><td>K(快)</td><td>QTK</td><td>快速安装塔机</td></tr>
<tr><td colspan="2">固定式 G(固)</td><td>QTG</td><td>固定式塔机</td></tr>
<tr><td colspan="2">内爬升式 P(爬)</td><td>QTP</td><td>内爬式塔机</td></tr>
<tr><td colspan="2">轮胎式 L(轮)</td><td>QTL</td><td>轮胎式塔机</td></tr>
<tr><td colspan="2">汽车式 Q(汽)</td><td>QTQ</td><td>汽车式塔机</td></tr>
<tr><td colspan="2">履带式 U(履)</td><td>QTC</td><td>履带式塔机</td></tr>
</table>

3.1.2 塔机的技术性能

塔机的技术性能可用各种数据来表示，即性能参数。

1. 主参数

根据《塔式起重机分类》(JG/T 5037—93)，塔机以公称起重力矩为主参数。公称起重力矩是指起重臂为基本臂长时最大幅度与相应起重量的乘积。

2. 基本参数

(1) 最大起升高度。塔机运行或固定状态时，空载、塔身处于最大高度、吊钩位于最大幅度时，吊钩支承面对塔机支承面的允许最大垂直距离。

(2) 工作速度。塔机的工作速度参数包括起升速度、回转速度、小车变幅速度、整机运行速度和稳定下降速度等。

① 最大起升速度：塔机空载，吊钩上升至最大起升高度过程中稳定运动状态下的最大平均上升速度。

② 回转速度：塔机空载，风速小于 3m/s，吊钩位于基本臂最大幅度和最大高度时的稳定回转速度。

③ 小车变幅速度：塔机空载，风速小于 3m/s，小车稳定运行的速度。

④ 整机运行速度：塔机空载，风速小于 3m/s，起重臂平行于轨道方向稳定运行的速度。

⑤ 最低稳定下降速度：吊钩滑轮组为最小钢丝绳倍率，吊有该倍率允许的最大起重量，吊钩稳定下降时的最低速度。

(3) 工作幅度：塔机置于水平场地时，吊钩垂直中心线与回转中心线之间的水平距离。

(4) 起重量：起重机吊起重物和物料，包括吊具(或索具)质量的总和。起重量又包括两个参数，一个是基本臂幅度时的起重量，另一个是最大起重量。

(5) 轨距：两条钢轨中心线之间的水平距离。

(6) 轴距：前后轮轴中心之间的距离。

(7) 自重：不包括压重，平衡重塔机全部自身的重量。

3.1.3 塔机的工作机构

塔机主要由金属结构基础部件、工作机构等部分组成。

1. 金属结构基础部件

塔机金属结构基础部件包括底架、塔身、塔帽、起重臂、平衡臂、转台等部分。

1) 底架

塔机底架结构的构造形式由塔机的结构形式(上回转和下回转)、行走方式(轨道式或轮胎式)及相对于建筑物的安装方式(附着及自升)而定。下回转轻型快速安装塔机多采用平面框架式底架，而中型或重型下回转塔机则多用水母式底架。上回转塔机，轨道中央要求用作临时堆场或作为人行通道时，可采用门架式底架。自升式塔机的底架多采用平面框架加斜撑式底架。轮胎式塔机则采用箱形梁式结构底架。

2)　塔身

塔身结构形式可分为固定高度式和可变高度式两大类。轻型吊钩高度不大的下旋转塔机一般均采用固定高度塔身结构，而其他塔机的塔身高度多是可变的。可变高度塔身结构又可分为 5 种不同形式，即折叠式塔身、伸缩式塔身、下接高式塔身、中接高式塔身和上接高式塔身。

3)　塔帽

塔帽结构形式多样，有竖直式、前倾式及后倾式之分。同塔身一样，主弦杆采用无缝钢管、圆钢、角钢或组焊方钢管制成，腹杆用无缝钢管或角钢制作。

4)　起重臂

起重臂为小车变幅臂架，一般采用正三角形断面。

俯仰变幅臂架多采用矩形断面格桁结构，由角钢或钢管组成，节与节之间采用销轴连接或法兰盘连接或盖板螺栓连接。臂架结构钢材选用 16Mn 或 Q235。

5)　平衡臂

上回转塔机的平衡臂多采用平面框架结构，主梁采用槽钢或工字钢，连系梁及腹杆采用无缝钢管或角钢制成。重型自升塔机的平衡臂常采用三角断面格桁结构。

6)　转台

塔机的转台是支撑起重机运行的可旋转平台。在这个平台上，起重臂、平衡臂才能正常运行。

2. 工作机构

塔机的工作机构一般由起升、变幅、回转和行走四个最基本的机构构成。

1)　起升机构

塔机的起升机构绝大多数采用电动机驱动。常见的驱动方式有滑环电动机驱动和双电机驱动(高速电动机和低速电动机，或负荷作业电机及空钩下降电机)。

2)　变幅机构

动臂变幅式塔机的变幅机构用以完成动臂的俯仰变化。

水平臂小车变幅式塔机的小车牵引机构的构造原理同起升机构的构造原理相同，都采用的是传动方式：变极电机→少齿差减速器或圆柱齿轮减速器、圆锥齿轮减速器→钢绳卷筒。

3)　回转机构

塔机回转机构目前常用的驱动方式是：滑环电机→液力耦合器→少齿差行星减速器→开式小齿轮→大齿圈。

轻型和中型塔机只装有 1 台回转机构；重型塔机一般装有 2 台回转机构；超重型塔机则根据起承能力和转动质量的大小装设 3 台或 4 台回转机构。

4)　大车行走机构

轻、中型塔机采用 4 轮式行走机构；重型塔机采用 8 轮或 12 轮行走机构；超重型塔机采用 12～16 轮式行走机构。

3.1.4 塔机重要配件的报废标准

吊钩、滑轮与钢丝绳等是塔机重要的配件。在选用和使用中应按规范进行检查，达到报废标准时要及时报废。

1. 吊钩的报废标准

吊钩出现下列情况之一者，应予报废。

(1) 用20倍放大镜观察表面有裂纹及破口。

(2) 钩尾和螺纹部分等危险断面及钩筋有永久性变形。

(3) 挂绳处断面磨损量超过原高的10%。

(4) 心轴磨损量超过其直径的5%。

(5) 开口度比原尺寸增加了15%。

2. 滑轮、卷筒的报废标准

按《塔式起重机安全规程》(GB 5144—2006)规定，发现下列情况之一者应予以报废。

(1) 裂纹或轮缘破损。

(2) 卷筒壁磨损量达原壁厚的10%。

(3) 滑轮绳槽壁厚磨损量达原壁厚的20%。

(4) 滑轮槽底的磨损量超过相应钢丝绳直径的25%。

3. 钢丝绳的报废标准

钢丝绳的报废应严格按照《起重机用钢丝绳检验与报废使用规范》(GB/T 5972—2006)的规定。钢丝绳出现下列情况时必须撤废和更新。

(1) 钢丝绳断丝现象严重。

(2) 断丝的局部聚集。

(3) 当钢丝磨损或锈蚀严重，钢丝的直径减小达到其直径的40%时，应立即报废。

(4) 钢丝绳失去正常状态，产生严重变形时，必须立即报废。

3.1.5 塔机必须配备的安全保护装置

为了保证塔机的安全作业，防止发生意外事故，根据《塔式起重机设计规范》(GB/T 13752—1992)、《塔式起重机技术条件》(GB 9462—1999)和《塔式起重机安全规程》(GB 5144—2006)定，塔机必须配备各类安全保护装置。安全装置主要有以下几种。

1. 起重力矩限制器

起重力矩限制器是一种安全装置，主要作用是防止塔机起重力矩超载，以避免塔机由于严重超载而引起塔机的倾覆等恶性事故。力矩限制器仅对塔机臂架的纵垂直平面内的超载力矩起防护作用，不能防护风载、轨道的倾斜或陷落等引起的倾翻事故。对于起重力矩限制器除了要求一定的精度外，还要有高可靠性。

根据力矩限制器的构造和塔机形式的不同，起重力矩限制器可安装在塔帽、起重臂根部和端部等部位。力矩限制器主要分为机械式和电子式两大类，机械式力矩限制器按弹簧的不同又可分为螺旋弹簧和板弹簧两类。

当起重力矩大于相应工况额定值并小于额定值的110%时，应切断上升和幅度增大方向的电源，但机构可做下降和减小幅度方向的运动。对小车变幅的塔机，起重力矩限制器应分别由起重量和幅度进行控制。

【小贴士】

力矩限制器是塔机最重要的安全装置，它应始终处于正常工作状态。在现场条件不完全具备的情况下，至少应在最大工作幅度内进行力矩限制器试验，可以使用现场重物经台秤标定后，作为试验载荷使用，使力矩限制器的工作符合安全要求。

2. 起重量限制器

起重量限制器的作用是保护起吊物品的重量不超过塔机允许的最大起重量，是用以防止塔机的吊物重量超过最大额定荷载，避免发生结构、机构及钢丝绳损坏事故的安全装置。起重量限制器根据构造不同可安装在起重臂头部、根部等部位。它主要分为电子式和机械式两种。

1)　电子式起重量限制器

电子式起重量限制器俗称“电子秤”或称拉力传感器。当吊载荷的重力传感器的应变元件发生弹性变形时，与应变元件连成一体的电阻应变元件会随其变形而产生相应的阻值变化，这一变化与载荷重量大小成正比，这就是电子秤工作的基本原理。一般情况将电子式起重量限制器串接在起升钢丝绳中置地臂架的前端。

2)　机械式起重量限制器

机械式起重量限制器安装在回转框架的前方，主要由支架、摆杆、导向滑轮、拉杆、弹簧、撞块、行程开关等配件组成。当绕过导向滑轮的起升钢丝绳的单根拉力超过其额定数值时，摆杆带动拉杆克服弹簧的张力向右运动，使紧固在拉杆上的碰块触发行程开关，从而接触电铃电源，发出警报信号，并切断起升机构的起升电源，使吊钩只能下降不能提升，以保证塔机安全作业。

【小贴士】

当起重量大于相应挡位的额定值并小于额定值的110%时，应切断上升方向的电源，使机构做下降方向运动。具有多挡变速的起升机构，限制器应对各挡位都具有防止超载的作用。

3. 起升高度限位器

起升高度限位器是用来限制吊钩接触到起重臂头部或与载重小车之前，或是下降到最低点(地面或地面以下若干米)以前，使起升机构自动断电并停止工作，防止因起重钩起升过度而碰坏起重臂的安全装置。可使起重钩在接触到起重臂头部之前，起升机构自动断电并停止工作。常见的安装方式有两种：一是安装在起重臂端头附近；二是安装在起升卷筒附近。

安装在起重臂端头的起升高度限位器是以钢丝绳为中心，从起重臂端头悬挂重锤，当起重钩达到限定位置时，托起重锤，在拉簧作用下，限位开关的杠杆转过一个角度，使起升机构的控制回路断开，切断电源，停止起重钩上升。安装在起升卷筒附近的起升高度限位器是通过链轮和链条或齿轮带动丝杆转动，并通过丝杆的转动使控制块移动到一定位置时，限位开关断电。

【小贴士】

对动臂变幅的塔机，当吊钩装置顶部升至起重臂下端的最小距离为 800mm 处时，应能立即停止起升运动。对小车变幅的塔机，吊钩装置顶部至小车架下端的最小距离根据塔机形式及起升钢丝绳的倍率而定。上回转式塔机 2 倍率时为 1000mm，4 倍率时为 700mm；下回转塔机 2 倍率时为 800mm，4 倍率时为 400mm，此时应能立即停止起升运动。

4. 幅度限位器

幅度限位器是用来限制起重臂在俯仰时不超过极限位置的安全装置。当起重的俯仰达到一定限度之前发出警报，当达到限定位置时，则自动切断电源。

动臂式塔机的幅度限制器是用以防止臂架在变幅时，变幅到仰角极限位置时(一般与水平夹角为 63°～70°之间时)切断变幅机构的电源，使其停止工作，同时还设有机械止挡，以防臂架因起幅中的惯性而后翻。小车运行变幅式塔机的幅度限制器用来防止运行小车超过最大或最小幅度的两个极限位置。一般小车变幅限位器是安装在臂架小车运行轨道的前后两端，通过行程开关使其达到控制。

【知识拓展】

对动臂变幅的塔机，应设置最小幅度限位器和防止臂架反弹后倾装置。对小车变幅的塔机，应设置小车行程限位开关和终端缓冲装置。限位开关动作后应保证小车停车时其端部距缓冲装置最小距离为 200mm。

5. 行程限位器

行程限位器包括小车行程限位器和大车行程限位器两种。

(1) 小车行程限位器：设于小车变幅式起重臂的头部和根部，包括终点开关和缓冲器(常用的有橡胶和弹簧两种)，用来切断小车牵引机构的电路，防止小车越位而造成安全事故。

(2) 大车行程限位器：包括设于轨道两端尽头的制动缓冲装置和制动钢轨以及装在起重机行走台车上的终点开关，用来防止起重机脱轨。

6. 回转限位器

无集电器的起重机，应安装回转限位器。塔机回转部分在非工作状态下应能自由旋转；对有自锁作用的回转机构，应安装安全极限力矩联轴器。

7. 夹轨钳

夹轨钳装设于行走底架(或台车)的金属结构上，用来夹紧钢轨，防止起重机在大风情况下被风力吹动而行走造成塔机出轨倾翻事故的装置。

8. 风速仪

风速仪是用来自动记录风速的装置。臂架根部铰点高度大于 50m 的塔机，都应安装风速仪。当风速超过 6 级以上时应能会自动报警，使操作司机及时采取必要的防范措施，如停止作业、放下吊物等。

风速仪应安装在起重机顶部至吊具最高的位置间的不挡风处。

9. 障碍指示灯

塔顶高度大于 30m 且高于周围建筑物的塔机，必须在起重机的最高部位(臂架、塔帽或人字架顶端)安装红色障碍指示灯，并保证供电不受停机影响。

10. 钢丝绳防脱槽装置

钢丝绳防脱槽装置主要用来防止钢丝绳在传动过程中脱离滑轮槽而造成钢丝绳卡死和损伤。

11. 吊钩保险

吊钩保险是一种安装在吊钩挂绳处防止起吊钢丝绳由于角度过大或挂钩不妥而造成起吊钢丝绳脱钩、吊物坠落的安全装置。吊钩保险一般采用机械卡环式，用弹簧来控制挡板，阻止钢丝绳的滑脱。

3.1.6　塔机不同的拆装方案

塔机的拆装工艺包括拆装作业的程序、方法和要求。合理、正确的拆装方案不仅是指导拆装作业的技术文件，也是保证拆装质量、安全以及提高经济效益的重要保障。由于各类型塔机的结构不同，因而其拆装方案也各不相同。

1. 安装、拆除专项施工方案内容

塔机的拆装方案一般应包括以下内容。

(1) 整机及部件的安装或拆卸的程序与方法。

(2) 安装过程中应检测的项目以及应达到的技术要求。

(3) 关键部位的调整工艺应达到的技术条件。

(4) 需使用的设备、工具、量具、索具等的名称、规格、数量及使用注意事项。

(5) 作业工位的布置、人员配备(分工种、等级)以及承担的工序分工。

(6) 安全技术措施和注意事项。

(7) 需要特别说明的事项。

2. 编制方案的依据

编制塔机的拆装方案主要依据如下。

(1) 国家有关塔机的技术标准和规范，规程。

(2) 随机的使用、拆装说明书，整机、部件的装配图，电气原理及接线图等。

(3) 已有的拆装方案及过去拆装作业中积累的技术资料。

(4) 其他单位的拆装方案或有关资料。

3. 编制要求

为使编制的塔机拆装方案达到先进、合理，应正确处理拆装进度、质量和安全的关系。具体要求如下。

(1) 塔机拆装方案的编制一方面要结合本单位的设备条件和技术水平，另一方面还应考虑工艺的先进性和可靠性。因而必须在总结本单位拆装经验和学习外单位的先进经验基础上，对拆装工艺不断地改进和提高。

(2) 在编制塔机拆装程序及进度时，应以保证拆装质量为前提。如果片面追求进度，简化必要的作业程序，将留下使用中的安全隐患，即便能在安装后的检查验收中发现，也将造成重大的返工损失。

(3) 塔机拆装作业的关键问题是安全。拆装方案中，应体现对安全作业的充分保证。编制拆装方案时，要充分考虑改善劳动和安全条件，尤其是要保障高空作业中拆装工人的人身安全以及使拆装机械不受损害。

(4) 针对数量较多的机型可编制典型拆装方案，使它具有普遍指导意义。对于数量较少的其他机型，可按照典型拆装方案为基准，制订专用拆装方案。

(5) 编制拆装方案要正确处理质量、安全和速度、经济等的关系。在保证质量和安全的前提下，合理安排人员组合和各工种的相互协调，尽可能减少因工序间不平衡而出现忙闲不均。尽可能减少部件在工序间的运输路程和次数，减轻劳动强度。集中使用辅助起重、运输机械，减少作业台班。

4. 拆装方案的编制步骤

(1) 认真学习有关塔机的技术标准和规程、规范，仔细研究塔机生产厂使用说明书中有关的技术资料和图纸。掌握塔机的原始数据、技术参数，拆装方法、程序和技术要求。

(2) 制订拆装方案路线。一般按照拆装的先后程序，应用网络技术，制订拆装方案路线。一般自升塔机的安装程序如下。

铺设轨道基础或固定基础→安装行走台车及底架→安装塔身基础节和两个标准节→安装斜撑杆→放置压重→安装顶升套架和液压顶升装置→组拼安装转台、回转支承装置、承座及过渡节→安装塔帽和驾驶室→装平衡臂→安装起重臂和变幅小车，穿绕起升钢丝绳→顶升接高标准节到需要高度。

5. 拆装方案的审定

塔机拆装方案制订后，应先组织有关技术人员和拆装专业队的熟练工人研究讨论，经再次修改后由企业技术负责人审定。

根据拆装方案，将拆装作业划分为若干个工位来完成，按照每个工位所负担的作业任务编定工艺卡片。在每次拆装作业前，按分工下达工艺卡片，使每个拆装工人明确岗位职责以及作业的程序和方法。拆装作业完成后，应在总结经验教训的基础上，修改拆装方案、使之更加完善，以便在今后的拆装工作中能更优质、安全、快速地完成拆装塔机。

3.1.7 塔机的拆装作业

塔机在拆装作业前，应进行一次全面检查，以防止任何隐患存在，确保安全作业。

1. 安装前的准备工作

塔机安装前的准备工作如下。

(1) 检查路基和轨道铺设或混凝土固定基础是否符合技术要求。使用单位应根据塔机原制造商提供的载荷参数设计制造混凝土基础。混凝土强度等级应不低于 C35，基础表面平整度偏差小于 1/1000。

(2) 对所拆装塔机的各机构、各部位、结构焊缝、重要部位螺栓、销轴、卷扬机构和钢丝绳、吊钩、吊具以及电气设备、线路等进行检查，发现问题及时处理。若发现下列问题应在修复或更换配件后才可进行安装。

① 目视可见的结构件裂纹及焊缝裂纹；

② 连接件的轴、孔严重磨损；

③ 结构件母材严重锈蚀；

④ 结构件整体或局部塑性变形，销孔塑性变形。

(3) 对自升塔机顶升液压系统的液压缸和油管、顶升套架结构、导向轮、挂靴爬爪等进行检查，发现问题及时处理。

(4) 对拆装人员所使用的工具、安全带、安全帽等进行全面检查，不合格者立即更换。

(5) 检查拆装作业中的辅助机械，如起重机、运输汽车等必须性能良好，技术要求能保证拆装作业需要。

(6) 检查电源闸箱及供电线路，保证电力正常供应。

(7) 检查作业现场有关情况，如作业场地、运输道路等是否已具备拆装作业条件。

(8) 技术人员和作业人员符合规定要求。

(9) 安全措施已符合要求。

2. 拆装作业中的安全技术要点

塔机拆装作业中的安全技术要点如下。

(1) 塔机的拆装作业必须在白天进行，如需要加快进度，并在具备良好的照明条件的情况下，可在夜间做一些拼装工作。不得在大风、浓雾和雨雪天进行作业。安装、拆卸、加节或降节作业时，塔机的最大安装高度处的风速不应大于 13m/s。

(2) 在拆装作业的全过程，必须保持现场的整洁和秩序。周围不得堆存杂物，以免妨碍作业并影响安全，对放置起重机金属结构的底部，必须垫放枋子，防止损坏结构或造成结构变形。

(3) 安装架设用的钢丝绳及其连接和固定，必须符合标准和满足安装上的要求。

(4) 在进行逐件组装或部件安装之前，必须对部件各部分的完好情况、连接情况和钢丝绳穿绕情况、电气线路等进行全面检查。

(5) 在拆装起重臂和平衡臂时，要始终保持起重机的平衡，严禁只拆装一个臂就中断作业。

(6) 在拆装作业过程中，如突发停电、机械故障、天气骤变等情况不能继续作业或作业时间已到需要停休时，必须使起重机已安装、拆卸的部位达到稳定状态并已锁固牢靠，所有结构件已连接牢固，塔顶的重心线处于塔底支承四边中心处，再经过检查确认妥善后，方可停止作业。

(7) 安装时应按安全要求使用规定的螺栓、销、轴等连接件，螺栓紧固时应符合规定的预紧力，螺栓、销、轴都要有可靠的防松或保护装置。

(8) 在安装起重机时，必须将大车行走限位装置和限位器碰块安装牢固可靠，并将各部位的栏杆、平台、护链、扶杆、护圈等安全防护装置装齐。

(9) 安装作业的程序，辅助设备、索具、工具以及地锚构筑等，均应遵照该机使用说明书中的规定或参照标准安装工艺执行。

3. 顶升作业的安全技术要点

塔机顶升作业的安全技术要点如下。

(1) 顶升前必须检查液压顶升系统各部件的连接情况，并调整好顶升套架导向滚轮与塔身的间隙，然后放松电缆，其长度略大于顶升高度，并紧固好电缆卷筒。

(2) 顶升作业必须在专人指挥下操作，非作业人员不得登上顶升套架的操作台，操作室内只准 1 人操作，要严格听从信号指挥。

(3) 风力在 4 级以上时，不得进行顶升作业。如在作业中风力突然加大时，必须立即停止作业，并使上下塔身连接牢固。

(4) 顶升时必须使起重臂和平衡臂处于平衡状态，并将回转部分制动住。严禁回转起重臂及其他作业。顶升中如发现故障，必须立即停止顶升进行检查，待故障排除后方可继续顶升。如短时间内不能排除故障，应将顶升套架降到原位，并及时将各连接螺栓紧固。

(5) 在拆除回转台与塔身标准节之间的连接螺栓(销子)时，如出现最后一处螺栓拆装困难，应将其对角方向的螺栓重新插入，再采取其他措施。不得以旋转起重臂动作来松动螺栓(销子)。

(6) 顶升时必须确认顶升撑脚稳妥就位后，方可继续下一动作。

(7) 顶升工作中应随时注意液压系统压力变化，如有异常应及时检查调整。还要有专人用经纬仪测量塔身垂直度变化情况，并做好记录。

(8) 顶升到规定高度，必须先将塔身附在建筑物上，之后方可继续顶升。

(9) 拆卸过程顶升时，其注意事项同上。但锚固装置绝不允许提前拆卸，只有降到附着节时方可拆除。

(10) 拆装顶升的工作完毕后，各连接螺栓应按规定的预紧力紧固，顶升套架的导向滚轮与塔身吻合要良好，液压系统的左右操纵杆应在中间位置，并应切断液压顶升机构的电源。

4. 附着锚固作业的安全技术要点

附着锚固作业的安全技术要点如下。

(1) 建筑物预埋附着支座处的受力强度必须经过验算，要能满足塔机在工作或非工作状态下的载荷。

(2) 应根据建筑施工总高度、建筑结构特点以及施工进度要求等情况，确定附着方案。

(3) 在装设附着框架和附着杆时，要通过调整附着杆的距离来保证塔身的垂直度。

(4) 附着框架应尽可能地设置在塔身标准节的节点连接处，箍紧塔身，并在塔架对角处应设斜撑加固。

(5) 随着塔身的顶升接高而增设的附着装置应及时附着于建筑物。附着装置以上的塔身自由高度一般不得超过40m。

(6) 布设附着支座处必须加配钢筋并适当提高混凝土的强度等级。

(7) 拆卸塔机时，应随着降落塔身的进程拆除相应的附着装置。严禁在落塔之前先拆除着装置。

(8) 遇有6级及以上大风时，禁止拆除附着装置。

(9) 附着装置的安装、拆卸、检查及调整均应有专人负责，并遵守高空作业安全操作规程的有关规定。

5. 内爬升作业的安全技术要点

塔机内爬升作业的安全技术要点如下。

(1) 内爬升作业应在白天进行。风力超过5级时，应停止作业。

(2) 爬升时，应加强上部楼层与下部楼层之间的联系，遇有故障及异常情况，应立即停机检查，故障未经排除，不得继续爬升。

(3) 爬升过程中，禁止进行起重机的起升、回转、变幅等各项动作。

(4) 起重机爬升到指定楼层后，应立即拔出塔身底座的支承梁和支腿，并通过爬升框架固定在楼板上，同时要顶紧导向装置或用楔块塞紧，使起重机能承受垂直和水平载荷。

(5) 内爬升塔机的固定间隔一般不得小于3个楼层。

(6) 凡置有固定爬升框架的楼层，在楼板下面应增设支柱做临时加固。搁置起重机底座支承梁的楼层下方两层楼板，也应设置支柱做临时加固。

(7) 每次爬升完毕后，必须立即用钢筋混凝土封闭，楼板上遗留下来的开孔。

(8) 起重机完成内爬升作业后，必须检查各固定部位是否牢靠，爬升框架是否固定好、底座支承梁是否紧固、楼板临时支撑是否妥善等，确认无遗留问题存在后，方可进行吊装作业。

3.1.8 塔机的安全使用

塔机的使用，应遵照国家和主管部门颁发的安全技术标准、规范和规程，同时也要遵守使用说明书中的有关规定。安全使用塔机包括日常检查和使用前的检查以及使用过程中应注意的事项。

1. 塔机司机应具备的条件

塔机司机应具备的条件如下。

(1) 年满18周岁，具有初中以上文化程度。

(2) 不得患有色盲、听觉障碍。矫正视力不低于5.0(原标准1.0)。

(3) 不得患有心脏病、高血压、贫血、癫痫、眩晕、断指等疾病及妨碍起重作业的生理缺陷。

(4) 经有关部门培训合格，持证上岗。

2. 日常检查和使用前的检查

(1) 基础检查。对于轨道式塔机，应对轨道基础、轨道情况进行检查，对轨道基础技术状况做出评定，并消除其存在问题。对于固定式塔机，应检查其混凝土基础是否有不均匀的沉降。

(2) 塔机的任何部位与输电线路之间的距离应符合表 3-2 的规定。

表 3-2 塔机与输电线路之间的距离

安全距离	电压/kV				
	<1	1～15	20～40	60～110	>220
沿垂直方向/m	1.5	3.0	4.0	5.0	6.0
沿水平方向/m	1.0	1.5	2.0	4.0	6.0

(3) 检查塔机金属结构和外观结构是否正常。

(4) 各安全装置和指示仪表是否齐全有效。

(5) 主要部位的连接螺栓是否有松动。

(6) 钢丝绳磨损情况及各滑轮穿绕是否符合规定。

(7) 塔机的接地、电气设备外壳与机体的连接是否符合规范的要求。

(8) 配电箱和电源开关设置应符合要求。

(9) 塔身检查。动臂式和尚未附着的自升式塔机，塔身上不得悬挂标语牌。

3. 使用事项

塔机在使用过程中应注意以下事项。

(1) 作业前应进行空运转，检查各工作机构、制动器、安全装置等是否正常。

(2) 塔机司机与要现场指挥人员配合好；同时，司机对任何人发出的紧急停止信号，均应服从。

(3) 不得使用限位作为停止运行开关；提升重物，不得自由下落。

(4) 严禁拔桩、斜拉、斜吊和超负荷运转，严禁用吊钩直接挂吊物、用塔机运送人员。

(5) 作业中任何安全装置报警，都应查明原因，不得随意拆除安全装置。

(6) 当风速超过 6 级时应停止使用。

(7) 施工现场装有两台以上塔机时，两台塔机距离应保证低位的起重机臂架端部与另一台塔身之间至少有 2m；高位起重机最低部件与低位起重机最高部件之间垂直距离不得小于 2m。

(8) 作业完毕，将所有工作机构开关转至零位，切断总电源。

(9) 在进行保养和检修时，应切断塔机的电源，并在开关箱上挂警示标志。

3.2　施工升降机

施工升降机又称建筑用施工电梯，也可以称为室外电梯或工地提升吊笼。施工升降机是建筑中经常使用的载人载货施工机械，主要用于高层建筑的内外装修和桥梁、烟囱等建筑的施工。其独特的箱体结构让施工人员乘坐起来既舒适又安全。施工升降机在工地上通常是配合塔吊使用。一般的施工升降机载重量在 1～10t，运行速度为 1～60m/min。施工升降机的种类很多，按运行方式分为无对重和有对重两种，按控制方式分为手动控制式和自动控制式。根据实际需要还可以添加变频装置和 PLC 控制模块，另外还可以添加楼层呼叫装置和平层装置。

3.2.1　施工升降机的概念及分类

施工升降机可根据需要的高度到施工现场进行组装，一般架设可达 100m，用于超高层建筑施工时可达 200m。施工升降机可借助本身安装在顶部的电动吊杆进行组装，也可利用施工现场的塔吊等起重设备组装。另外，由于梯笼和平衡重的对称布置，故倾覆力矩很小，立柱又通过附壁与建筑结构牢固连接(不需缆风绳)，所以受力合理可靠。

1. 施工升降机的概念

施工升降机是一种使用工作笼(吊笼)沿导轨架做垂直(或倾斜)运动来运送人员和物料的机械。

施工升降机为保证使用安全，本身设置了必要的安全装置，这些装置应该经常保持良好的状态，防止意外事故。由于施工升降机结构坚固，拆装方便，不用另设机房，因此，被广泛应用于工业、民用高层建筑施工等领域。

2. 施工升降机的分类

施工升降机可按驱动方式分类，也可按导轨架的结构划分。

1)　按驱动方式分类

施工升降机按驱动方式分为齿轮齿条驱动(SC 型)、卷扬机钢丝绳驱动(SS 型)和混合驱动(SH 型)3 种。SC 型升降机的吊笼内装有驱动装置，驱动装置的输出齿轮与导轨架上的齿条相啮合，当控制驱动电动机正、反转时，吊笼将沿着车轨上、下移动。SS 式升降机的吊笼沿轨架上下移动是借助于卷扬机收、放钢丝来实现的。

2)　按导轨架的结构分类

施工升降机按导轨架的结构可分为单柱和双柱两种。一般情况下，SC 型施工升降机多采用单柱式导轨架，而且采取上接节方式。SC 型施工升降机按其吊笼数又可分为单笼和双笼两种。单导轨架双吊笼的 SC 型施工升降机，在导轨架的两侧各装有一个吊笼，每个吊笼各有自己的驱动装置，并可独立地上下移动，从而提高了运送客货的能力。

3.2.2 施工升降机的构造

施工升降机主要由金属结构、驱动机构、安全保护装置和电气控制系统等部分组成。

1. 金属结构

金属结构由吊笼、底笼、导轨架、对(配)重、天轮架及小起重机构、天轮、附墙架等组成。

1) 吊笼(梯笼)

吊笼(梯笼)是施工升降机运载人和物料的构件，笼内有传动机构、防坠安全器及电气箱等，外侧附有驾驶室，设置了门保险开关与门连锁，只有当吊笼前后两道门均关好后，梯笼才能运行。

吊笼内空净高度不得小于 2m。对于 SS 型人货两用升降机，提升吊笼的钢丝绳不得少于两根，且应是彼此独立的。钢丝绳的安全系数不得小于 12，直径不得小于 9mm。

2) 底笼

底笼的底架是施工升降机与基础连接部分，多用槽钢焊接成平面框架，并用地脚螺栓与基础相固结。底笼的底架上装有导轨架的基础节，吊笼不工作时停在其上。底笼四周有钢板网护栏，入口处有门，门的自动开启装置与梯笼门配合动作。在底笼的骨架上装有四个缓冲弹簧，以防梯笼坠落时起缓冲作用。

3) 导轨架

导轨架是吊笼上下运动的导轨、升降机的主体，能承受规定的各种载荷。导轨架是由若干个具有互换性的标准节经螺栓连接而成的多支点的空间桁架，用来传递和承受荷载。标准节的截面形状有正方形、矩形和三角形。标准节的长度与齿条的模数有关，一般每节为 1.5m。导轨架的主弦杆和腹杆多用钢管制造，横缀条则选用不等边角钢。

4) 对重

对重用以平衡吊笼的自重，可改善结构受力情况，从而提高电动机功率利用率和吊笼载重。

5) 天轮架及小起重机构

天轮架由导向滑轮和天轮架钢结构组成，用来支承和导向配重的钢丝绳。

6) 天轮

立柱顶的左前方和右后方安装两组定滑轮，分别支承两对吊笼和对重，当吊笼为单笼时，只使用一组天轮。

7) 附墙架

立柱的稳定是靠与建筑结构进行附墙连接来实现的。附墙架用来使导轨架能可靠地支承在所施工的建筑物上。附墙架多由型钢或钢管焊成平面桁架。

2. 驱动机构

施工升降机的驱动机构一般有两种形式：一种为齿轮齿条式，另一种为卷扬机钢丝绳式。

3. 安全保护装置

施工升降机的安全保护装置包括防坠安全器、缓冲弹簧、上下限位开关、上下极限开关、安全钩、吊笼门和底笼门连锁装置、急停开关、楼层通道门等。

1)　防坠安全器

防坠安全器是施工升降机主要的安全装置，它可以限制梯笼的运行速度，防止坠落。安全器应能保证升降机吊笼出现不正常超速运行时，及时将吊笼制停。防坠安全器为限速制停装置，应采用渐进式安全器。钢丝绳施工升降机额定提升速度≤0.63m/s 时，可使用瞬时式安全器。但人货两用型仍应使用速度触发型防坠安全器。

【知识拓展】

防坠安全器的工作原理：当吊笼沿导轨架上、下移动时，齿轮沿齿条滚动。当吊笼以额定速度工作时，齿轮带动传动轴及其上的离心块空转。一旦驱动装置的传动件损坏，吊笼将失去控制并沿导轨架快速下滑(当有配重，而且配重大于吊笼一侧载荷时，吊笼在配重的作用下快速上升)。随着吊笼的速度提高，防坠安全器齿轮的转速也随之增加。当转速增加到防坠安全器的动作转速时，离心块在离心力和重力的作用下与制动轮的内表面上的凸齿相啮合，并推动制动轮转动。制动轮尾部的螺杆使螺母沿着螺杆做轴向移动，进一步压缩碟形弹簧组，逐渐增加制动轮与制动毂之间的制动力矩，直到将工作笼制动在导轨架上为止。在防坠安全器左端的下表面上，装有行程开关。当导板向右移动一定距离后，与行程开关触头接触，并切断驱动电动机的电源。

防坠安全器动作后，吊笼应不能运行。只有当故障排除，安全器复位后吊笼才能正常运行。

2)　缓冲弹簧

在施工升降机的底架上有缓冲弹簧，以便当吊笼发生坠落事故时，减轻吊笼的冲击。

3)　上、下限位开关

上、下限位开关是为防止吊笼上、下时超过需停位置时，由于司机误操作和电气故障等原因继续上升或下降引发事故而设的安全装置。上、下限位开关必须为自动复位型，上限位开关的安装位置应保证吊笼触发限位开关后，留有的上部安全距离不得小于 1.8m，与上极限开关的越程距离为 0.15m。

4)　上、下极限开关

上、下极限开关是在上、下限位开关一旦不起作用，吊笼继续上行或下降到设计规定的最高极限或最低极限位置时能及时切断电源，以保证吊笼安全的装置。极限开关为非自动复位型，其动作后必须手动复位才能使吊笼重新启动。

5)　安全钩

安全钩是为防止吊笼到达预先设定位置，上限位开关和上极限开关由于各种原因不能及时动作、吊笼继续向上运行冲击导轨架顶部而发生倾翻坠落事故而设置的。安全钩是安装在吊笼上部重要的也是最后一道的安全装置，安全钩安装在传动系统齿轮与安全器齿轮之间，当传动系统齿轮脱离齿条后，安全钩防止吊笼脱离导轨架。它能使吊笼上行到导轨架顶部的时候，安全钩钩住导轨架，保证吊笼不发生倾翻坠落事故。

6) 吊笼门、底笼门连锁装置

施工升降机的吊笼门、底笼门均装有电气连锁开关，它们能有效地防止因吊笼或底笼的门未关闭就启动运行而造成人员坠落或物料滚落的发生。只有当吊笼门和底笼门完全关闭时才能启动运行。

7) 急停开关

当吊笼在运行过程中发生紧急情况时，司机应能及时按下急停开关，使吊笼立即停止，防止事故的发生。急停开关必须是非自行复位的电气安全装置。

8) 楼层通道门

施工升降机与各楼层均搭设了运料和人员进出的通道，在通道口与升降机结合部必须设置楼层通道门。此门在吊笼上下运行时处于常闭状态，只有在吊笼停靠时才能由吊笼内的人打开。楼层通道门应做到楼层内的人员无法打开此门以确保通道口处在封闭的条件下不会处在危险的边缘。

4. 电气控制系统

施工升降机的每个吊笼都有一套电气控制系统。施工升降机的电气控制系统包括：电源箱和电控箱。

3.2.3 安装与拆卸的注意事项

施工升降机在安装和拆除前，必须编制专项施工方案，必须由有相应资质的队伍来实施。

1. 安装前的准备工作

在安装施工升降机前需做好以下几项准备工作。

(1) 必须有熟悉施工升降机产品的钳工、电工等作业人员。作业人员应当具备熟练的操作技术和排除一般故障的能力，清楚了解升降机的安装工作。

(2) 认真阅读全部随机技术文件。通过阅读技术文件清楚了解升降机的型号、主要参数尺寸，搞清安装平面布置图、电气安装接线图，并在此基础上进行下列工作。

① 核对基础的宽度、平面度、楼层高度、基础深度，并做好记录；

② 核对预埋件的位置和尺寸，确定附墙架等的位置；

③ 核对和确定限位开关装置，防坠安全器、电缆架、限位开关碰铁的位置；

④ 核对电源线的位置和容量。确定电源箱的位置和极限开关的位置，并做好施工升降机安全接地方案。

(3) 按照施工方案，编制施工进度。

(4) 清查或购置安装工具和必要的设备、材料。

2. 安装拆卸安全技术

安装与拆卸时应注意以下安全事项。

(1) 操作人员必须按高处作业要求，在安装时戴好安全帽，系好安全带，并将安全带系在立柱节上。

(2) 安装过程中必须由专人负责统一指挥。

(3) 升降机在运行过程中，人员的头、手绝不能露出安全栏外；如果有人在导轨架上或附墙架上工作时，绝对不允许开动升降机。

(4) 每个吊笼顶平台作业人数不得超过 2 人，顶部承载总重量不得超过 650kg。

(5) 利用吊杆进行安装时，不允许超载，并且只允许用来安装或拆卸升降机零部件，不得作其他用途。

(6) 遇有雨、雪、雾及风速超过 13m/s 的恶劣天气不得进行安装和拆卸作业。

3.2.4 施工升降机的安全使用和维修保养

施工升降机同其他机械设备一样，如果使用得当、维修及时、合理保养，不仅会延长使用寿命，而且能够降低故障率，提高运行效率。

1. 施工升降机的安全使用

(1) 收集和整理技术资料，建立健全施工升降机档案。

(2) 建立施工升降机使用管理制度。

(3) 操作人员必须了解施工升降机的性能，熟悉使用说明书。

(4) 使用前，做好检查工作，确保各种安全保护装置和电气设备正常。

(5) 操作过程中，司机要随时注意观察吊笼的运行通道有无异常情况，发现险情立即停车排除。

2. 施工升降机的日常检查

1) 检修涡轮减速机

检查涡轮、蜗杆的磨损情况，并进行修理或更换。检查各轴承有无磨损和损坏，并进行测间隙、调整或修理，必要时更换。检查各接合面及轴盖、轴端等处的密封是否良好。对有漏油的地方进行处理或更换密封垫。检查机壳有无裂纹或损坏现象，并进行必要的修理。检查油位计是否齐全完好，检修后进行加油或换油。

2) 检查配重钢丝绳

检查每根钢丝绳的张力，使之受力均匀，相互差值不超过 5%。钢丝绳严重磨损，达到钢丝绳报废标准时要及时更换新绳。

3) 检查齿轮齿条

应定期检查齿轮、齿条磨损程度，当齿轮、齿条损坏或超过允许磨损值范围时应及时予以更换。

4) 检修限速制动器

制动器垫片磨损到一定程度，须进行更换。

5) 检修其他部件、部位的润滑

对其他部件进行检修，并对有关部位的润滑情况进行检查。

3.3 高层建筑施工中的物料提升机

物料提升机是建筑施工现场常用的一种输送物料的垂直运输设备。它以卷扬机为动力，以底架、立柱及天梁为架体，以钢丝绳为传动，以吊笼(吊篮)为工作装置。在架体上装设滑轮、导轨、导靴、吊笼、安全装置等和卷扬机配套构成完整的垂直运输体系。物料提升机构造简单，用料品种和数量少，制作容易，安装拆卸使用方便，价格低，是一种投资少、见效快的装备机具，因而受到施工企业的欢迎，近几年得到了快速发展。

3.3.1 物料提升机概述

物料提升机由架体、提升与传动机构、吊笼、稳定机构、安全保护装置和电气控制系统组成。

1. 定义

根据《龙门架及井架物料提升机安全技术规范》(JGJ 88—92)规定：物料提升机是指额定起重量在2000kg以下，以地面卷扬机为牵引动力，由底架、立柱及天梁组成架体，吊笼沿导轨升降运动，垂直输送物料的起重设备。

2. 分类

(1) 按结构形式的不同，物料提升机可分为龙门架式物料提升机和井架式物料提升机。

① 龙门架式物料提升机：以地面卷扬机为动力，由两根立柱与天梁构成门架式架体、吊篮(吊笼)在两立柱间沿轨道做垂直运动的提升机；

② 井架式物料提升机：以地面卷扬机为动力，由型钢组成井字形架体、吊笼(吊篮)在井孔内或架体外侧沿轨道做垂直运动的提升机。

(2) 按架设高度的不同，物料提升机可分为高架物料提升机和低架物料提升机。

① 架设高度在30m(含30m)以下的物料提升机为低架物料提升机；

② 架设高度在30m(不含30m)至150m的物料提升机为高架物料提升机。

3.3.2 物料提升机的结构设计

物料提升机结构的设计和计算应符合《钢结构设计规范》(GB 50017—2003)、《塔式起重机设计规范》(GB 5144—94)和《龙门架及井架物料提升机安全技术规范》(JGJ 88—92)等标准要求。物料提升机结构的设计和计算应提供正式、完整的计算书，结构计算应含整体抗倾翻稳定性、基础、立柱、天梁、钢丝绳、制动器、电机、安装抱杆、附墙架等的计算。

1. 架体

架体的主要构件有底架、立柱、导轨和天梁。

(1) 底架。架体的底部设有底架，用于立柱与基础的连接。

(2) 立柱。立柱是由型钢或钢管焊接组成，用于支承天梁的结构件，可分为单立柱、双立柱或多立柱。立柱可由标准节组成，也可以由杆件组成，其断面可组成三角形、方形。当吊笼在立柱之间，立柱与天梁组成龙门形状时，称为龙门架式；当吊笼在立柱的一侧或两侧时，立柱与天梁组成井字形状，称为井架式。

(3) 导轨。导轨是为吊笼提供导向的部件，可用工字钢或钢管。导轨可固定在立柱上，也可直接用立柱主肢作为吊笼垂直运行的导轨。

(4) 天梁。安装在架体顶部的横梁，是主要的受力构件，承受吊笼(吊篮)自重及所吊物料重量，天梁应使用型钢，其截面高度应经计算确定，但不得小于 2 根(C14)槽钢。

2. 提升与传动机构

提升与传动机构包括卷扬机、滑轮与钢丝绳、导靴、吊笼(吊篮)等。

1) 卷扬机

卷扬机是物料提升机主要的提升机构。不得选用摩擦式卷扬机。所用卷扬机应符合《建筑卷扬机》(GB/T 1955—2002)的规定，并且应能够满足额定起重量、提升高度、提升速度等参数的要求。在选用卷扬机时宜选用可逆式卷扬机。

卷扬机卷筒应符合下列要求：卷筒边缘外周至最外层钢丝绳的距离应不小于钢丝绳直径的 2 倍，且应有防止钢丝绳滑脱的保险装置；卷筒与钢丝绳直径的比值应不小于 30。

2) 滑轮与钢丝绳

装在天梁上的滑轮称为天轮、装在架体底部的滑轮称为地轮，钢丝绳通过天轮、地轮及吊篮上的滑轮穿绕后，一端固定在天梁的销轴上，另一端与卷扬机卷筒锚固。滑轮按钢丝绳的直径选用。

3) 导靴

导靴是安装在吊笼上滑导轨运行的装置，可防止吊笼运行中偏移或摆动，保证吊笼垂直上下运行。

4) 吊笼

吊笼是装载物料沿提升机导轨做上下运行的部件。吊笼(吊篮)的两侧应设置高度不小于 100cm 的安全挡板或挡网。

3.3.3 物料提升机的稳定性设计

物料提升机的稳定性能主要取决于物料提升机的基础、附墙架、缆风绳及地锚。

1. 基础

物料提升机要依据提升机的类型及土质情况确定基础的做法。基础应符合以下规定。

(1) 高架提升机的基础应进行设计，基础应能可靠地承受作用在其上的全部荷载，基础的埋深与做法应符合设计和提升机的出厂使用规定。

(2) 低架提升机的基础当无专门设计要求时应符合下列要求。

① 土层压实后的承载力应不小于 80kPa。

② 浇筑 C20 混凝土，厚度不少于 300mm。

③ 基础表面应平整，水平度偏差不大于 10mm。

④ 基础应有排水措施。距基础边缘 5m 范围内开挖沟槽或有较大振动的施工时，必须有保证架体稳定的措施。

2. 附墙架

为保证提升机架体的稳定性而连接在物料提升机架体立柱与建筑结构之间的钢结构，称为附墙架。附墙架的设置应符合以下要求。

(1) 附墙架。非附墙架钢材与建筑结构的连接应进行设计计算，附墙架与立柱及建筑物连接时，应采用刚性连接，并形成稳定结构。

(2) 附墙架的材质应达到国家标准《碳素结构钢》(GB/T 700—2006)的要求，不得使用木杆、竹竿等作附墙架与金属架体连接。

(3) 附墙架的设置应符合设计要求，其间隔不宜大于 9m，且在建筑物的顶层宜设置 1 组，附墙后立柱顶部的自由高度不宜大于 6m。

3. 缆风绳

缆风绳是为保证架体稳定而在其 4 个方向设置的拉结绳索，所用材料为钢丝绳。缆风绳的设置应当满足以下条件。

(1) 缆风绳应经计算确定，直径不得小于 9.3 mm；按规范要求当钢丝绳用作缆风绳时，其安全系数为 3.5(计算主要考虑风载)。

(2) 高架物料提升机在任何情况下均不得采用缆风绳。

(3) 提升机高度在 20m(含 20m)以下时，缆风绳不少于 1 组(4～8 根)；提升机高度在 20～30m 时缆风绳不少于 2 组。

(4) 缆风绳应在架体四角有横向缀件的同一水平面上对称设置。

(5) 缆风绳的一端应连接在架体上，对连接处的架体焊缝及附件必须进行设计计算。

(6) 缆风绳的另一端应固定在地锚上，不得随意拉结在树上、墙上、门窗框上或脚手架上等。

(7) 缆风绳与地面的夹角不应大于 60°，应以 45°～60°为宜。

(8) 当缆风绳需改变位置时，必须先做好预定位置的地锚并加临时缆风绳，确保提升机架体的稳定方可移动原缆风绳的位置；待缆风绳与地锚拴牢后，再拆除临时缆风绳。

4. 地锚

地锚的受力情况，埋设的位置如何都直接影响着缆风绳的作用。在施工过程中常常因地锚角度不够或受力达不到要求发生变形，而造成架体歪斜甚至倒塌的事故时有发生。在选择缆风绳的锚固点时，要视其土质情况，决定地锚的形式和做法。

3.3.4 物料提升机的安全保护装置

物料提升机的安全保护装置主要包括：安全停靠装置、断绳保护装置、载重量限制装置、上极限限位器、下极限限位器、吊笼安全门、缓冲器和通信信号装置等。施工者在使用物料提升机时还必须学会安全保护装置的设置。

1. 安全保护装置

物料提升机的安全保护装置主要有以下几种。

1) 安全停靠装置

当吊笼停靠在某一层时，能使吊笼稳妥地支靠在架体上的装置称为安全停靠装置。它用来防止因钢丝绳突然断裂或卷扬机抱闸失灵时吊篮的坠落。其装置有制动和手动两种。其工作原理是：当吊笼运行到位后，由弹簧控制或人工搬动，使支承杆伸到架体的承托架上，其荷载全部由承托架负担，钢丝绳不受力；当吊笼装载 125%额定载重量，运行至各楼层位置装卸载荷时，停靠装置应能将吊笼可靠定位。

2)　断绳保护装置

吊笼装载额定载重量，悬挂或运行中发生断绳时，断绳保护装置必须可靠地把吊笼刹制在导轨上，最大制动滑落距离应不大于 1m，并且不应对结构件造成永久性损坏。

3)　载重量限制装置

当提升机吊笼内载荷达到额定载重量的 90%时，应发出报警信号；当吊笼内载荷达到额定载重量的 100%～110%时，应切断提升机的工作电源。

4)　上极限限位器

上极限限位器应安装在吊笼允许提升的最高工作位置，吊笼的越程(指从吊笼的最高位置与天梁最低处的距离)应不小于 3m。当吊笼上升达到限定高度时，限位器即可动作切断电源。

5)　下极限限位器

下极限限位器应能在吊笼碰到缓冲装置之前动作，当吊笼下降至下限位时，限位器应自动切断电源，使吊笼停止下降。

6)　吊笼安全门

吊笼的上料口处应装设安全门。安全门宜采用连锁开启装置。安全门连锁开启装置，可为电气连锁(如果安全门未关，可造成断电，提升机不能工作)，也可为机械连锁(吊笼上行时安全门自动关闭)。

7)　缓冲器

缓冲器应装设在架体的底坑里，当吊笼以额定荷载和规定的速度作用到缓冲器上时，应能承受相应的冲击力。缓冲器的形式可采用弹簧或弹性实体。

8)　通信信号装置

信号装置是由司机控制的一种音响装置，其音量应能使各楼层使用提升机装卸物料人员清晰听到。当司机不能清楚地看到操作者和信号指挥人员时，必须加装通信装置。通信装置必须是一个闭路的双向电气通信系统，司机和作业人员能够相互联系。

2. 安全保护装置的设置

(1)　低架物料提升机应当设置安全停靠装置、断绳保护装置、上极限限位器、下极限限位器、吊笼安全门和信号装置。

(2)　高架物料提升机除了应当设置低架物料提升机应当设置的安全保护装置外，还应当重置载重量限制装置、缓冲器和通信信号。

3.3.5　物料提升机安装拆卸注意事项

物料提升机的安装与拆卸都需要做好提前准备工作并按照规定的程序进行。

1. 安装前的准备

(1)　根据施工要求和场地条件，并综合考虑发挥物料提升机的工作能力，合理确定安装位置。

(2) 做好安装的组织工作。包括安装作业人员的配备，高处作业人员必须具备高处作业的业务素质和身体条件。

(3) 按照说明书的基础图制作基础。

(4) 基础养护期应不少于 7 天，基础周边 5m 内不得挖排水沟。

2. 安装前的检查

(1) 检查基础的尺寸是否正确，地脚螺栓的长度、结构、规格是否正确，混凝土的养护是否达到规定期，水平度是否达到要求(用水平仪进行验证)。

(2) 检查提升卷扬机是否完好，地锚拉力是否达到要求，刹车开、闭是否可靠，电压是否在 380V±5%之内，电机转向是否合乎要求。

(3) 检查钢丝绳是否完好，与卷扬机的固定是否可靠，特别要检查全部架体达到规定高度时，在全部钢丝绳输出后，钢丝绳长度是否能在卷筒上保持至少 3 圈。

(4) 检查各标准节是否完好，导轨、导轨螺栓是否齐全、完好；各种螺栓是否齐全、有效，特别是用于紧固标准节的高强度螺栓数量是否充足；各种滑轮是否齐备，有无破损。

(5) 检查吊笼是否完整，焊缝是否有裂纹，底盘是否牢固，顶棚是否安全。

(6) 应事先检查断绳保护装置、重量限制器等安全防护装置，确保安全、灵敏、可靠无误。

3. 安装与拆卸

井架式物料提升机的安装一般按以下顺序进行：将底架按要求就位→将第一节标准节安装于标准节底架上→提升抱杆→安装卷扬机→利用卷扬机和抱杆安装标准节→安装导轨架→安装吊笼→穿绕起升钢丝绳→安装安全装置。物料提升机的拆卸按安装架设的相反顺序进行。

3.3.6 物料提升机的安全使用和维修保养

物料提升机的安全使用和维修保养十分重要，施工者必须予以重视。

1. 物料提升机的安全使用

(1) 建立物料提升机的使用管理制度。物料提升机应有专职机构和专职人员管理。

(2) 物料提升机组装后应进行验收，并进行空载、动载和超载试验。

① 空载试验：即不加荷载，只将吊篮按施工中各种动作反复进行，并试验限位灵敏程度。

② 动载试验：即按说明书中规定的最大载荷进行动作运行。

③ 超载试验：一般只在第一次使用前，或经大修后按额后载荷的125%逐渐加荷进行。

(3) 物料提升机司机应经专门培训，人员要相对稳定，每班开机前，应对卷扬机、钢丝绳、地锚、缆风绳进行检验，并进行空车运行测试。

(4) 严禁载人。物料提升机主要是运送物料的，在安全装置可靠的情况下，装卸料人员才能进入到吊篮作业，严禁各类人员乘吊篮升降。

(5) 禁止攀登架体和从架体下面穿越。

(6) 司机在通信联络信号不明时不得开机，作业中不论任何人发出紧急停车信号，司机都应立即执行。

(7) 缆风绳不得随意拆除。凡需临时拆除的，应先行加固，待恢复缆风绳后，方可使用升降机；如缆风绳改变位置，要重新埋设地锚，待新的缆风绳拴好后，原来的缆风绳方可拆除。

(8) 严禁超载运行。

(9) 司机离开时，应降下吊篮并切断电源。

2. 物料提升机的维修保养

(1) 建立物料提升机的维修保养制度。

(2) 使用过程中要定期检修。

(3) 除定期检查外，提升机必须做好日常检查工作。日常检查应由司机在每班前进行，主要内容有以下几个方面。

① 检查附墙杆与建筑物连接有无松动，或缆风绳与地锚的连接有无松动。

② 对空载提升吊篮做一次上下运行，查看运行是否正常，同时验证各限位器是否灵敏可靠及安全门是否灵敏完好。

③ 在额定荷载下，将吊篮提升至离地面 1～2m 高处停机，检查制动器的可靠性和架体的稳定性。

④ 检查卷扬机各传动部件的连接和紧固情况是否良好。

(4) 保养设备必须在停机后进行。禁止在设备运行中擦洗、注油等工作。如需重新在卷筒上缠绳时，必须两人操作，一人开机一人扶绳，相互配合。

(5) 司机在操作中要经常注意传动机构的磨损，发现磨绳、滑轮磨偏等问题，要及时向有关人员报告并及时解决。

(6) 架体及轨道发生变形必须及时维修。

本 章 小 结

本章详细讲解了施工现场常用的垂直运输机械——塔机、施工升降机和物料提升机的概念、分类、主要机构、安全保护装置、安装与拆卸以及安全使用等。通过学习读者要掌握塔机的概念、分类，安全保护装置的概念、作用，安装与拆卸方案的编制、安装的程序和安全注意事项，以及安全使用事项；施工升降机的概念和分类，安全保护装置的概念、作用，安装与拆卸安全注意事项，以及安全使用事项；物料提升机的概念和分类，安全保护装置的概念、作用，物料提升机的稳定性以及安全使用事项。

思考与练习

1. 起重设备电控系统中为什么必须设置相序保护？

2. 塔机顶升装置为什么必须与顶升踏步可靠锁定而不能非人为脱开？

3. 为什么塔机使用说明书中要规定标准节连接螺栓的预紧力矩并要求定期检查？
4. 为什么要求施工升降机地面围栏设置围栏门机电连锁装置？
5. 起重机在作业中遇到什么情况时必须停止作业？
6. 正常作业中，司机对什么样的指挥应拒绝执行？

第4章

高层建筑的基坑工程

学习目标

- 掌握高层建筑深基坑中的地下水控制。
- 掌握深基坑工程的支护结构。

本章导读

本章对基坑工程的概念及现状、特点、设计内容、设计依据、设计计算方法进行概述，介绍基坑工程勘察、设计、施工、监测、试验的方法。首先介绍深基坑工程的地下水控制内容，包括地下水的基本特性、动水压力和流砂、降低地下水的方法、截水技术、回灌等；接着介绍深基坑工程的支护结构，内容包括支护结构的作用与构成、支护结构的造型、荷载与抗力计算、水泥土墙式支护结构、排桩与板墙式支护结构、土钉墙和喷锚的设计与施工、支护结构监测等。

项目案例导入

某报业大厦位于某市建国路与东安大街路口西南角，交通便利。该建筑物地下共有 1 层，地上共有 12 层，主体檐口高度为 47.050m，采用框架-剪力墙结构，设防烈度 7 度，场地类别为二类，抗震设防为丙类，地基基础设计等级为乙级，设计基础形式为桩基础，采用大直径人工挖孔灌注桩。

案例分析

经过多方商议研究决定，在基坑南侧和西侧采用人工挖孔灌注桩支护，基坑北侧采用土钉墙支护，东侧采用放坡开挖，坡度为 1∶0.33。在基坑施工及基础施工期间需对与旧办公楼交界处边坡进行支护，以保证施工安全及旧楼不受影响。此外，在拟建大楼的西侧紧邻市保险公司住宅楼，北侧紧邻东安大街，均不能放坡开挖基坑。

高层建筑基坑工程是高层建筑基础的重要组成部分。高层建筑设计人员在设计时一定要做好设计。

4.1 高层建筑深基坑中的地下水控制

基坑工程中的降低地下水亦称地下水控制，即在基坑工程施工过程中地下水要满足支护结构和挖土施工的要求，并且不因地下水位的变化而对基坑周围的环境和设施带来危害。

4.1.1 地下水控制方法的选择

地下水控制方法有多种，其适用条件参见表 4-1。在选择控制方法时须根据土层情况、降水深度、周围环境、支护结构种类等因素综合考虑。当因降水而危及基坑及周边环境安全时，宜采用截水或回灌方法。

表 4-1 地下水控制方法适用条件

<table>
<tr><th colspan="2">方法名称</th><th>土　类</th><th>渗透系数/(m/d)</th><th>降水深度/m</th><th>水文地质特征</th></tr>
<tr><td colspan="2">集水明排</td><td rowspan="3">填土、粉土、黏性土、砂土</td><td>7.0～20.0</td><td>＜5.0</td><td rowspan="3">上层滞水或水量不大的潜水</td></tr>
<tr><td rowspan="3">降水</td><td>真空井点</td><td>0.1～20.0</td><td>单级＜6.0
多级＜20.0</td></tr>
<tr><td>喷射井点</td><td>0.1～20.0</td><td>＜20.0</td></tr>
<tr><td>管井</td><td>粉土、砂土、碎石土、可溶岩、破碎带</td><td>1.0～200.0</td><td>＞5.0</td><td>含水丰富的潜水、承压水、裂隙水</td></tr>
<tr><td colspan="2">截水</td><td>黏性土、粉土、砂土、碎石土、岩溶土</td><td>不限</td><td>不限</td><td></td></tr>
<tr><td colspan="2">回灌</td><td>填土、粉土、砂土、碎石土</td><td>0.1～200.0</td><td>不限</td><td></td></tr>
</table>

当基坑底为隔水层且层底作用有承压水时，应进行坑底突涌验算，必要时可采取水平封底隔渗或钻孔减压措施保证坑底土层稳定。否则一旦发生突涌，将会给施工带来极大麻烦。

4.1.2　利用截水帷幕截留地下水

截水是利用截水帷幕切断基坑外的地下水流入基坑内部。截水帷幕的类型有水泥土搅拌桩挡墙、高压旋喷桩挡墙、地下连续墙挡墙等。它们往往不只是为了挡水，而是经常被作为基坑的支护结构用来挡土。

截水帷幕的厚度应满足基坑防渗要求，截水帷幕的渗透系数宜小于 1.0×10^{-6}cm/s。

为了阻止基坑内外的地下水相互渗流，截水帷幕的底部宜插入到不透水层，其插入深度计算公式为

$$t = 0.2h - 0.5b \tag{4-1}$$

式中：t——帷幕插入不透水层的深度；

h——作用水头；

b——帷幕宽度。

当地下含水层渗透性较强、厚度较大时，可采用悬挂式竖向截水与坑内井点降水相结合或采用悬挂式竖向截水与水平封底相结合的方案。

【小贴士】

目前形成截水帷幕的施工方法主要有高压喷射注浆法、深层搅拌法、压力灌注法、射水成墙法、小孔钻孔灌注法等。在具体选用哪种施工方法、工艺以及机具时，应根据水文地质条件及施工条件等因素综合确定。

4.1.3　利用回灌技术减少地下水的影响

工程中的回灌是指补充在进行井点降水时所流失的地下水。回灌技术原理是通过回灌井点向土层中灌入足够的水，使降水井点的影响半径不超过回灌井点的范围。

1. 井点回灌

降水对周围环境的影响，是由土壤内地下水流失所造成的。回灌技术即是在降水井点和要保护的建(构)筑物之间打设一排井点，在降水井点抽水的同时，通过回灌井点向土层内灌入一定数量的水(即降水井点抽出的水)形成一道隔水帷幕，从而阻止或减少回灌井点外侧被保护的建(构)筑物地下的地下水流失，使地下水位基本保持不变，这样就不会因降水使地基自重应力增加而引起地面沉降。

2. 砂沟、砂井回灌

在降水井点与被保护建(构)筑物之间设置砂井作为回灌井，沿砂井布置一道砂沟，将降水井点抽出的水，适时、适量排入砂沟，再经砂井回灌到地下。实践证明这种方法也能收到良好的回灌效果。回灌砂井的灌砂量应取井孔体积的 95%，填料宜采用含泥量不大于 3%、

不均匀系数在 3～5 的纯净中粗砂。

另外还可通过减缓降水速度减少对周围建筑物的影响。例如在砂质粉土中降水影响范围可达 80m 以上，降水曲线较平缓，为此可将井点管加长以减缓降水速度，防止产生过大的沉降；在井点系统降水过程中，调小离心泵阀，减缓抽水速度；在邻近被保护建(构)筑物一侧可将井点管间距加大，需要回灌时可暂停抽水(为防止抽水过程中将细微土粒带出，可根据土的粒径选择滤网并确保井点管周围砂滤层的厚度和施工质量。以上方法均能有效防止因施工降水而引起的地面沉降)。

4.2 深基坑工程的支护结构

为了充分利用地下空间，有的设计有多层地下室，所以高层建筑的基础埋深较深，施工时基坑开挖深度较大，给施工带来很多困难，尤其在软土地区或城市建筑物密集地区，施工场地邻近的已有建筑物、道路、纵横交错的地下管线等对沉降和位移很敏感，不允许采用较经济的方法开挖，而是要求在有人工支护的条件下进行基坑开挖。

4.2.1 支护结构的种类

虽然支护结构多数都是施工期间为挡土、挡水、保护环境等所用的临时结构，但其设计和施工都要采取极端严肃的态度，在保证施工安全的前提下，尽力做到经济合理、便于施工。

支护结构的种类很多，其构成也各不相同，具体如下。

(1) 重力式水泥土挡墙式通常依靠挡墙的自重和刚度来保护基坑壁，既挡土又挡水，一般不设内支撑，个别情况下必要时也可辅以内支撑来加大对基坑的支护深度。

(2) 排桩与板墙式支护由板桩、排桩(有的地区加止水帷幕)或地下连续墙等用作挡墙，另设内支撑或外拉的土层锚杆。

(3) 边坡稳定式支护包括土钉墙和喷锚支护，是一种利用加固后的原位土体来维护基坑边坡土体稳定的支护方法，由土钉(锚杆)、钢丝网喷射混凝土面板和加固后的原位土体 3 部分组成。除上述三类支护结构外，还有其他一些形式，有时还可以各种类型混合应用。

4.2.2 支护结构的设计要求

支护结构设计的第一步是确定支护结构的类型。这需要根据基坑的安全等级、开挖深度、周围环境情况、土层及地下水位，根据工程经验或专家系统的论证比较来选择正确的支护结构形式。

1. 基坑侧壁的安全等级

根据我国的行业标准《建筑基坑支护技术规程》相关规定，基坑根据其破坏后果的严重程度，分为三级安全等级，在计算时要分别取用不同的重要性系数 γ_0。

2. 基坑工程勘察要求

为使支护结构的设计和施工有据可依，在进行地基勘察阶段，对需进行支护的基坑工程应按下列要求进行勘察。

(1) 确定勘察范围时，应在开挖边界外按开挖深度的 1～2 倍范围内布置勘探点，尤其对软土的勘探范围应扩大。

(2) 当开挖边界外无法布置勘探点时，应通过调查取得相应资料，查明基坑开挖深度及挡墙边界附近范围内的暗滨、地下管线及障碍物的分布及埋藏情况(使用浅层小螺纹钻孔勘探也难以查明时，可采用浅层物探方法进行普查)。

(3) 勘探点的间距视地层条件而定，可在 15～30m 范围内选择，地层变化较大时，应增加勘探点以查明地层分布规律。

(4) 勘探点的深度，应满足支护结构的设计要求。在软土地区，为满足支护结构稳定性验算的要求，深度一般不应小于基坑开挖深度的 4.5 倍，对重要的基坑工程应穿透淤泥质软弱土层。

(5) 勘探时还要查明开挖范围及邻近场地地下水含水层和隔水层的层位、埋深和分布情况；查明各含水层(包括上层滞水、潜水、承压水)的补给条件和水利联系。同时要分析施工过程中水位变化对支护结构和基坑周边环境的影响，并提出应采取的措施。

(6) 进行基坑工程勘察时，岩土工程测试参数应包括：土的常规物理试验指标；直接剪切试验测定固结快剪指标 ϕ 值；室内或原位试验测试渗透系数 K 等。

对基坑周边环境的勘察，应包括以下内容。

(1) 查明基坑开挖影响范围内的建(构)筑物的结构类型、层数、基础类型、埋深、基础荷藏及上部结构现状。

(2) 查明基坑周边的各类地下设施，包括上水、下水、电缆、煤气、污水、雨水、热力等管线、管道的分布和性状。

(3) 查明场地周围邻近地区池表水的汇流和排泄情况。地下水管渗漏情况及对基坑开挖的影响。

(4) 查明场地四周道路与基坑的距离、车辆载重，道路的构造与重要程度。

3. 支护结构中常用的挡墙结构

支护结构中常用的挡墙结构有以下几种类型。

1) 钢板桩

钢板桩常用的有简易的槽钢钢板桩和热轧锁口钢板桩。

(1) 槽钢钢板桩。槽钢钢板桩是一种简易的钢板桩挡墙，由槽钢并排或正反扣搭接组成。槽钢长度为 6～8m，型号由计算确定。由于其抗弯能力较弱，多用于深度不超 4m 的基坑，顶部近地面处设一道支撑或拉锚。

(2) 热轧锁口钢板桩。其形式有 U 型、Z 型、一字型、H 型和组合型。我国一般常用 U 型，即互相咬接形成板桩墙常用于开挖深度 5～10m 的基坑。只有在基坑深度很大时才使用组合型。一字型板桩墙在建筑施工中基本不用，在水工等结构施工中有时用来围成圆形墩隔墙。

【知识拓展】

由于热轧锁口钢板桩一次性投资较大，多以租赁方式租用，用后拔出即可归还，故热轧锁口钢板桩适用于在软土地基地区具有一定挡水能力，施工迅速，基坑深度不太大、周围环境要求不太严格，且打设后可立即开挖的工程中。

需要注意的是，由于钢板桩柔性较大，若基坑较深时会加大支撑(或拉锚)工程量，给坑内施工带来一定困难；而且，由于钢板桩用后拔除时会连土一起带出，如处理不当会引起土层移动，又会给施工的结构或周围的设施带来危害，故应予以充分注意，采取有效措施以减少带土。

2) 钢筋混凝土板桩

这是一种传统的支护结构，截面自带的企口有一定挡水作用，顶部设有圈梁，用后不再拔除，可永久保留在地基土中，过去多用于钢板桩难以拔除的地段。有的施工单位将其用于高层建筑深基坑支护，其做法是先放坡开挖上层土(如地下水位高则用轻型井点降水)，然后打设钢筋混凝土板桩(由于挡土高度减小，在开挖下层土时可用单锚板桩代替复杂的多支撑板桩，简化支撑或拉锚)。如钢筋混凝土板桩沿基础边线精确地打设，此桩还可兼作基础混凝土浇筑时的模板，简化基础工程施工。但总的来说，此支护结构应用较少。

3) 钻孔灌注桩排桩挡墙

常用的为ϕ600～1000mm，做成排桩挡墙，顶部浇筑钢筋混凝土圈梁，设内支撑体系。目前我国各地都有应用，是支护结构中使用较多的一种。

灌注桩挡墙的刚度较大，抗弯能力强，变形相对较小，在土质较好的地区已有 7～8m 悬臂的，在软土地区坑深不超过 14m 的都可以使用，且经济效益较好。但其永久保留在地基土中的特点，可能为日后的地下工程施工造成障碍。由于目前施工时它难以做到相切，桩之间留有 100～150mm 的间隙，故挡水效果差。有时将它与深层搅拌水泥土桩挡墙组合应用，前者抗弯，后者做成防水帷幕起挡水或用树根桩或注浆止水，效果较好。

4) H 型钢支柱、木挡板支护挡墙

H 型钢支柱按一定间距打入土中，支柱间设木挡板或其他挡土设施，用后可拔出回收重复使用，较为经济，但一次性投资较大。这种支护结构适用于土质较好、地下水位较低的地区，国外应用较多，国内也有应用。如北京京城大厦深 23.5m 的深基坑即用这种支护结构，它将长 27m 的 488mm×300mm 的 H 型钢按 1.1m 间距打入土中，用 3 层土锚拉固。但总的来说，国内应用不多。

5) 地下连续墙

地下连续墙已成为深基坑的主要支护结构挡墙之一，常用厚度为 600～1000mm。国内大城市深基坑工程利用此支护结构的案例很多，如北京王府井宾馆、京广大厦；广州白天鹅宾馆；上海电信大楼、海伦宾馆、上海国际贸易中心大厦、上海金茂大厦等著名的高层建筑的基础施工都曾采用地下连续墙。尤其是在地下水位高的软土地区，当基坑深度大且邻近的建(构)筑物、道路和地下管线相距甚近时，它往往是首先考虑的支护方案。上海地铁的多个车站在施工中都采用了地下连续墙。

【知识拓展】

当地下连续墙与“逆筑法”结合应用时，可省去挖土后地下连续墙的内部支撑，还能使上部结构及早投入施工或使道路等及早恢复使用，这对于深度大、地下结构层数多的深基础的施工来说，十分有利。我国已有不少采用“逆筑法”施工的成功案例。地下连续墙若单纯用作支护结构，费用较高，若施工后即成为地下结构的组成部分(即两墙合一)则较为理想。

6) 深层搅拌水泥土桩挡墙

深层搅拌水泥土桩挡墙过去多用于地基加固工程，近年来在软土地区应用较多，尤以上海应用最多。它是用特制进入土深层的深层搅拌机将喷出的水泥浆固化剂与地基上进行原位强制拌和而制成水泥土桩相互搭接，硬化后即形成具有一定强度的壁状挡墙(有各种形式，按计算确定)，既可挡土又可形成隔水帷幕。对于平面呈任何形状、开挖深度不很深的基坑(一般认为不超过 6m)，皆可用作支护结构，比较经济。水泥土的物理力学性质，取决于水泥掺入比，多用 12%左右。

【小贴士】

深层搅拌水泥土桩挡墙，属重力式挡墙，深度大时可在水泥土中插入加筋杆件，形成加筋水泥土挡墙，必要时还可辅以内支撑等。

7) 旋喷桩挡墙

它是钻孔后将钻杆从地基土深处逐渐上提，同时利用插入钻杆端部的旋转喷嘴，将水泥浆固化剂喷入地基土中形成水泥土桩，桩体相连形成帷幕墙。旋喷桩挡墙可用作支护结构挡墙，在较狭窄地区亦可施工。它与深层搅拌水泥土桩一样，也属于重力式挡墙，只是形成水泥土桩的工艺不同而已。在施工旋喷桩时，要控制好上提速度、喷射压力和喷射量，否则质量难以保证。

8) 土钉墙

土钉墙是一种利用土钉加固后的原位土体来维护基坑边坡土体稳定的支护方法。它由土钉、钢丝网喷射混凝土面板和加固后的原位土体 3 部分组成。该种支护结构简单、经济、施工方便，是一种较有前途的基坑边坡支护技术，适用于地下水位以上或经降水后的黏性土或密实性较好的砂土地层，基坑深度一般不大于 15m。

【知识拓展】

除上述支护结构墙以外，还有用人工挖孔桩(我国南方地区应用不少)、打入预制钢筋混凝土桩等支护结构挡墙。近年来 SMWI 法(水泥土搅拌连续墙)在我国已成功应用，有一定发展前途。北京还采用了桩墙合一的方案。即将支护桩移至地下结构墙体位置，轴线桩既承受侧向土压力又承受垂直荷载，轴线桩间增加一些挡土桩承受土压力，桩间砌墙作为地下结构外墙，已收到较好的效果，目前也得到了推广。

支护结构挡墙的选型，涉及技术因素和经济因素，要从满足施工要求、减少对周围环境的不利影响、施工方便、工期短、经济效益好等多方面经过慎重的技术经济比较后加以确定。

4. 支撑(拉锚)的选型

当基坑深度较大，悬臂的挡墙在强度和变形方面不能满足要求时，即需增设支撑系统。支撑系统分两类：基坑内支撑和基坑外拉锚。基坑外拉锚又分为顶部拉锚与土层锚杆拉锚，前者用于不太深的基坑，多为钢板桩，在基坑顶部将钢板桩挡墙用钢筋或钢丝绳等拉结锚固在一定距离之外的锚桩上；后者多用于较深的基坑。

目前支护结构的内支撑，常用的有钢结构支撑和钢筋混凝土结构支撑两类，具体如下。

1) 钢结构支撑

钢结构支撑多用圆钢管和 H 型钢。为减少挡墙的变形，用钢结构支撑时可用液压千斤顶施加预顶力。

钢结构支撑拼装和拆除方便、迅速，为工具式支撑，可多次重复使用，且可根据控制变形的需要施加预顶力，有一定的优点。但与钢筋混凝土结构支撑相比，它的变形相对较大，且由于圆钢管和型钢的承载能力不如钢筋混凝土结构支撑的承载能力大，因而支撑水平向的间距不能很大；相对说来，对于机械挖土不太方便。在大城市建筑物密集地区开挖深基坑，支护结构多以变形控制，在减少变形方面钢结构支撑不如钢筋混凝土结构支撑，但如果分阶段根据变形多次施加预顶力也能控制变形量。

(1) 钢管支撑。钢管支撑一般利用ϕ609 钢管余料接长，用不同壁厚的钢管来适应不同的荷载，常用的壁厚δ为 12mm、14mm，有时也用 16mm。除ϕ609 钢管外，也有用较小直径钢管的，如ϕ580、ϕ406 钢管等。钢管的刚度越大，单根钢管就越有较大的承载能力，不足时还可以两根钢管并用。

钢管支撑的形式，多为对撑或角撑。当为对撑时，为增大间距在端部可加设琵琶撑。以减小腰梁的内力。当为角撑时，如间距较大、长度较长，也可增设腹杆形成桁架式支撑。对撑纵横钢管交叉处，可以上下叠交；亦可增设特制的十字接头，纵横钢管都与十字接头连接，使纵横钢管处于同一平面内。后者可使钢管支撑形成一平面框架，刚度大，受力性能好。

(2) H 型钢支撑。H 型钢支撑用螺栓连接，为工具式钢支撑，现场组装方便，构件标准化，对不同的基坑都能按照设计要求进行组合和连接，可重复使用，有推广价值。

2) 钢筋混凝土支撑

钢筋混凝土支撑是近年来在上海等地区深基坑施工中发展起来的一种支撑形式。它多用于土模或模板随着挖土逐层现浇，截面尺寸和配筋根据支撑布置和杆件内力大小而定。它刚度大，变形小，能有效地控制挡墙变形和周围地面的变形，宜用于较深基坑和周围环境要求较高的地区。但在施工中须尽快形成支撑，以减少土壤蠕变变形，减少时间效应。

由于钢筋混凝土支撑为现场浇筑，因而其形式可随基坑形状而变化，故它有多种形式，如对撑、角撑、桁架式支撑、圆形、拱形、椭圆形等形状支撑。

钢筋混凝土支撑的混凝土强度等级多为 C30，截面尺寸由计算确定。常用的腰梁的截面尺寸为 600mm×800mm(高×宽)、800mm×1000mm 和 1000mm×1200mm；常用的支撑的截面尺寸为 600mm×800mm(高×宽)、800mm×1000mm、800mm×1200mm 和 1000mm×1200mm。支撑的截面尺寸在高度方向要与腰梁相匹配。配筋由计算确定。

对平面尺寸大的基坑，在支撑交叉点处需设立柱，在垂直方向支承水平支撑。立柱可为 4 个角钢组成的格构式柱、圆钢管或型钢。立柱的下端须插入作为工程桩使用的灌注桩内，插入深度不宜小于 2m，否则立柱就要作专用的灌注桩基础。因此，格构式立柱的平面尺寸要与灌注桩的直径匹配。

【知识拓展】

对于多层支撑的深基坑，在进行挖土时理论上应该要求挖土机不上支撑，但如果遇到挖土机必须上支撑挖土的情况，则设计支撑时要考虑这部分荷载，施工中也要采取措施避免挖土机直接压支撑。

如果基坑的宽(长)度很大，所处地区的土质又较好，在内部支撑需耗费大量材料，且不便挖土施工，此时可考虑选用土层锚杆在基坑外面拉结固定挡墙的方法。我国不少地区已广泛应用这种方法，并取得了较好的经济效益。

【案例 4-1】某综合商住楼建筑工程项目位于城市中心地带，主楼共 20 层，地下室共 2 层，拟采用桩基础，框架结构，设计地坪标高 110.40m，基坑开挖深度为-10.00 m。基坑边缘周长为约 189m。基坑东、西、北侧分布多条给水管道，管径 0.1～0.7m，场地东侧临街为民房，作为深基坑，开挖施工时必须严格控制基坑周边变形，安全施工，避免产生不良的社会影响。

【分析】综合分析基坑地理位置、土质条件、开挖深度及周边环境，该基坑开挖深度较大，为 8.0m；位于市中心，场地周边环境较狭小，无放坡开挖条件，场地西侧有供水管道及地下管网通过，场地南侧有供水管，一旦有失稳现象发生，经济和社会影响较大。软弱土埋深达 12.0m，为当地少见的软弱土基坑；地下水位较高，且基坑底部有强透水性地层分布。

综合以上因素，本着经济合理，确保安全的原则，本次基坑设计采用较为成熟的桩锚式支护方式，结合高压摆喷墙止水帷幕，在多家单位的方案比选中，否定了基坑内支撑、超前锚管土钉墙及桩间内嵌旋喷桩止水方案。

4.2.3　荷载与抗力的计算

作用于挡墙上的水平荷载，主要包括土压力、水压力和地面附加荷载产生的水平荷载。

在实际中，要求精确计算土压力是很困难的，因为影响因素很多。它不仅取决于土质，还与挡墙的刚度、施工方法、基坑空间尺寸、无支撑时间的长短、气候条件等有关。

目前计算土压力多用朗金土压力理论。其基本假定是：挡墙背竖直、光滑；墙后为砂性填土，且表面水平并无限长；墙对破坏楔体无干扰。该理论由于未考虑墙背和填土间的摩擦力，故求得的主动土压力偏大，而被动土压力又偏小，所以当用于设计围护墙时该理论就会偏于安全。

根据《建筑基坑支护技术规程》的规定，荷载和抗力按以下公式进行计算。

1. 水平荷载标准值

作用于挡墙上的土压力、水压力和地面附加荷载产生的水平荷载标准值，宜按当地可取经验值确定，当无经验值时按下列规定计算。

1) 关于碎石土和砂土的计算

当计算点位于地下水位以上时，其公式为

$$e_{aik}=\sigma_{aik}K_{ai}-2C_i\sqrt{K_{ai}} \tag{4-2}$$

当计算点位于地下水位以下时，其公式为

$$e_{aik}=\sigma_{aik}K_{ai}-2C_i\sqrt{K_{ai}}+\eta_{wa}(Z_i-h_{wa})(1-K_{ai})\gamma_w \tag{4-3}$$

式中：σ_{aik}——作用于深度 Z_i 处的竖向应力标准值，按式(4-6)计算；

K_{ai}——第 i 层土的主动土压力系数，$K_{ai}=\tan^2\left(45°-\dfrac{\varphi_i}{2}\right)$；

φ_i——第 i 层土的内摩擦角标准值；

Z_i——计算点深度；

h_{wa}——基坑外侧地下水位深度；

η_{wa}——基坑外侧水压力系数，对于密排桩、墙底部土层为隔水层时：η_{wa}=1.0。

对于桩、墙底部土层为透水层时，其公式为

$$\eta_{wa}=\frac{2(h_d-h_{wp})}{h-h_{wa}+h_{wp}+2(h_d-h_{wp})} \tag{4-4}$$

式中：γ_w——水的重度。

2) 关于粉土和黏土的计算

$$e_{aik}=\sigma_{aik}K_{ai}-2C_i\sqrt{K_{ai}} \tag{4-5}$$

当按上述公式计算的基坑开挖面以上水平荷载标准值小于 0 时，取其值为 0。

2. 基坑外侧竖向应力标准值

竖向应力标准值σ_{aik}的计算公式为

$$\sigma_{aik}=\sigma_{\gamma k}+\sigma_{0k}+\sigma_{1k} \tag{4-6}$$

(1) 自重竖向应力的计算。

当计算点位于基坑开挖面以上时，计算点深度 Z_i 处自重竖向应力$\sigma_{\gamma k}$的计算公式为

$$\sigma_{\gamma k}=\gamma_{mi}Z_i \tag{4-7}$$

当计算点位于基坑开挖面以下时，计算点深度 Z_i 处自重竖向应力$\sigma_{\gamma k}$的计算公式为

$$\sigma_{\gamma k}=\gamma_{mh}h \tag{4-8}$$

式中：γ_{mi}——深度 Z_i 以上土的加权平均天然重度；

γ_{mh}——开挖面以上土的加权平均天然重度。

(2) 地面附加荷载引起的竖向应力的计算。

当支护结构外侧地面作用均布荷载 q_0 时，基坑外侧任意深度处竖向应力标准值σ_{0k}的计算公式为

$$\sigma_{0k}=q_0 \tag{4-9}$$

当距离支护结构外侧 b_1 处开始作用有宽度为 b_0 的条形荷载 q_1 时，基坑外侧深度 OD 范围内的附加竖向应力标准值σ_{1k}的计算公式为

$$\sigma_{1k}=q_1\frac{b_0}{b_0+2b_1} \tag{4-10}$$

3. 基坑内侧被动区水平抗力标准值

被动区水平抗力标准值 e_{pik} 按下列规定计算。

1)　关于砂土和碎石土的计算

$$e_{pik}=\sigma_{pik} K_{pi}-2C_i\sqrt{K_{pi}}+\eta_{wp}(Z_i-h_{wp})(1-K_{pi})\gamma_w \tag{4-11}$$

式中：e_{pik}——作用于基坑底面以下 Z_i 处的竖向应力标准值。

$$e_{pik}=\gamma_{mi} Z_i \tag{4-12}$$

η_{wp}——基坑内侧水压力系数，对于密排桩、墙底部土层为隔水层时：

$$\eta_{wp}=1.0$$

在桩、墙底部土层可为透水层时，其计算公式为

$$\eta_{wp}=2\frac{h-h_{wa}-h_d-h_{wp}}{h-h_{wa}+h_{wp}+2(h_d-h_{wp})} \tag{4-13}$$

$$K_{pi}=\tan^2\left(45°-\frac{\varphi_i}{2}\right) \tag{4-14}$$

2)　关于黏性土及粉土的计算

其公式为

$$e_{pik}=\sigma_{pik} K_{pi}+2C_i\sqrt{K_{pi}} \tag{4-15}$$

4.2.4　水泥土墙式支护结构

水泥土墙式支护结构包括深层搅拌水泥土桩排挡墙和旋喷桩排挡墙，都属重力式支护结构，除个别情况例外，一般都不设支撑。

1. 水泥土墙式支护结构计算

水泥土挡墙一般要计算以下内容。

1)　嵌固深度计算

水泥土挡墙的嵌固深度设计值 h_d，应按圆弧滑动简单条分法进行计算，其公式为

$$\sum C_i l_i+\sum(q_0 b_i+W_i)\cos\theta_i\tan\varphi_i-\gamma_k\sum(q_0 b_i+W_i)\sin\theta_i\geqslant 0 \tag{4-16}$$

式中：C_i，φ_i——最危险滑动面上第 i 土条滑动面上的黏聚力、内摩擦角；

l_i——第 i 土条的弧长；

b_i——第 i 土条的宽度；

γ_k——整体滑动分项系数，应根据经验值确定，当无经验值时可取 1.30；

W_i——第 i 土条的重量，当滑动面位于黏性土或粉土中，按上覆土层的饱和土重度计算，当滑动面位于砂土、碎石类土中，按上覆土层的浮重度计算；

θ_i——第 i 土条弧线中点切线与水平线的夹角。

对于均质黏性土及无地下水的粉土或砂类土，其嵌固深度计算值 h_0 的计算公式为

$$h_0=n_0 h \tag{4-17}$$

式中，n_0 为嵌固深度系数。当 γ_k 取 1.3 时，根据土层固结快剪摩擦角 φ 及黏聚力系数 $\delta=C/\gamma h_0$ 可知围护墙的嵌固深度设计值计算公式为

$$h_d=1.15\gamma_0 h_0 \tag{4-18}$$

当嵌固深度下部存在软弱土层时，尚应继续验算下卧层的整体稳定性。当按上述方法计算求得的水泥土挡墙嵌固深度设计值 $h_d<0.4h$ 时，宜取 $h_d=0.4h$。当基坑底的土质为砂土和碎石土且基坑内降排水且作用有渗透水压时，水泥土墙的嵌固深度除按圆弧滑动简单条分法计算外，尚应按抗渗透稳定条件进行验算。

2) 墙体厚度计算

水泥土墙的厚度设计值 b，宜根据抗倾覆稳定条件计算确定。

(1) 当水泥土墙底部位于砂土、碎石土时，墙体厚度设计值 b 的计算公式为

$$b>1.15\gamma_0\sqrt{\frac{6(h_a\sum E_a-h_p\sum E_p)}{3\gamma_{cs}(h+h_d)-6\gamma_w\dfrac{(h_d-h_{wp})(h-h_{wa}+h_d-h_{wp})}{h-h_{wa}+h_{wp}+2(h_d-h_{wp})}}} \tag{4-19}$$

式中：$\sum E_a$——水泥土墙底以上基坑外侧水平荷载标准值的合力；

$\sum E_p$——水泥土墙底以上基坑内侧水平抗力标准值的合力；

h_a——合力 $\sum E_a$ 作用点至水泥土墙底的距离；

h_p——合力 $\sum E_p$ 作用点至水泥土墙底的距离；

γ_{cs}——水泥土墙的平均重度；

γ_w——水的重度；

h_{wa}——基坑外侧地下水位深度；

h_{wp}——基坑内侧地下水位深度。

(2) 当水泥土墙底部位于黏性土或粉土中时，墙体厚度设计值 b 的计算公式为

$$b\geqslant 1.15\gamma_0\sqrt{\frac{2(h_a\sum E_a-h_p\sum E_p)}{\gamma_{cs}(h+h_d)}} \tag{4-20}$$

当按式(4-19)、式(4-20)计算得出的水泥土墙厚度设计值 $b<0.4h$ 时，宜取 $b=0.4h$。

3) 正截面承载力验算

水泥土墙厚度设计值，除应符合上述要求外，其正截面承载力还需符合以下要求。

(1) 正应力验算公式为

$$1.25\gamma_0\gamma_{cs}+Z\leqslant f_{cs} \tag{4-21}$$

式中：γ_{cs}——水泥土墙平均重度；

γ_0——重要性系数；

Z——由墙顶至计算截面的深度；

$$M=1.25\gamma_0 M_c \tag{4-22}$$

M_c——截面弯矩计算值，可按静力平衡条件确定；

f_{cs}——水泥土开挖龄期的抗压强度设计值。

(2) 拉应力计算公式为

$$\frac{M}{W}-\gamma_{cs}Z\leqslant 0.06f_{cs} \tag{4-23}$$

式中：W——水泥土墙的截面模量；

2. 水泥土墙式支护结构施工

深层搅拌水泥土桩排挡墙，是采用水泥作为固化剂，利用特制的深层搅拌机械，在地基深处就地将软土和水泥强制搅拌形成水泥土，利用水泥和软土之间所产生的一系列物理-化学反应，使软土硬化成整体性的、并有一定强度的挡土、防渗墙。

深层搅拌水泥土桩挡墙，施工时振动和噪声小、工期较短、无支撑，它既可挡土亦可防水，而且造价低廉。普通的深层搅拌水泥土挡墙，通常用于不太深的基坑作支护，若采用加筋搅拌水泥土挡墙，则能承受较大的侧向压力，用于较深的基坑护壁。

近年来，深层搅拌水泥土桩挡墙在国内已较广泛地用于软土地基的基坑支护工程，在上海等地区应用广泛，多用于深度不超过 7m 的基坑。深层搅拌水泥土桩施工时，由于搅松了地基土，对周围有时会产生一定影响，施工时宜采取措施预防。

1)　施工机具

(1)　深层搅拌机。它是深层搅拌水泥土桩施工的主要机械。目前应用的有中心管喷浆方式和叶片喷浆方式两类。前者输浆方式中的水泥浆是从两根搅拌轴之间的另一根管子输出，不影响搅拌均匀度，可适用于多种固化剂；后者是使水泥浆从叶片上若干个小孔喷出，使水泥浆与土体混合较均匀，适用于大直径叶片和连续搅拌，但因喷浆孔小易被堵塞，它只能使用纯水泥浆而不能采用其他固化剂。

(2)　配套机械。主要包括灰浆搅拌机、集料斗、灰浆泵。其中 SJB-1 型深层搅拌机采用 HB6-3 型灰浆泵，GZB-600 型深层搅拌机采用 PA-15B 型灰浆泵。

2)　施工工艺

(1)　定位。用起重机(或用塔架)悬吊搅拌机到达指定桩位，对中。

(2)　预搅下沉。待深层搅拌机的冷却水循环正常后，启动搅拌机，放松起重机钢丝绳，使搅拌机沿导向架搅拌切土下沉。

(3)　制备水泥浆。待深层搅拌机下沉到一定深度时，即开始按设计确定的配合比拌制水泥浆(水灰比宜为 0.45～0.50)，压浆前将水泥浆倒入集料斗中。

(4)　提升、喷浆、搅拌。待深层搅拌机下沉到设计深度后，开启灰浆泵将水泥浆压入地基，且边喷浆、边搅拌，同时按设计确定的提升速度提升深层搅拌机。提升速度不宜大于 0.5m/min。

(5)　重复上、下搅拌。为使土和水泥浆搅拌均匀，可再次将搅拌机边旋转边沉入土中，至设计深度后再提升出地面。桩体要互相搭接 200mm，以形成整体。相邻桩的施工间歇时间宜小于 10h。

(6)　清洗、移位。向集料斗中注入适量清水，开启灰浆泵，清洗全部管路中残存的水泥浆，并将黏附在搅拌头的软土清洗干净；移位后进行下一根桩的施工。桩位偏差应小于 50mm，垂直度误差应不超过 1%。桩机移位，特别在转向时要注意桩机的稳定。

在水泥土挡墙施工时，由于地基土的搅拌和水泥浆的喷入，扰动了原土层，会引起附近土层一定的变形。在施工时如周围存在需保护的设施，在施工速度和施工顺序方面需精心安排。

3)　水泥土的配合比

水泥土的无侧限抗压强度 q_u 一般为 500～4000kN/m^2，比天然软土大几十倍至数百倍，相应的抗拉强度、抗剪强度亦提高不少。其内摩擦角一般20° ～30° 。变形模量E_{50}=(120～150)q_u。

水泥掺入量取决于水泥土挡墙设计的抗压强度q_u，水泥掺入比a_w与水泥土抗压强度的关系。

水泥标号每提高100号，水泥土强度q_u增大20%～30%。通常选用龄期为3个月的强度作为水泥土的标准强度较为适宜。

搅拌法施工要求水泥浆流动度大，水灰比一般采用0.45～0.50，但软土含水量高，对水泥土强度增长不利。为了减少用水量，又利于泵送，可选用木质素磺酸钙作减水剂，另掺入三乙醇胺以改善水泥土的凝固条件和提高水泥土的强度。

4) 提高水泥土桩挡墙支护能力的措施

深层搅拌水泥土桩挡墙属重力式支护结构，主要由抗倾覆、抗滑移和抗剪强度控制截面和入土深度。目前这种支护的体积都较大，为此可采取下列措施，通过精心设计来提高其支护能力。

(1) 卸荷。如条件允许可将基坑顶部的土挖去一部分，以减小主动土压力。

(2) 加筋。可在新搅拌的水泥土桩内压入竹筋等，有助于提高其稳定性，但加筋与水泥土的共同作用问题有待研究。

(3) 起拱。将水泥土桩挡墙做成拱形，在拱脚处设钻孔灌注桩，可大大提高支护能力，减小挡墙的截面。对于边长大的基坑，于边长中部适当起拱以减少变形。目前这种形式的水泥土桩挡墙已在工程中应用。

(4) 挡墙变厚度。对于矩形基坑，由于边角效应，在角部的主动土压力有所减小。为此于角部可将水泥土桩挡墙的厚度适当减薄，以节约投资。

4.2.5 排桩与板墙式支护结构

排桩与板墙式支护结构是应用最多的一类，深基坑使用最多。此类支护结构虽然包括的种类较多，但其计算原理都相同。下面分别介绍其挡墙和支撑体系的计算内容和计算方法。

1. 排桩和地下连续墙的挡墙计算

1) 嵌固深度计算

(1) 悬臂式支护结构挡墙的嵌固深度h_d的计算公式为

$$h_p\sum E_p-1.2\gamma_0 h_a\sum E_a=0 \tag{4-24}$$

式中：$\sum E_p$——桩、墙底以上基坑内侧各土层水平抗力标准值e_{pik}(按式(4-17)、式(4-21)计算)的合力；

h_p——合力$\sum E_p$作用点至挡墙底的距离；

$\sum E_a$——桩、墙底以上基坑外侧各土层水平荷载标准值e_{pik}的合力；

h_a——合力$\sum E_a$作用点至桩、墙底的距离。

(2) 单层支点支护结构挡墙嵌固深度计算。

基坑底面以下，支护结构设定弯矩零点位置至基坑底面的距离h_{cl}的计算公式为

$$e_{ail}=e_{pil} \tag{4-25}$$

支点力T_{cl}的计算公式为

$$T_{cl}=\frac{h_{al}\sum E_{ac}-h_{pl}\sum E_{pc}}{h_{Tl}+h_{cl}} \tag{4-26}$$

式中：e_{ail}——水平荷载标准值；

e_{pil}——水平抗力标准值；

h_{al}——合力$\sum E_{ac}$作用点至设定弯矩零点的距离；

$\sum E_{ac}$——设定弯矩零点位置以上基坑外侧各土层水平荷载标准值的合力；

$\sum E_{pc}$——设定弯矩零点位置以上基境内侧各土层水平抗力标准值的合力；

h_{pl}——合力$\sum E_{pc}$作用点至设定弯矩零点的距离；

h_{Tl}——支点至基坑底面的距离；

h_{cl}——基坑底面至设定弯矩零点位置的距离。

综上所述，挡墙嵌固深度设计值h_d的计算公式为

$$h_p\sum E_p+T_{cl}(h_{Tl}+h_d)-1.2\gamma_0 h_a \sum E_a=0 \tag{4-27}$$

(3) 多层支点支护结构挡墙的嵌固深度计算值h_d，按整体稳定条件用圆弧滑动简单条分法计算。

当按上述方法计算求得的悬臂式及单层支点支护结构挡墙的嵌固深度设计值$h_d<0.3h$时，宜取$h_d=0.3h$；多层支点支护结构挡墙的嵌固深度设计值$h_d<0.2h$时，宜取$h_d=0.2h$。

当基坑底为碎石土及砂土、基坑内排水且作用有渗透水压力时，侧向截水的排桩、地下连续墙挡墙除应满足上述计算外，其嵌固深度设计值，尚应按抗渗透稳定条件确定。

(4) 内力与变形计算。支护结构挡墙和支撑体系的内力和变形计算，要根据基坑开挖和地下结构的施工过程，分别按不同工况进行计算，从中找出最大的内力和变形值，供设计挡墙和支撑体系之用。在计算挡墙和支撑的内力和变形时，则需计算以下各工况：①第一次挖土至第一层混凝土支撑之顶面(如开槽浇筑第一层支撑)，此工况之挡墙为一悬臂的挡墙；②待第一层支撑形成并达到设计规定的强度后，第二次挖土至第二层混凝土支撑之底面(支模浇筑)，此工况之挡墙存在一层支撑；③待第二层支撑形成并达到设计规定强度后，第三次挖土至坑底设计标高；④待底板(承台)浇筑后并达到设计规定强度后，进行换撑，即在底板顶面浇筑混凝土带形成支撑点，同时拆去第二层支撑，以便支设模板浇筑地下二层的墙板和顶楼板；⑤待地下二层的墙板和顶楼板浇筑并达到设计规定强度后，再进行换撑，即在地下二层顶楼板处加设支撑(一般浇筑成间断的混凝土带)形成支撑点，同时拆去第一层支撑，以使支设模板继续向上浇筑地下一层的墙板和楼板。

支护结构挡墙的内力和变形计算方法很多，在各个不同发展阶段有各种不同的计算理论和方法，近年来其计算方法还与计算技术及电子计算机的发展密切有关。从目前来看，其计算方法有两大类。

一类是传统的计算方法。该方法是以上压力作为媒体，将挡墙从其与土体共同作用体中分离出来，以较简单的力学模型，用结构力学等知识(如静力平衡方程等)求解其内力和变形。该方法简单实用，用一般计算工具(手工计算)即能胜任。但该方法未考虑挡墙与土体的共同作用，难以考虑时空效应，计算精度有待提高。该方法的关键是土压力的合理确定，

过去常用的等值梁法、弹性曲线法等皆属此类。

另一类是桩(墙)土共同作用的计算方法。该方法有杆系有限元法和连续介质有限元法。目前前者应用较多。杆系有限元法是将内支撑(或锚杆)、被动土体都视为弹性杆件，将挡墙作为弹性梁，根据基坑开挖的各个工况，以有限元方法分别求得挡墙的内力、水平位移及支撑(或锚杆)的轴力。连续介质有限元法是假定挡墙为二维弹性体，土体假定为线性弹性体、非线性弹性体、弹塑性体或其他模型，挡墙及土体一般采用八节点等参单元，支撑或锚杆为一维弹性杆单元，根据基坑开挖的各个工况，分别求解挡墙的内力、位移、支撑(或锚杆)轴力、基坑周围土体与抗底土体的位移等。有限元方法是解决挡墙及支撑内力计算的有力工具，计算迅速，计算结果较准确，输出结果形象；多以图形输出，可形象地表示出各工况的弯矩、剪力和位移情况。但有限元方法需利用计算程序以电子计算机进行计算，目前已有不少较成熟的计算程序可供选用。

挡墙外侧承受土压力、附加荷载等产生的水平荷载标准值 e_{ail}；挡墙内侧的支点化作支承弹簧，以支撑体系水平刚度系数表示；挡墙坑底以下的被动侧的水平抗力，以水平抗力刚度系数表示。

支护结构挡墙在外力作用下的挠曲方程为

$$EI\frac{\mathrm{d}^4 y}{\mathrm{d}Z}-e_{aik}b_s=0 \quad (0\leqslant Z\leqslant h_0) \tag{4-28}$$

$$EI\frac{\mathrm{d}^4 y}{\mathrm{d}Z}+mb_0(Z-h_n)y-e_{aik}b_s=0 \quad (Z\geqslant h_n) \tag{4-29}$$

支点处的边界条件计算公式为

$$T_j = k_{Tj}(y_j-y_{oj})+T_{oj} \tag{4-30}$$

式中：EI——结构计算宽度内的抗弯刚度；

m——地基土水平抗力系数的比例系数；

b_0——抗力计算宽度(地下连续墙取单位宽度，圆形桩排桩结构取 b_0=0.9(1.5d+0.5)(d 为桩直径)，方形桩排桩结构取 b_0=1.5b+0.5(b 为方桩边长))，如计算的抗力计算宽度大于排桩间距时，应取排桩间距；

Z——基坑开挖从地面至计算点的距离；

h_n——工况基坑开挖深度；

y——计算点处的水平变形；

b_s——荷载计算宽度，排桩取桩中心距，地下连续墙取单位宽度；

k_{Tj}——第 j 层支点的水平刚度系数；

y_j——第 j 层支点处的水平位移值；

y_{oj}——在支点设置前，第 j 层支点处的水平位移值；

T_{oj}——第 j 层支点处的预加力。当 $T_j\leqslant T_{oj}$ 时，第 j 层支点力 T_j 应按该层支点位移为 y_{oj} 的边界条件确定。

上式中的 m 值，应根据单桩水平荷载试验结果计算，其公式为

$$m=\frac{\left(\frac{h_{cr}}{x_{cr}}V_x\right)^{3/5}}{b_0(EI)^{2/3}} \tag{4-31}$$

当无试验结果或缺少当地经验值时，m 值的计算公式为

$$m=\frac{1}{\Delta}(0.2\varphi^2-\varphi+C) \tag{4-32}$$

式中：m——地基土水平抗力系数的比例系数，kN/m^4。该值为基坑开挖面以下 $2(d+1)m$ 深度内各土层的综合值；

h_{cr}——单桩水平临界荷载，kN。按《建筑桩基技术规范》(JCJ 94—94)附录 E 方法确定；

x_{cr}——单桩水平临界荷载对应的位移，m；

V_x——桩顶位移系数；

b_0——计算宽度；

φ——土的内摩擦角，°；

C——土的内聚力，kPa；

Δ——基坑底面位移值，按地区经验取值，无经验值时可取 10。

对于支撑体系的水平刚度系数 K_T；应根据支撑体系平面布置按平面框架方法计算；当基坑周边支护结构荷载相同、支撑体系采用等间距布置的对撑时，K_T 的计算公式为

$$K_T=\frac{2\alpha E_Z A_Z}{LS}\left(\frac{1}{1+\frac{\alpha E_Z A_Z x^2}{12LSE_j I_j}}\right) \tag{4-33}$$

式中：α——支撑松弛有关的系数，取 0.5～1.0；

E_Z——支撑构件材料的弹性模量；

A_Z——支撑构件断面面积；

L——支撑构件的受压计算长度；

S——支撑的水平间距；

E_j——冠梁或腰梁(围檩)材料的弹性模量；

I_j——冠梁或腰梁(围檩)的断面惯性矩；

x——计算点至支撑点的距离，取值范围应符合 $0\leqslant x\leqslant \frac{S}{2}$。

对于锚杆的水平刚度系数 K_T，应按锚杆基本试验确定，当无试验资料时，其计算公式为

$$K_T=\frac{AE_s+(A_c+A)E_m}{A_c} \tag{4-34}$$

式中：E_s——杆体弹性模量；

A——杆体截面面积；

A_c——锚固体截面面积；

E_m——锚固体中注浆体弹性模量。

悬臂式支护结构挡墙的弯矩计算值 M_c 和剪力计算值 V_c 的计算公式为

$$M_c = h_{mz}\sum E_{mz} - h_{az}\sum E_{az} \tag{4-35}$$

$$V_c = \sum E_{mz} - \sum E_{az} \tag{4-36}$$

式中：$\sum E_{mz}$——计算截面以上根据式(4-28)、式(4-29)确定的基坑外侧各土层水平荷载标准值 $e_{aik}b_s$ 的合力；

h_{az}——合力 $\sum E_{az}$ 作用点至计算截面的距离。

有支点的支护结构挡墙的弯矩计算值 M_c 和剪力计算值 V_c 的计算公式为

$$M_c = \sum T_j(h_j+h_c)+h_{mz}\sum E_{mz} - h_{az}\sum E_{az} \tag{4-37}$$

$$V_c = \sum T_j + \sum E_{mz} - \sum E_{az} \tag{4-38}$$

式中：h_j——支点力 T_j 至基坑底的距离；

h_c——基坑底面至计算截面的距离，当计算截面在基坑底面以上时取负值。

按上述计算方法求得的弯矩计算值 M_c，宜根据地区经验值折减。当无经验值时，可取折减系数为 0.85。

2) 挡墙结构计算

(1) 内力及支点力设计值的计算。按上述方法算出截面的弯矩、剪力和支点力的计算值后，根据国家标准《建筑基坑支护技术规程》的规定，按下列公式计算其设计值。

① 截面组合弯矩设计值。

$$M = 1.25\gamma_0 M_c \tag{4-39}$$

式中：γ_0——重要性系数。

② 截面组合剪力设计值。

$$V = 1.25\gamma_0 V_c \tag{4-40}$$

③ 支点结构第 j 层支点力设计值。

$$T_{dj} = 1.25\gamma_0 T_{cj} \tag{4-41}$$

式中：T_{cj}——第 j 层支点力计算值。

(2) 截面承载力计算。

① 沿周边均匀配置纵向钢筋的圆形截面和矩形截面的排桩和地下连续墙，其正截面受弯及斜截面受剪承载力计算，以及有关纵向钢筋和箍筋等的构造要求，均应符合现行规范《混凝土结构设计规范》(GB 110—89)的有关规定。

② 沿截面受拉区和受压区的周边配置局部均匀纵向钢筋或集中纵向钢筋的圆形截面钢筋混凝土桩，其正截面受弯承载力的计算公式为

$$\alpha f_{cm} A\left(1-\frac{\sin 2\pi\alpha}{2\pi\alpha}\right)+f_y(A'_{sr}+A'_{sc}-A_{sr}-A_{sc})=0 \tag{4-42}$$

$$M \leqslant \frac{2}{3} f_{cm} Ar\frac{\sin^3 \pi\alpha}{\pi}+f_y A_{sr} r_s\frac{\sin \pi\alpha_s}{\pi\alpha_s}+f_y A_{sc} y_{sc}+f_y A'_{sr} r_s\frac{\sin \pi\alpha'_s}{\pi\alpha'_s} f_y A'_{sr} y'_{sc} \tag{4-43}$$

选取的距离 y_{sc}，y'_{sc} 应符合下列条件：

$$y_{sc} \geqslant r_s\cos\pi\alpha_s \tag{4-44}$$

$$y'_{sc} \geqslant r_s\cos\alpha_s \tag{4-45}$$

混凝土受压区圆心半角的余弦应符合下列要求：

$$\cos\pi\alpha \geqslant 1-\left(1-\frac{r_s}{r}\cos\pi\alpha_s\right)\xi_b \tag{4-46}$$

式中：α——对应于受压区混凝土截面面积的圆心角(rad)与 2π的比值；

α_s——对应于周边均匀受拉钢筋的圆心角(rad)与 2π的比值；α_s 宜在 1/6～1/3 之间选取，通常可取定值 0.25；

α_s'——对应于周边均匀受压钢筋的圆心角(rad)与 2π的比值，宜取 $\alpha_s' \leqslant 0.5\alpha$。

计算的受压区混凝土截面面积的圆心角(rad)与 2π的比值，宜符合下列条件：

$$\alpha \geqslant 1/35 \tag{4-47}$$

当不符合上述条件时，其正截面受弯承载力的计算公式为

$$M \leqslant f_y A_{sr}(0.78r+r_s)+f_y A_{sc}(0.78r+y_{sc}) \tag{4-48}$$

沿圆形截面受拉区和受压区周边实际配置均匀纵向钢筋的圆心角，应分别取为 $2\dfrac{n-1}{n}\pi\alpha_s$ 和 $2\dfrac{m-1}{m}\pi\alpha_s$，其中 n、m 分别为受拉区、受压区配置均匀纵向钢筋的根数。配置在圆形截面受拉区的纵向钢筋的最小配筋率(按全截面面积计算)，在任何情况下不宜小于 0.2%。在不配置纵向受力钢筋的圆周范围内，应设置周边纵向构造钢筋，纵向构造钢筋直径不应小于纵向受力钢筋直径的 1/2，且不应小于 10mm；纵向构造钢筋的环向间距，不应大于圆截面的半径和 250mm 两者中的较小值，且不得少于 1 根。

2. 支撑体系的设计与计算

内支撑体系受力明确，变形较小，使用可靠，能有效地保护周围环境，应用较广泛。近年来不论是结构形式或计算理论皆有很大发展。

3. 设计和计算内容

支护结构的内支撑体系，包括冠梁或腰梁(亦称围檩)、支撑和立柱三部分。其设计和计算包括以下内容。

(1) 支撑体系材料选择和结构体系布置。

(2) 支撑体系结构的内力和变形计算。

(3) 支撑体系构件的强度和稳定验算。

(4) 支撑体系构件的节点设计。

(5) 支撑体系结构的安装和拆除设计。

4. 荷载

作用在支撑结构上的水平荷载设计值，包括土压力、水压力、基坑外的地面荷载及相邻建(构)筑物引起的挡墙侧向压力、支撑的预加压力(一般不宜大于支撑力设计值的 40%～60%)及温度变化的影响等。

作用在支撑结构上的竖向荷载设计值，包括支撑构件自重及施工荷载。施工荷载要根据具体情况确定。如支撑顶面用作施工栈桥，上面要运行大的施工机械或运输工具，则应根据具体情况估算确定。

5. 计算模型

在确定支撑结构的计算模型时，可采取如下假定。

(1) 计算模型的尺寸，取支撑构件的中心距。

(2) 现浇混凝土支撑构件的抗弯刚度，按弹性刚度乘以折减系数 0.6。

(3) 钢支撑采取分段拼装或拼装点的构造不能满足截面等强度连接要求时，须按铰接考虑。

6. 计算方法

1) 平面形状规则、相互正交的支撑体系

其内力和变形可按以下简化方法计算。

(1) 支撑轴向力按挡墙沿冠梁或腰梁长度方向的水平反力乘以支撑中心距计算。当支撑与冠梁或腰梁斜交时，按水平反力沿支撑长度方向的投影计算。

(2) 垂直荷载作用下，支撑的内力和变形，按单跨或多跨梁计算，计算跨度取相邻立柱的中心距。

(3) 立柱的轴向力 N_Z 取纵横向支撑的支座反力之和；或取

$$N_Z = N_{Z1} + \sum_{i=1}^{n} 0.1N_i \tag{4-49}$$

式中：N_{Z1}——水平支撑及立柱自重产生的轴向力；

N_i——第 i 层支撑交汇于该立柱的受力构件的轴力设计值；

n——支撑层数。

(4) 钢冠梁或腰梁的内力和变形，应按简支梁计算，计算跨度取相邻水平支撑的中心距，混凝土冠梁或腰梁，在水平力作用下的内力和变形，应按多跨连续梁计算，计算跨度应取相邻支撑点的中心距。

(5) 当水平支撑与冠梁或腰梁斜交时，尚应考虑水平力在冠梁或腰梁长度方向产生的轴向力。

2) 平面形状较复杂的支撑体系

对这种支撑体系宜按空间杆系模型计算，一般利用计算程序以计算机进行计算。计算模型的边界条件可按以下原则确定。

(1) 在支撑与冠梁或腰梁、立柱的节点处，以及冠梁或腰梁转角处，设置竖向铰支座或弹簧。

(2) 当基坑四周与冠梁或腰梁长度方向正交的水平荷载不均匀分布，或者支撑的刚度在平面内分布不均匀时，可在适当位置上设置避免模型整体平移或转动的水平约束。

支撑体系的内力和变形，在各个工况下是不同的，应根据各工况下的荷载作用的效应包络图进行计算。

7. 构件截面承载的计算

冠梁或腰梁一般可按水平方向的受弯构件计算。当冠梁或腰梁与水平支撑斜交或作为边桁架的弦杆时，应按偏心受压构件计算。

1)　冠梁或腰梁

冠梁或腰梁的受压计算长度，取相邻支撑点的中心距。

钢冠梁或腰梁，当拼装点按铰接考虑时，其受压计算长度取相邻支撑点中心距的 1.5 倍。

现浇混凝土冠梁或腰梁的支座弯矩，可乘以 0.8～0.9 的系数折减，但跨中弯矩应相应增加。

2)　支撑

支撑应按偏心受压构件计算。截面的偏心弯矩，除竖向荷载产生的弯矩外，尚应考虑轴向力对构件的初始偏心距(取支撑计算长度的 1/1000～3/1000，对混凝土支撑不宜小于 20mm，对钢支撑不宜小于 40mm)产生的附加弯矩。

支撑构件的受压计算长度，按下列规定确定。

(1)　当水平平面支撑交汇点处设有立柱时，在竖向平面内的受压计算长度，应取相邻两立柱的中心距；在水平平面内的受压计算长度，应取与该支撑相交的相邻横向水平支撑的中心距；当支撑交汇点不在同一水平面时，其受压计算长度应取与该支撑相交的相邻横向水平支撑或连系构件中心距的 1.5 倍。

(2)　当水平平面支撑交汇点未设有立柱时，在竖向平面内的受压计算长度应取支撑的全长。

(3)　斜角撑和八字撑的受压计算长度，在两个平面内均取支撑全长。当斜角撑中间设有立柱或水平连系杆件时，其受压计算长度按上述规定取用。

现浇混凝土支撑，在竖向平面内的支座弯矩可乘以 0.8～0.9 的系数折减，但跨中弯矩应相应增加。

如支撑结构的内力计算未考虑支撑预压力或强度变化的影响时，截面验算时的支撑轴向力，宜分别乘以 1.1～1.2 的增大系数。

3)　立柱

立柱承受的弯矩，应包括以下各项。

(1)　竖向荷载对立柱截面形心产生的偏心弯矩。

(2)　支撑轴向力 1/50 的横向力对立柱产生的弯矩。

(3)　土方开挖时，作用于立柱上的侧向土压力引起的弯矩。根据分层挖土的高差计算。

立柱截面承载力应按偏心受压构件计算；其计算长度取竖向相邻水平支撑的中心距。最下一层支撑以下的立柱，其计算长度取该层支撑中心线至开挖面以下 5 倍立柱直径(或边长)处的距离。开挖面以下立柱的竖向和水平承载力，应按单桩承载力验算。

8. 变形限制

支撑构件的刚度，可根据构件刚度，按结构力学方法计算。混凝土支撑构件的抗弯刚度计算公式为

$$B_L=0.6E_cI \tag{4-50}$$

式中：B_L——混凝土支撑构件的抗弯刚度，N/m^2；

E_c——混凝土的弹性模量，N/mm^2；

I——支撑构件的截面惯性矩，mm^4，对于混凝土桁架取等效惯性矩。

冠梁或腰梁、边桁架的主要支撑构件的水平挠度，应小于其计算跨度的 1/1000～1/1500。

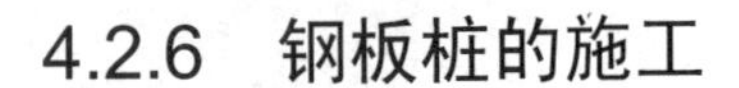

4.2.6 钢板桩的施工

钢板桩是带锁口的热轧型钢，钢板桩靠锁口相互咬口连接，形成连续的钢板桩墙，用来挡土和挡水。钢板桩支护由于其施工速度快、可重复使用，因此在一定条件下使用会取得较好的效益。但钢板桩的刚度相对较小。

钢板桩的断面形式很多，各国都有各自的制定标准。常用的截面形式有 U 形、Z 形和直腹板式。国产的钢板桩只有鞍 IV 型和包 IV 型拉森式(U 形)钢板桩，其他还有一些国产宽翼缘热轧槽钢可用于不太深的基坑作为支护应用。

1. 钢板桩打设前的准备工作

钢板桩的设置位置应便于基础施工，即在基础结构边缘之外并留有支、拆模板的余地。

特殊情况下如利用钢板桩作箱基底板或桩基承台的侧模，则必须衬以纤维板或油毛毡等隔离材料，以便钢板桩拔出。

钢板桩的平面布置，应尽量平直整齐，避免不规则的转角，以便充分利用标准钢板桩和便于设置支撑。

对于多层支撑的钢板桩宜先开沟槽，安设支撑并预加顶紧力(约为设计值的 50%)；再挖土，以减少钢板桩支护的变形。

对于钢板桩挡墙应在板桩接缝处设置可靠的防渗止水的构造，必要时可在沉桩后在坑外钢板桩锁口处注浆防渗。

1) 钢板桩的检验与矫正

钢板桩在进入施工现场前需检验、整理。尤其是使用过的钢板桩，因在打桩、拔桩、运输、堆放过程中易变形，如不矫正不利于打入。

用于基坑临时支护的钢板桩，主要进行外观检验，包括表面缺陷、长度、宽度、厚度、高度、端头矩形比、平直度等。对桩上影响打设的焊接件应割除。如有割孔、断面缺损应补强。若有严重锈蚀，应量测断面实际厚度，以便计算时予以折减。经过检验，如误差超过质量标准规定时，应在打设前予以矫正。

矫正后的钢板桩在运输和堆放时尽量不使其弯曲变形，避免碰撞，尤其不能将连接锁口碰坏。堆放的场地要平整坚实，堆放时最下层的钢板桩应垫木块。

2) 导架安装

为保证沉桩轴线位置的正确和桩的竖直，控制桩的打入精度以及防止钢板桩的屈曲变形和提高桩的贯入能力，一般都需设置一定刚度的、坚固的导架，亦称“施工围檩”。

导架通常由导梁和围檩桩等组成，其形式在平面上有单面和双面之分，在高度上有单层和双层之分。一般常用的是单层双面导架。围檩桩的间距一般为 4.5～3.5m，双面围檩之间的间距一般比板桩墙厚度大 8～15mm。

导架的位置不能与钢板桩相碰。围檩桩不能随着钢板桩的打设而下沉或变形。导架的高度要适宜，要有利于控制钢板桩的施工高度和提高工效。

3) 沉桩机械的选择

打设钢板桩可用落锤、汽锤、柴油锤和振动锤。前 3 种皆为冲击打入法，为使桩锤的冲击力能均匀分布在板桩断面上，避免偏心锤击，防止桩顶面损伤，在桩锤和钢板桩之间应设桩帽。桩帽有各种现成规格可供选用，如无合适的型号，可根据要求自行设计与加工。

用振动锤陈设钢板桩辅助设施简单，噪声小，污染少，宜用于软土、粉土、黏性土等土层，也可以用于砂土，但不宜用于细砂层。振动锤还可用于拔桩。

2. 钢板桩的打设

1)　打设方法的选择

钢板桩的打设方式分为单独打入法和屏风式打入法两种。

(1)　单独打入法是从板桩墙的一角开始，逐块(或两块为一组)打设，直至结束。这种方法简便、迅速，不需要其他辅助支架，但是易使板桩向一侧倾斜，且误差积累后不易纠正。为此，这种方法只适用于板桩长度桩小的情况。

(2)　屏风式打入法是将 10～20 根钢板桩成排插入导架内，呈屏风状，然后再分批施打。施打时先将屏风墙两端的钢板桩打至设计标高或一定深度，成为定位板桩，然后在中间按顺序分别以 1/3 和 1/2 板桩高度呈阶梯状打入。

屏风式打入法的优点是可减少倾斜误差积累，防止过大倾斜，对要求闭合的板桩墙，常采用此法。其缺点是插桩的自立高度较大，要注意插拉的稳定和施工安全。

2)　钢板桩的打设程序

先用吊车将钢板桩吊至插桩点处进行插桩，插桩时锁口要对准，每插入一块即套上桩帽轻轻加以锤击。在打桩过程中，为保证钢板桩的垂高度，要用两台经纬仪从两个方向加以控制。为防止锁口中心线平面位移，可在打桩进行方向的钢板桩锁口处设卡板，阻止板桩位移。同时在腰梁上预先算出每块板块的位置，以便随时检查校正。钢板桩可分几次打入，如第 1 次由 20m 高打至 15m，第 2 次则打至 10m，第 3 次打至导梁高度，待导架拆除后第四次可打至设计标高。

打桩时，开始打设的第一、二块钢板桩的打入位置和方向要确保精度，它可以起样板导向作用，一般每打入 1m 应测量 1 次。

打桩时若阻力过大，板桩难以贯入时不能用锤硬打，可伴以高压冲水或振动法沉桩；若板桩有锈蚀或变形应及时调整；还可在锁口内涂以油脂，以减少阻力。

在软土中打板桩，有时会出现把相邻板桩带入的现象。为了防止出现这种情况，可以把相邻板桩焊在腰梁上或者将数根板桩用型钢连在一起；另外在锁口处涂以油脂，并运用特殊塞子防止土砂进入连接锁口。

钢板桩墙的转角和封闭合龙施工，可采用异形板桩、连接件法、骑缝搭接法或轴线调整法。

3. 钢板桩的拔除

在进行基坑回填土时，要拔除钢板桩，以便修整后重新使用。拔除钢板桩要研究拔除顺序、拔除时间以及桩孔处理方法。

对于封闭式钢板桩墙，拔桩的开始点应离开角桩 5 根以上，必要时还可用跳拔的方法间隔拔除。拔桩的顺序一般与打设顺序相反。

拔除钢板桩宜用振动锤或振动锤与起重机共同拔除。后者适用于单用振动锤而拔不出的钢板桩，需在钢板桩上设吊架，起重机在振动锤振拔的同时向上引拔。

拔桩时，可先用振动锤将锁口振活以减小与土的黏结，然后边振边拔。拔桩会带土和扰动土层，尤其在软土层中可能会使基坑内已施工的结构或管道发生沉陷，并影响邻近已有建筑物、道路和地下管线的正常使用，因此必须及时回填桩孔，当将桩拔至比基础底板略高时，暂停引拔，用振动锤振动几分钟让土孔填实。

【小贴士】

对拔桩造成的土层中的空隙要及时填实，可在振拔时回灌水或边振边拔并填砂，但有时这种方法效果较差。因此，在控制地层位移有较高要求时，应考虑在拔桩的同时进行跟踪注浆。

【案例 4-2】 平吉大道(北段)项目位于深圳市龙岗区平湖街道，是平湖片区景观、商业的中轴线，北起平龙西路与山厦路交叉口，往南止于现平李大道，为城市Ⅰ级主干道，规划红线宽度为 60m，双向八车道。具体施工桩号为：K0+000 ~ K3+556，全长 3556m。主要工程有道路工程、桥梁工程、给排水工程、电气工程、岩土工程、交通工程、燃气工程、绿化工程等市政配套工程。

【分析】

1) 支护对象

(1) 对于翻挖回填地基处理路段，基坑深度≥1.5m 且无条件放坡时，均须进行支护。

(2) 沿现有道路纵、横向新建雨水管道路段，为减少对原有道路的破坏而采取垂直开挖，且基坑深度大于 1.5m 时允许进行支护。

2) 支护方法

结合本工程实际，设计中采用钢板桩作为上述基坑侧壁的支护结构，以做到快速支护、快速撤除，适应道路扩建工期较为紧迫的特点。根据基坑特点，分别采用如下不同的支护断面形式。

(1) 翻挖回填地基处理路段，靠路基外一侧有条件放坡时，视土层地质情况采用 1∶1 ~ 1∶1.5 的坡度放坡；遇现状管道等而无条件放坡且基坑深度≤2.5m 时与靠现状路面一侧采用悬臂式支护断面形式(考虑到方便地基处理施工机械的操作，不设置内支撑)。

(2) 沿现状道路纵向新建雨水管道路段，靠路基外一侧有条件放坡时，视土层地质情况采用 1∶1 ~ 1∶1.5 的坡度放坡；遇现状管道等而无条件放坡时，与靠现状路基一侧采用双侧壁支护带内支撑断面形式。

(3) 沿现状道路横向新建雨水管道路段，均采用双侧壁支护带内支撑断面形式。

3) 钢板桩施工要点

(1) 钢板桩打设：优先采用静力压桩，打设困难时再考虑采用振动沉桩。

(2) 锁口内应填充油脂等润滑油。遇地下水丰富而难以排除路段钢板桩组拼时，在锁口内填充防水混合料，其配合比可为黄油∶沥青∶干锯末∶干黏土=2∶2∶2∶1，咬合的锁口再用棉絮、油灰嵌缝严密。

(3) 桩孔处理：为及时回填桩孔，每拔高 1m 后暂停引拔，振动几分钟让土孔填实。钢板拔出桩孔后，剩余的空隙应及时用 1∶1 水泥砂浆填实。

(4) 基坑开挖。

① 基坑开挖应遵循“开槽支撑，先撑后挖，分层开挖，严禁超挖”的原则。

② 基坑周围地面设置临时排水沟，应避免漏水、渗水进入坑内。

③ 靠现状路面的基坑侧壁顶部 1m 范围内不得通行车辆，且 1m 外车辆荷载不得超过 11kPa。其他基坑侧壁顶部 2m 范围内不得堆载(如翻挖土)，且 2m 外堆载不得超过 10kPa。

④ 基坑开挖过程中应采取措施防止碰撞支护结构、工程桩或扰动基底原状土。

⑤ 发现异常情况时，应立即停止挖土，并采取措施，待查清原因后方可继续挖土。

⑥ 开挖至坑底标高后，坑底应及时封闭并进行基础施工。

4.2.7　排桩挡墙的施工要点

排桩挡墙也称柱列式挡墙，它是把单个桩体(如钻孔灌桩柱、挖孔灌注桩及其他混合式桩等)并排连接起来形成的地下挡土结构。

排桩挡墙中应用最多的是钻孔灌注桩，其设计要求和施工要点如下。

1. 设计中的有关要求

钻孔灌注桩采用水下浇筑混凝土，混凝土强度等级不宜低于 C20，所用水泥通常为 425# 普通硅酸盐水泥。钢筋采用 I 级和 II 级。纵向受力钢筋常用螺纹钢筋，应沿截面均匀对称布置，按受力大小沿深度分段配置，如非均匀布置，施工时要保证与设计方向一致。螺旋箍筋常用 6～8mm 圆钢，间距为 200～300mm。

钻孔灌注桩挡墙的桩体布置，我国常用间隔排列式。当基坑不考虑地下水影响且土质较好时，间隔排列的间距常取 4.5～3.5 倍的桩径。基坑开挖后，排桩的桩间土可采用钢丝网混凝土护面、砖砌等处理方法进行防护。对那些土质好，暴露时间短的工程，有时也可以不对桩间土进行防护处理。如果地下水位较高，基坑需考虑防水时，间隔排列的钻孔灌注桩则必须与其他防水措施结合使用，此时桩间隙一般宜为 100～150mm。其中用水泥土搅拌桩止水在上海等软土地区普遍采用。防渗帷幕应贴近围护栏，其净距不宜大于 150mm；防渗帷幕的深度应按坑底垂直抗渗流稳定性验算确定；防渗帷幕的厚度应根据基坑开挖深度、土层条件、环境保护要求等综合考虑确定，一般不宜小于 1.20m；顶部宜设置厚度不小于 150mm 的混凝土面层，并与桩顶冠梁整浇成一体。当土层渗透性大或环境保护要求较严时，宜在搅拌桩帷幕与灌注桩之间注浆。

【知识拓展】

单桩形成的挡墙其水平整体刚度不如地下连续墙，其变形对环境的影响相对不易控制。为了保障挡墙整体刚度，设计上要在桩顶设置钢筋混凝土冠梁，使桩头连成一体，以减小桩顶位移及地表变形。冠梁可兼作支撑腰梁，桩内主筋锚入冠梁的长度由计算确定。腰梁宜选用刚度大、整体性好，能与桩体可靠连接的形式和材料，保证桩墙受力的整体性。当桩前被动区为软弱地基而不能提供有效的地基抗力时，应对桩前被动区土体进行加固，并尽可能地把最后一道支撑落低，以改善墙体的受力状况。

2. 施工要点

关于钻孔灌注桩的施工，在“建筑施工技术”课程中已有较详细地叙述，此处不再重复。作为排桩挡墙，要求桩位顺轴线或垂直轴线方向的偏差均不宜超过 50mm。垂直度偏差不宜大于 0.5%。施工时桩底沉渣厚度不宜超过 200mm；当用作承重结构时，桩底沉渣按《建筑桩基技术规范》(JGJ 94—2008)的要求执行。必要时，排桩宜采取隔桩施工，应在浇筑混凝土 24h 后进行邻桩成孔施工。

4.2.8 基坑工程的支撑结构

深基坑的支护体系由挡墙和支撑系统两部分组成。支撑系统又分为两类：基坑外拉锚和基坑内支撑。此处主要介绍内支撑结构施工。

在基坑工程中，支撑结构是承受挡墙所传递的土压力、水压力的结构体系。支撑结构体系包括腰(冠)梁、支撑、立柱及其他附属构件。

1. 支撑结构的构造要求

1) 钢支撑和钢腰梁的构造要求

支撑结构的腰梁(围檩)直接与挡墙相连，挡路上的力通过腰梁传递给支撑结构，因此，腰梁的刚度对整个支撑结构的刚度影响很大。支撑杆件是支撑结构中的主要受压构件，支撑杆件相对于受荷面来说有垂直于荷载面和倾斜于荷载面两种形式，由于受自重和施立荷载的作用，支撑杆件是一种压弯构件，在各受压支撑杆件中增设三向约束节点构造或将支撑杆件设计成支撑桁架，将加强支撑杆件的刚度和稳定性。

(1) 钢腰梁的构造要求。

① 钢腰梁可采用 H 型钢、工字钢、槽钢或组合截面，截面宽度应大于 300mm。

② 钢腰梁连接节点宜设置在支撑点附近，且不应超过支撑间距的 1/3；腰梁分段的预制长度不应小于支撑间距的 2 倍，拼接点的强度不应低于构件的截面强度。

③ 钢腰梁安装前，应在挡墙上设置安装牛腿。安装牛腿可用角钢或直径不小于 25mm 的钢筋与挡墙主筋或预埋件焊接组成的钢筋牛腿，其间距不应大于 2m，牛腿焊缝应由计算确定。

④ 钢腰梁与排桩、地下连续墙之间的空隙(一般要求留设不小于 60mm 的水平向统长空隙)，宜采用不低于 C20 的细石混凝土填充。

⑤ 基坑平面的转角处，当纵横向腰梁不在同一平面相交时，其节点构造应满足两个方向腰梁端部的相互支承要求。

(2) 钢支撑的构造要求。

① 钢支撑的截面可采用 H 型钢、钢管、工字钢、槽钢或组合截面。

② 水平支撑的现场安装节点应尽量设置在纵横向支撑的交汇点附近。相邻两横向(或纵向)水平支撑间的纵向(或横向)支撑的安装节点数不应多于两个。节点强度不应低于构件的截面强度。

③ 纵向和横向钢支撑的交汇点应在同一标高上连接。当纵横向支撑采用重叠连接时，其连接构造及连接件的强度应满足支撑在平面内的强度和稳定要求。

【知识拓展】

钢支撑与钢腰梁的连接可采用焊接或螺栓连接。支撑端头应设置厚度不小于 10mm 的钢板作封头端板，端板与支撑杆件满焊，焊缝高度及长度能承受全部支撑力或与支撑等强度，必要时，节点处支撑与腰梁的翼缘和腹板均应加焊加筋板，加筋板数量、尺寸应满足支撑端头局部稳定要求和传递支撑力的要求。各类钢结构支撑构件的构造还应符合国家现行《钢结构设计规范》(GB 50017—2003)的有关规定。

2)　现浇混凝土支撑和腰梁的构造要求

(1)　钢筋混凝土支撑构件的混凝土强度等级不应低于 C20。

(2)　钢筋混凝土支撑体系在同一平面内应整体浇筑，基坑平面转角处的腰梁连接点应按刚节点设计。

(3)　支撑构件的长细比应不大于 75，截面高度不应小于其竖向平面计算跨度的 1/20。腰梁的截面高度(水平向截面尺寸)不应小于其水平向计算跨度的 1/8；截面宽度不应小于支撑的截面高度。

(4)　支撑和腰梁的纵向钢筋直径不应小于 16mm，沿截面四周纵向钢筋的最大间距应小于 200mm。箍筋直径不应小于 8mm，间距不大于 250mm。支撑的纵向钢筋在腰梁内的锚固长度不应小于 30 倍钢筋直径。

(5)　混凝土腰梁与挡墙之间不留水平间隙。在竖向平面内腰梁可采用吊筋与墙体连接，吊筋的间距一般不大于 1.5m，直径应根据腰梁及水平支撑的自重由计算确定。

3)　立柱的构造要求

立柱是支承支撑的构件，立柱多采用格构式钢柱、钢管或 H 型钢。钢立柱下面(基坑开挖面以下)要有立柱桩支承，立柱桩宜采用直径不小于 650mm 的钻孔灌注桩，其上部钢立柱在桩内的埋入长度应不小于钢立柱长边的 4 倍，并与桩内钢筋笼焊接。立柱桩下端应支承在较好的土层上，开挖面以下的埋入长度应满足支撑结构对立柱承载力和变形的要求，一般应大于基坑开挖深度的 2 倍，并且穿过淤泥或淤泥质土层。立柱桩可以借用工程桩，也可以单独设计立柱桩。

立柱与水平支撑杆件的连接可采用铰接构造。当采用钢牛腿连接时，钢牛腿的强度和稳定应由计算确定。

立柱穿过主体结构底板的部位要设止水带。止水带通常采用钢板，钢板满焊在钢立柱的杆件四周，与混凝土底板浇筑在一起。

纵向和横向钢支撑的交汇点宜在同一标高上连接。当纵横向支撑采用重叠连接时，其连接构造及连接件的强度应满足支撑在平面内的强度和稳定要求。

2. 支撑结构的施工要点

1)　支撑结构安装与拆除的一般要求

(1)　支撑结构的安装与拆除，应同基坑支护结构的设计计算工况相一致，这是确保基坑稳定和控制基坑变形达到设计要求的关键。

(2)　在基坑竖向平面内严格遵守分层开挖和先撑后挖的原则。每挖一层后及时加设好一道支撑，随挖随撑，严禁超挖。每道支撑加设完毕并达到规定强度后，方可允许开挖下一层土。

(3) 在每层土开挖中可分区开挖，支撑也可随开挖进度分区安装，但一个区段内舱支撑应形成整体。同时开挖的部分，在位置及深度上，要以保持对称为原则，防止支护结构承受偏载。

(4) 支撑安装应开槽架设。当支撑顶面需运行挖土机械时，支撑顶面的安装标高应低于坑内土面20～30cm，钢支撑与基坑土之间的空隙应用粗砂回填。并在挖土机及土方车辆的通道处架设道板。

(5) 利用主体结构换撑时，主体结构的楼板或底板混凝土强度应达到设计强度的 80%以上；设置在主体结构与围护墙之间的换撑传力构造必须安全可靠。

(6) 支撑安装的容许偏差应控制在规定范围之内。项目包括钢筋混凝土支撑的截面尺寸、支撑的标高差、支撑挠曲度、立柱垂直度、支撑与立柱的轴线偏差、支撑水平轴线偏差等。

2) 现浇混凝土支撑施工

下面以钢筋混凝土圆环内支撑为例，介绍现浇混凝土支撑施工的要点。

(1) 施工程序。圆环内支撑的施工程序，应以控制在施工过程中减少对周围立体变形为前提。同一层支撑结构允许实行分段施工，其施工程序的选定依据是：根据设计资料，土体变形较小区域可先行施工，变形较大的薄弱区域应最后施工。

首道支撑的工艺流程如下。

基坑第一层土全面挖至支撑垫层标高→底模或垫层施工→凿护壁结构锚固筋、结构立柱顶清理→定圆心、测量弹性→钢筋绑扎→模板安装及固定→防护栏杆预留孔或预埋铁件→监测沉降钉、轴力监测仪、爆破用预留纸管的埋设→混凝土支撑浇筑施工→混凝土养护→拆模、清理→下层土方开挖。

(2) 护壁结构顶部处理。首道支撑腰梁一般与护壁结构顶部冠梁共用，以提高顶部刚度。因此护壁结构主筋按设计要求应留出足够长度的箍筋，并须将凿出外露的锚筋整理、校直。

(3) 基坑预降水。预降时间由土层渗透系数决定，同时为防止雨水及地面明水入坑，导致坑底土层破坏，发生支撑施工时不均匀沉降，还应开设明排水沟，便于保持坑底干燥施工。

(4) 土方开挖。根据基坑平面形状、设计工况、周边环境和土方挖运设备准备情况，周密研究，合理确定开挖方案。

土方开挖必须遵循对称均匀、先撑后挖的原则进行。另外，机械挖土至离支撑底标高10～20cm后，要采用人工铲土，以达到底面平整。

由于圆环内支撑与腰梁之间(即腹杆连接区域)的操作面较小；轻型挖机需直接就位于上铺走道板的支撑上向下挖下层土方，故支撑设计时应予考虑。

(5) 模板施工。支撑的底模或垫层可采用板材、竹笆加油毡、素混凝土或铺碎石振动灌浆，从施工方便考虑，应优先采用铺设板材的方法。

腰梁和旗杆的模板可用九夹板或定型钢模，圆环应用定型钢模竖拼，根据梁高与圆弧要求，按施工设计编制模板拼装图，竖杆及弧形横杆可用$\phi 48$的钢管、扣件、对拉螺栓拉结牢固。

模板就位安装校正固定后，按常规钢模要求，每间隔用 1500mm 左右，上、下设水平拉杆及剪力撑，以保证模板不位移。

(6) 钢筋施工。钢筋绑扎一般指绑扎圆环形腰梁的钢筋，然后绑扎旗杆钢筋。旗杆主筋按设计要求长度伸入圆环和腰梁内，多腹杆节点处钢筋的伸入和绑扎应合理交叉，以免影响梁的有效高度。

腹杆主筋以整根直料为宜，腰梁、圆环钢筋施工时应采用绑扎搭接接头、以利爆破拆除施工。腰梁与护壁结构连接，可用$\phi 25$的斜向吊筋焊接于护壁结构的主筋上。

(7) 混凝土施工。混凝土浇捣、养护、拆模等，均按施工规程的常规要求操作。应注意的是：支撑必须在混凝土强度达到设计强度 80%以上，才能开挖支撑以下的土方。

圆心定位、测量弹线后的技术复核、隐蔽工程验收、监测点的埋设、质量验收等应随各道工序及时进行。

利用主体结构换撑时，必须符合换撑技术的有关要求；采用爆破法拆除支撑结构前，必须对周围环境和主体结构采用有效的安全防护措施。

3) 钢支撑施工

以钢腰梁和钢支撑为例，钢支撑安装顺序为如下。

基坑挖土至该道支撑底标高→在挡墙上弹出钢腰梁轴线标高→在挡墙上设置钢腰梁的安装牛腿→安装钢腰梁→根据腰梁标高在钢立柱上焊支撑托架→安装水平支撑→在纵横支撑交叉处及支撑与立柱相交处用夹具固定→用细石混凝土填充钢腰梁与挡墙之间的空隙→给支撑施加预压项力→下层土方开挖。

【知识拓展】

预应力施工是钢支撑施工的重要组成部分，及时、可靠地施加预应力可以有效地减少墙体变形和周围地层位移，并使支撑受力均匀。施加预应力的方法有两种：一种是用千斤顶在腰梁与支撑的交接处加压，在缝隙处塞进钢楔锚固，然后就撤去千斤顶；另一种是用特制的千斤顶作为支撑的一个部件，安装在各根支撑上，预加荷载后留在支撑上，待挖土结束拆除支撑时，卸荷拆除。为了确保钢支撑预应力的精确性，可采取以下措施。

(1) 支撑安装完毕后，应及时检查各节点的连接状况；经确认符合要求后方可施加预应力。

(2) 预应力的施加应在支撑的两端同步对称进行，由专人统一指挥以保证施工达到同步协调。

(3) 预应力应分级施加，重复进行。一般情况下，预应力控制值不应小于支撑设计轴力的 50%，但也不应过高，当预应力控制值超过支撑设计轴力的 80%以上时，应防止支护结构的外倾、损坏和对外环境的影响。

(4) 预应力加至设计要求的额定值后，应再次检查各连接点的情况，必要时对节点进行加固，待额定压力稳定后予以锁定。

(5) 施加预应力的时间应选择在一昼夜气温最低的时间，一般应在凌晨，以最低限度地减少气温对钢支撑应力的影响。

4) 换撑技术

在地下结构施工阶段，内支撑的存在给施工带来诸多不便，如竖向钢筋与内支撑相碰；内支撑与外墙板相交处要采取防水措施等。此外，如果在墙体、楼面浇捣时，保留着支撑不拆除，待外防水、回填土完成后再割除支撑，这将使钢支撑的损耗很大，而且靠人力将割短的支撑从地下室运出来耗工耗时多，费用也大。而换撑技术可有效地解决好这些问题。

所谓换撑技术，即不是待地下主体结构及填充完成后才割除所有内支撑，而是在地下结构与围护墙之间设置传力构造，利用主体结构梁和楼板的刚度来承受水、土压力，从而自下而上随结构施工逐层拆换内支撑。

利用主体结构换撑时，在设置支撑位置时就要考虑地下结构施工和换撑的结合。同时，换撑还应符合下列要求。

(1) 主体结构的楼板或底板混凝土强度达到设计强度的80%以上。

(2) 在主体结构与围护墙之间设置可靠的换撑传力构造。

(3) 若楼面梁板空缺较多时，应增设临时支撑系统(如补缺或设临时梁)。支撑截面应按换撑传力要求，由计算确定。

(4) 当主体结构的底板和楼板分块施工或设置后浇带时，应在分块或后浇带的适当部位设置可靠的传力构件。

4.2.9 土钉墙的设计与施工

土钉墙是采用土钉加固的基坑侧壁土体与护面等组成的结构。它是将拉筋全部插入土体内部与土黏结，并在坡面上喷射混凝土，从而形成加筋土体加固区带，用以提高整个原位土体的强度并限制其位移，并增强基坑边坡坡体阶自身稳定性。土钉墙适用于开挖支护和天然边坡加固，是一项实用的原位岩土加筋技术。

1. 土钉墙的类型和施工原理

土钉墙的类型按施工方法不同，可分为钻孔注浆型土钉、打入型土钉和射入型土钉墙3类。钻孔注浆型土钉墙在我国目前应用最广，可用于永久性或临时性的支护工程中，其施工方法及原理如下。

基坑开挖后，首先在基坑坡面上钻直径为70～120mm的一定深度的横孔，然后插入钢筋，再用压力注浆填充钻孔孔洞，从而形成与周围土体密实黏合的土钉，最后在基坑坡面上设置与土钉端部联结的构件，并用喷射混凝土组成土钉面层结构，成为一道临时自稳土层、土钉和喷射混凝土的组合墙，形成基坑的稳定侧墙体系。

2. 土钉墙的特点

土钉墙具有安全可靠、可缩短基坑施工工期、施工机具简单、易于推广、经济效益较好等特点。

(1) 安全可靠。当基坑边坡直立高度超过临界高度，或坡顶有较大荷载以及环境因素的改变时，都会引起基坑边坡失稳；这是由于土体自身的抗剪强度较低、抗拉强度很小的缘故。而土钉墙由于在土体内增设了一定长度与分布密度的锚固体，使之与土体牢固结合并共同工作，从而弥补了土体自身强度的不足。土钉在其加固的复合土体中的这种“箍束骨架”作用，大大提高了土坡的整体刚度与稳定性。

土钉墙的另一优势是它还可增强土体破坏的延后性，改变基坑边坡破坏时突然塌方的性质。这一点与前面介绍的桩排档墙等明显不同。桩排挡墙等支护体系属于被动制约机制的支挡结构，这类支挡结构可承受例压力并限制土体的变形发展，但它并未改变土的边坡位移增加到一定程度后可能产生脆性破坏的性质。所以桩排挡墙一旦产生桩体倾斜破坏，位移速率大，很难及时采取有效措施，将对安全及工期产生很大影响。而土钉墙属于主动制约机制的支挡体系，它在超载作用下的变形特征，表现为持续的渐进性破坏，即使在土体内已出现局部剪切面和张拉裂缝，并随着超载集度的增加而扩展，但仍可持续很长时间而不发生整体塌滑，表明其仍具有一定的强度，从而为土体的加固、排除险情提供了充裕的时间，并使相应的加固方法简单易行。

【小贴士】

土钉墙是先开挖后支护，分层分段施工，具有土钉墙比土方开挖稍后一步施工的特点，这个特点对那些复杂的土体结构特别有利，在开挖过程中，视土质条件的局部变化，采取相应的技术措施来解决，易于使土坡得到稳定。

(2) 可缩短基坑施工工期。目前的桩排挡墙等支护体系都在土方开挖前期施工，占用施工工期，而土钉墙与土方开挖同期施工，并与开挖可形成流水施工。对工期紧的工程，可达到拆迁一块、开挖一块的快速施工要求。

(3) 施工机具简单、易于推广。设置土钉采用的钻孔机具及喷射混凝土设备都属可移动的小型机械，移动灵活，所需场地也小。此类机械的振动小、噪声低，在城市地区施工具有明显的优越性。钻孔、压力灌浆和面层喷射混凝土，已是土层锚杆、喷锚等支护体系成熟的工艺，易于掌握，普及性强。

(4) 经济效益较好。在材料用料方面，土钉墙每平方米边坡支护面积大大低于桩排挡墙等支护体系的材料用量。比人工挖孔桩使用的机械少，人工配备与人工挖孔桩大致相当，所以总成本明显低于桩排挡墙。

3. 土钉墙的应用局限

(1) 土钉施工时一般要先挖土层 1～2m 深，在喷射混凝土和安装土钉前需要在无支护情况下稳定至少几个小时，因此土层必须有一定的天然“凝聚力”。否则需先进行地基加固处理来维持坡面稳定，从而使施工复杂化并且造价加大。

(2) 施工时要求坡面无水渗出，否则开挖后坡面会出现局部坍滑，这样就不可能形成一层喷射混凝土面层。

(3) 软土开挖支护不宜采用土钉墙。因为软土的内摩擦角小，使得土钉锚固体与软土的界面摩擦阻力小，土钉的承载能力小，另外在软土中成孔也较困难，故技术经济综合效益不理想。

4. 土钉墙的适用范围

综上所述，土钉墙适宜于地下水位以上或经人工降水后的有一定黏结性的杂填土、黏性土、粉土及微胶结砂土的基坑开挖支护，不宜用于含水丰富的粉细砂层、砂卵石层和淤泥质土，不应用于没有临时自稳能力的淤泥、饱和软弱土层。土钉墙基坑支护的开挖深度适宜于 5～12m，当与护坡桩或预应力锚杆联合支护时，深度还可适当增加。

5. 土钉墙的构造设计要求

土钉墙的构造设计要求如下。

(1) 土钉墙的墙面坡度不宜大于 1∶0.1。

(2) 土钉必须与面层有效连接，应设置承压板或加强钢筋等构造，承压板或加强钢筋应与土钉钢筋焊接连接。

(3) 土钉的长度宜为开挖深度的 0.5～1.2 倍，其间距宜为 1～2m，与水平面夹角宜为 5°～20°。

(4) 土钉钢筋宜采用Ⅱ级、Ⅲ级钢筋，钢筋直径宜为 16～32mm，钻孔直径宜为 70～120mm。

(5) 注浆材料宜采用水泥浆或水泥砂浆，其强度不宜低于 M100。

(6) 喷射混凝土面层中宜配置钢筋网，钢筋直径宜为 6～10mm，间距宜为 150～300mm；喷射混凝土强度等级不宜低于 C20，面层厚度不宜小于 80mm。

(7) 坡面上下段钢筋网搭接长度应大于 300mm。

(8) 土钉墙墙顶应采用砂浆或混凝土护面，在坡顶和坡脚应设排水措施，在坡面上可根据具体情况设置泄水孔。

6. 土钉墙设计计算

土钉墙的设计内容主要包括：开挖基坑的几何尺寸设计、土钉的几何尺寸设计、土钉的抗拔力验算和土钉墙的整体稳定性验算、施工现场的监控设计等。此处主要介绍一下土钉的抗拔力验算和土钉墙的整体稳定性验算方法。

单根土钉的抗拉承载力计算应符合下式要求：

$$1.25\gamma_0 T_{jk} \leqslant T_{uj} \tag{4-51}$$

式中：T_{jk}——第 j 根土钉受拉荷载标准值；

T_{uj}——第 j 根土钉抗拉承载力设计值，按后述规定确定；

γ_0——基坑侧壁重要性系数。安全等级为二级的基坑，γ_0 取 1.0；安全等级为三级的基坑，γ_0 取 0.9。

7. 土钉墙施工

土钉墙施工中的锚体成孔、土钉杆体制作、压力灌浆与土层锚杆施工方法大体相同，可参见土锚施工的有关内容，在此不再赘述。下面介绍施工中应注意的其他几个问题。

(1) 分层分段开挖。土钉墙是先开挖后支护，要保持边坡在施工中的稳定性必须控制土方开挖的层高与开挖段长度，这就是土钉墙的分层分段开挖。

基坑开挖的分层高度主要取决于暴露坡面的“直立”自稳能力，另外还与周围环境的变形控制要求有关，因此，基坑开挖的分层高度一定要与土钉墙的设计工况一致。一般在黏状土中开挖深度为 0.5～4.0m，在超固结黏性土中开挖深度可适当增大。

基坑开挖的分段长度与土质条件、坡度、坡顶超载大小及分层高度皆有关系。对松软的杂填土和软弱土层、滞水层地段分段长度应小一些；施工期间坡顶超载较大、边坡坡度较陡时，分段长度也应小一些；对深度较大的基坑，其下部开挖支护时，分段长度也应小一些。对工期紧的工程，为了加快施工速度，同时又满足保证边坡稳定性的需要，可采用多段跳槽开挖的方式，以扩大施工面，并形成流水施工。

开挖下层土方及下层土钉施工要等到上层土钉砂浆及喷射混凝土面层达到设计强度的70%后方可进行。在机械开挖后应辅以人工修整坡面，坡面平整度的允许偏差为±20mm。开挖机械要最大限度地减小支护土层的扰动，在坡面喷射混凝土前，坡面虚土及任何松动的部分都要予以清除，然后再进行护面施工。

(2) 喷射混凝土的作业要求。喷射混凝土的配合比应根据设计要求确定，一般采用水泥：砂子：石子为 1：(4-4.5)：(4-3.5)(重量比)，水灰比一般采用 0.40～0.50，石子的最大粒径一般不应大于 12mm。混凝土应随拌随用。应通过外加减水剂和速凝剂来调节所需工作度和早强时间。混凝土的初凝时间和终凝时间宜分别控制在 5min 和 10min 左右。

喷射混凝土机是借助压缩空气，将混合好的料送往输送管端喷头处与水混合，喷射到工作面上。国产的喷射混凝土机一般生产能力为 5～10m^3/h，湿喷的输送距离一般在 50m 左右。

喷射作业应分段进行，同一分段内喷射顺序应自下而上，一次喷射厚度不宜小于 40mm；喷射时，喷头处的工作风压应保持在 0.10～0.12MPa，喷头与受喷面应保持垂直，距离宜为 0.6～1.0m；喷射混凝土上、下层及相邻段的接茬，应做成斜坡搭接，搭接长度一般为喷射厚度的 2 倍以上；喷射时散落的回弹物应及时回收利用，但不应作为喷料重新喷射 3 喷射混凝土终凝 2h 后，应喷水养护，养护时间应根据气温确定，应为 3～7d。

初喷混凝土应在边坡修整后尽快进行，以稳定基坑壁面，防止土层出现松弛或剥落；钢筋网铺设完毕后，还要再进行复喷，复喷的一次喷射厚度宜为 50～70mm。

(3) 面层中钢筋网铺设。钢筋网应在喷射一层混凝土后铺设，钢筋与第一层喷射混凝土的间隙不宜小于 20mm；采用双层钢筋网时，第二层钢筋网应在第一层钢筋网被混凝土覆盖后铺设；钢筋网与土钉应连接牢固。

(4) 验收。土钉墙工程质量验收时应做土钉抗拔力试验，以检测土钉的实际承载力。同一条件下，试验数量不宜少于土钉总数的 1%，且不少于 3 根；土钉验收合格标准为：土钉的实际抗拉承载力应大于设计抗拉承载力，实际抗拉承载力的最小值应大于设计抗拉承载力的 0.9 倍。

喷射混凝土应进行喷层厚度检查。检查方法是采用钻孔检测，钻孔数宜每 100m^2 墙面积一组，每组不应少于 3 点。喷层厚度合格条件为：全部检查孔处厚度的平均值应大于设计厚度，最小厚度不应小于设计厚度的 80%。

喷射混凝土的外观检查应符合设计要求，无漏喷、离鼓现象，土钉墙工程完工后，应提交有关必要的资料进行竣工验收。

4.2.10　支护结构的监测

支护结构与周围环境的监测主要分为应力监测和变形监测。用于现场测量的应力监测仪器主要有钢筋计、土压力计和孔隙水压力计。用于现场测量的变形监测仪器主要有水准仪、经纬仪和测斜仪。

1. 钢筋计

钢筋计是一种用于测量长期埋设在水工结构物或其他混凝土结构物内部钢筋应力的振弦式传感器，并可同步测量埋设点的温度。

1) 钢筋计的工作原理

钢筋计有钢弦式和电阻应变式两种，其接收仪分别是频率仪和电阻应变仪。

(1) 钢弦式钢筋计。钢弦式钢筋计的工作原理是当钢筋计受轴向力时，引起弹性钢弦的张力变化，改变了钢弦的振动频率，通过频率仪测得钢弦的频率变化即可测出钢筋所受作用力的大小，换算得出混凝土结构所受的力。

(2) 电阻应变式钢筋计。其工作原理是利用钢筋受力产生变形后，粘贴在钢筋上的电阻应变片产生应变，从而通过测出应变值得出钢筋所受作用力大小。

钢筋计在基坑工程中可以用来量测支护桩(墙)沿深度方向的弯矩、支撑的轴力与平面弯矩以及结构底板所承受的弯矩。

2) 钢筋计的使用方法

钢弦式钢筋计安装时须与结构主筋轴心对焊，一般是沿混凝土结构截面上下或左右对称布置一对钢筋计，或在 4 个角处布置 4 个钢筋计(方形截面)。电阻应变式钢筋计不需要与主筋对焊，只要保持与主筋平行，绑扎或点焊在箍筋上。

钢筋计的传感器部分和信号线一定要做好防水处理；信号线要采用金属屏蔽式，以减少外界因素对信号的干扰；安装好后，浇筑混凝土前测一次初期值，基坑开挖前再测一次初期值。

2. 土压力计

土压力计又称土压力盒，其构造与工作原理与钢筋计基本相同。目前使用较多的是钢弦式双膜土压力计，其工作原理是当表面刚性板受到土压力作用后，通过传力轴将作用力传至弹性薄板，使之产生挠曲变形，同时也使嵌固在弹性薄板上的两根钢弦柱偏转，使钢弦应力发生变化，钢弦的自振频率也相应变化，再通过频率仪测得钢弦的频率变化，从而使用预先标定的压力，由频率曲线即可换算出土压力值。

土压力计在基坑工程中可用来量测挖土过程中作用于挡墙上的土压力变化情况。及时了解其与土压力设计值的差异，可保护支护结构的安全。

3. 孔隙水压力计

孔隙水压力计中使用较多的是钢弦式孔隙水压力计，其构造与工作原理与土压力计极为相似，只是孔隙水压力计多了一块透水石，土体中的孔隙水压力和土压力均作用于接触面上，但只有孔隙水能够经过透水石将其压力传到弹性薄板上，弹性薄板的变形引起钢弦应力的变化，从而根据钢弦频率的变化测得孔隙水压力值。

孔隙水压力计可用来量测土体中任意位置的孔隙水压力值大小；监控基坑降水情况及基坑开挖对周围土体的扰动范围和程度；在预制桩、套管桩、钢板桩的沉没中，可根据孔隙水压力消散速率来控制沉桩速度。

【小贴士】

埋设仪器前首先在选定位置钻孔至要求深度，并在孔底填入部分干净的砂，然后将压力计放到测点位置；再在其周围填入中砂，砂层应高出压力计位置0.20～0.50m为宜，最后用黏土封口。

4. 测斜仪

测斜仪的工作原理是利用重力摆锤始终保持铅直方向的性质，测得仪器中轴线与摆锤垂线的倾角。倾角的变化可由电信号转换而得，从而可以知道被测构筑物的位移变化值。在摆锤上端固定一个弹簧铜片，铜片上端固定，下端靠着摆线，当测斜仪倾斜时，摆线在摆锤的重力作用下保持铅直压迫簧片下端，使簧片发生弯曲，由粘贴在簧片上的电阻应变片输出电信号，测出簧片的弯曲变形，即可得知测斜仪的倾角，从而推出测斜管(即挡墙)的位移。

测斜仪在基坑工程中用来量测挡墙的水平位移以及土层中各点的水平位移。使用测斜仪量测前，应先在土层中钻孔，然后埋设测斜管(塑料管、铝管等)，测斜管与钻孔之间的空隙应回填水泥和膨润土拌和的灰浆。测量时，将测斜仪与标有刻度的信号传输线连接，信号线另一端与读数仪连接。测斜仪上有两对导向轮，可沿测斜管的定向槽滑入管底，然后每隔一段距离向上拉线读数，测定测斜仪与垂直线之间的倾角，从而得出不同标高位置处的水平位移。如果是测试挡墙的位移，一般将测斜管垂直埋入挡墙内，测斜管与钢筋笼应绑扎牢固。

本 章 小 结

本章对基坑工程的概念及现状、特点、设计内容、设计依据、设计计算方法进行了概述，介绍了基坑工程勘察、设计、施工、监测、试验的方法。首先介绍了深基坑工程的地下水控制内容，包括地下水的基本特性、动水压力和流砂、降低地下水的方法、截水技术、回灌等；接着介绍了深基坑工程的支护结构，包括支护结构的作用与构成、支护结构的造型、荷载与抗力计算、水泥土墙式支护结构及排桩与板墙式支护结构、土钉墙和喷锚的设计与施工、支护结构监测等。要求重点掌握基坑工程的概况、设计、监测方法。通过学习，读者要对高层建筑基坑工程施工有深刻的了解。

思考与练习

1. 基坑工程包括哪些内容？

2. 基坑工程的设计原则和方法是什么？

3. 岩土勘察范围如何确定？岩土勘察和水文地质勘查应提供哪些资料？基坑周边环境勘察包括哪些内容？

4. 按工作机理和围护墙的形式支护结构包括哪些类型？各有哪些特点？使用各类支护结构的条件各是什么？

第 5 章

深基坑土方的开挖

学习目标

- 掌握深基坑工程土方开挖的基本内容。
- 掌握不同的基坑工程挖土方案
- 了解深基坑土方开挖的注意事项。
- 了解土方开挖阶段的应急措施。

本章导读

本章首先对深基坑挖土做了概述，然后介绍放坡挖土的知识；接着对中心岛(墩)式挖土、盆式挖土以及深基坑土方开挖的注意事项、土方开挖阶段的应急措施等进行介绍。通过学习，读者需要掌握深基坑土方工程的基本情况，并灵活掌握不同的开挖方式。

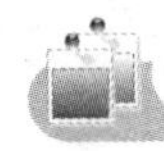

项目案例导入

本工程主楼共26层，地下室共3层；西侧裙楼共4层，地下室共3层；南侧裙楼共4层，地下室共2层。基坑深度共有5种，即：15.15m、13.95m、11.95m、9.40m、6.45m。

基坑南侧紧邻原职工之家大楼，南侧西段有一座高层塔楼，塔楼有一层半地下室，深约7m，南裙楼基坑距塔楼16.38m，西裙楼基坑距塔楼13.40m，南侧有污水管和雨水管，相距5～8m；基坑北侧有一座4层楼，基础埋深约3.00m，距基坑13.70m，并有地下电力线(距基坑7.00m)，污水管(相距6.50m)；基坑东侧距真武庙路3.50m，并有通信电缆(相距6.50m)；基坑两侧有污水管、热力管、雨水管，相距3.0～4.5m，地下水深度-14m。

案例分析

本工程场地狭小，周边环境复杂，中标承诺工期短(共计848天)，开工日期为2008年12月16日，此时正值北京冬季，土方及垫层能否在春节前施工完，将影响春节后的工程进度。若采取常规的放坡开挖，由于基坑深，场地小，基坑的稳定安全性将受到影响，且放坡开挖后将超过施工红线，因此此方案被排除。若采用护坡桩施工，则基坑开挖时间将推后，春节总体控制计划将受到影响，且按此方案存在土方回填和费用较高的特点。经过各种方案的认真讨论，结合工程的实际情况，最终决定本工程基坑支护采取喷锚支护，喷锚的边壁作为地下室外墙的外模板，选择此种方式进行基坑支护，可边开挖边支护，不影响工程进度，且无回填量，大大节约成本和工期。

随着高层建筑施工技术的发展，越来越多的土地正在被建设。而基坑土方的开挖则直接决定了高层建筑的地基安全。本章我们来学习深基坑土方开挖的相关知识。

5.1 深基坑工程土方开挖概述

深基坑工程土方开挖前，应根据基坑工程设计和场地条件，综合考虑支护结构形式、水文和地质条件、气候条件、环境要求以及机械配置等情况，编写出土方开挖施工组织设计，用于指导土方开挖施工。

5.1.1 选择合适的开挖方案

土方开挖方案的选择是深基坑工程设计的一项重要内容。土方开挖方案的选择既要考虑施工区域的工程地质条件，还要考虑周围环境中的各项制约因素以成熟的施工方法和经验，只有这样才能保证制订的施工方案可行。

1. 无支护结构的基坑开挖

深基坑工程无支护的开挖多为放坡开挖。在条件允许的情况下，放坡开挖一般较经济。此外，放坡开挖基坑内作业空间大，方便挖土机作业，也为施工主体工程提供了充足的工作空间。由于简化了施工程序，放坡开挖一般会缩短施工工期。

放坡开挖特点是占地面大，适用于基坑四周场地空旷，周围无邻近建筑物、地下管线和道路的情况。因此，在城市密集地区往往不具备施工条件。

放坡开挖要求坡体在施工期间能够自稳。当基坑处于软弱地层中时，放坡开挖的坡度不宜过大，否则需较大范围的采取地基加固措施，使开挖基坑的费用增加。

如果地下水位在基坑以上，基坑开挖前一般采用井点法坑外降水，降低开挖影响范围地层的地下水位，以防止开挖中动水压力引起的流砂现象和渗流的作用，并且增加土体抗剪强度，提高边坡稳定性。此外，还要严禁地表水或基坑排水倒水、回渗流入基坑。

2. 有支护结构的基坑开挖

有支护结构的基坑开挖方式多为垂直开挖，根据其确定的支撑方案的不同分为无内撑支护开挖两类；根据其开挖顺序分为盆式开挖和岛式开挖、条状开挖及区域开挖等。

(1) 盆式开挖。盆式开挖即先挖除基坑中间部分的土方，后挖除挡墙四周土方的开挖方式。这种开挖方式的优点是挡墙的无支撑暴露时间短，可利用挡墙四周所留土堤阻止挡墙的变形。有时为了提高所留土堤的被动土压力，还要在挡墙四周进行土体加固，以满足控制挡墙变形的要求。盆式开挖的缺点是挖土及土方外运速度较岛式开挖慢，此法多用于较密支撑下的开挖。

(2) 岛式开挖。岛式开挖即保留基坑中心土体，先挖除挡墙四周土方的开挖方式。这种开挖方式的优点是可以利用中心岛搭设栈桥加快土方外运，提高挖土速度。缺点是由于先挖挡内四周的土方，挡墙的受荷时间长，在软黏土中时间效应显著，有可能增大支护结构的变形量。此法常用于无内撑支护开挖(如土层锚杆)或采用边桁架等大空间支护系统的基坑开挖。

5.1.2　高层建筑基坑开挖需要注意的安全问题

高层建筑基坑工程施工需要注意的安全问题很多，具体内容如下。

(1) 工地的出入口应设置安全岗，配备专人指挥进出车辆。

(2) 基坑开挖应严格按照要求放坡。

(3) 机械挖土与人工清槽要采用轮换工作面作业，确保配合施工安全。

(4) 距基槽边线5m内不准机械行驶和停放，不准堆放其他物品。

(5) 在挖土机工作范围内，不许进行其他作业。挖土应由上而下，逐层进行，严禁先挖坡脚。

(6) 对支护体进行临测，发现问题及时采取措施。

(7) 夜间施工要有足够的照明度，进出口处专人指挥，避免发生交通事故。挖机回转范围内不得站人，尤其是土方施工配合人员。

(8) 坑下人员休息要远离坑边及放坡处，以防不慎。

(9) 施工机械一切服从指挥，人员尽量远离施工机械，如有必要，先通知操作人员，待回应后方可接近。

(10) 做好各级安全交底工作。

(11) 土方开挖应沿桩四周平均开挖，不得只在一侧开挖，防止土层挤压工程桩，造成断桩。

(12) 土方开挖过程中工程桩四周须留出30cm用于人工开挖，以防止挖掘机碰撞工程桩

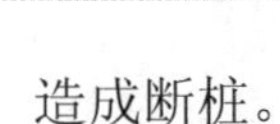

造成断桩。

深基坑挖土是基坑工程的重要部分，对于土方数量大的基坑，基坑工程工期的长短在很大程度上取决于挖土的速度。另外，支护结构的强度和变形控制是否满足要求，降水是否达到预期的目的，都靠挖土阶段来进行检验。因此，基坑工程成败与否也在一定程度上有赖于基坑挖土。

在基坑土方开挖之前，要详细了解施工区域的地形和周围环境；土层种类及其特性；地下设施情况；支护结构的施工质量；土方运输的出口；政府及有关部门关于土方外运的要求和规定(有的城市规定只有夜间才允许土方外运)。要优化选择挖土机械和运输设备；要确定堆土场地或弃土处；要确定挖土方案和施工组织；要对支护结构、地下水位及周围环境进行必要的监测和保护。

5.2 基坑工程的挖土方案

基坑工程的挖土方案，主要有放坡挖土、中心岛式挖土、盆式挖土。第 1 种方式属于无支护结构，后两种属于有支护结构。

5.2.1 放坡挖土

放坡开挖是最经济的挖土方案。当基坑开挖深度不大(软土地区挖深不超过 4m；地下水位低的土质较好地区挖深亦可较大)、周围环境又允许时，施工经验又能确保土坡的稳定性时，均可采用放坡开挖。

对于深度较大的基坑，若仍要采用放坡式挖土，则须设置多级平台分层开挖，且每级平台的宽度不应小于 1.5m。

放坡开挖要验算边坡稳定，一般可采用圆弧滑动简单条分法进行验算。对于正常固结土，可用总应力法确定土体的抗剪强度，采用固结快剪峰值指标。至于安全系数，可根据土层性质和基坑大小等条件确定，上海的基坑工程设计规程规定，对一级基坑安全系数取 1.38～1.43；二三级基坑取 1.25～1.30。快速卸荷的边坡稳定验算，当采用直剪快剪试验的峰值指标时，安全系数可相应减小 20%。

采用简单条分法验算边坡稳定时，对土层性质变化较大的土坡，应分别采用各土层的重度和抗剪强度。当含有可能出现流砂的土层时，应采用井点降水等措施。

对土质较差且施工工期较长的基坑，对边坡应采用钢丝网水泥喷浆或用高分子聚合材料覆盖等措施进行护坡。

坑顶不应堆土或存在堆载(材料或设备)，遇有不可避免的附加荷载时，在进行边坡稳定性验算时，应计入附加荷载的影响。

【知识拓展】

在地下水位较高的软土地区，应在降水达到要求后再进行土方开挖，宜采用分层开挖的方式进行开挖。分层挖土厚度不应超过 2.5m。挖土时要注意保护工程桩，防止因碰撞或挖土过快、高差过大使工程桩受侧压力而倾斜。若放坡开挖遇到地下水，应采取降低坑内水位和排除地表水，严防地表水或坑内排出的水倒流回渗入基坑的措施。若基坑采用机械挖土时，坑底应保留 200～300mm 厚的基土，用人工清理整平，防止坑底土扰动。待挖至设计标高后，应清除浮土，经验槽合格后，方可进行垫层施工。

5.2.2　中心岛式挖土

中心岛式挖土宜用于支护结构的支撑形式为角撑、环梁式或边桁(框)架式，中间具有较大空间的大型基坑。其优点在于可利用中间的土墩作为支点搭设栈桥，挖土机可利用栈桥下到基坑挖土，运土的汽车亦可利用栈桥进入基坑运土，最终加快挖土和运土的速度。

中心岛式挖土，中间土墩的留土高度、边坡的坡度、挖土层次与高差都要经过仔细研究确定。

整个的土方开挖顺序必须与支护结构的设计工况严格一致。要遵循开槽支撑、先撑后挖、分层开挖、严禁超挖的原则。挖土时，除支护结构设计允许外，挖土机和运土车辆不得直接在支撑上行走和操作，严禁碰撞工程桩、支撑、立柱和降水的井点管。为减少时间效应的影响，挖土时应尽量缩短围护墙无支撑的暴露时间。一般对一、二级基坑，每一工况挖至规定标高后，钢支撑的安装周期不宜超过一昼夜，混凝土支撑的完成时间不宜超过两昼夜。对面积较大的基坑，为减少空间效应的影响，基坑土方宜分层、分块、对称、限时进行开挖。对有钻孔灌筑桩的工程，宜边破桩头边浇筑垫层，尽可能早一些浇筑垫层，以便利用垫层(必要时可加厚作配筋垫层)对围护墙起支撑作用，以减少围护墙的变形。

分层挖土时，层高不宜过大，以免土方侧压力过大使工程桩变形倾斜，尤其在软土地区必须注意。

同一基坑内当深浅不同时，土方开挖宜先从浅基坑处开始，如条件允许可待浅基坑处底板浇筑后，再挖基坑较深处的土方。

若两个深浅不同的基坑同时挖土时，土方开挖宜先从较深基坑开始，待较深基坑底板浇筑后，再开始开挖较浅基坑的土方。

5.2.3　盆式挖土

盆式挖土是先开挖基坑中间部分的土方，周围四边都留有土坡，最后挖除土坡的挖土方式。其优点是周边的土坡会对围护墙形成支撑作用，有利于减少围护墙的变形。其缺点是大量的土方不能直接外运，需集中提升后装车外运。因此设法提高土方上运的速度，对加速基坑开挖有很大作用。盆式挖土周边留置的土坡，其宽度、高度和坡度大小均应通过稳定验算后方可确定。若留得过小，则对围护墙支撑作用不明显，失去了盆式挖土的意义。若坡度留得过大，则在挖土过程中可能失稳滑动，不但失去对围护墙的支撑作用，影响施工，而且有损于工程桩的质量。

5.3　深基坑土方开挖的注意事项

深基坑土方开挖应该注意的事项主要包括以下几个方面。

1. 遵循基本的原则

土方开挖的顺序、方法必须与设计工况一致，并遵循“开槽支撑，先撑后挖，分层开挖，严禁超挖”的原则。

2. 防止深基坑挖土后土体回弹变形过大

深基坑土体开挖后，地基卸载，土体中压力减少，土的弹性效应将使基坑底面产生一定的回弹变形(隆起)。回弹变形量的大小与土的种类、是否浸水、基坑深度、基坑面积、暴露时间及挖土顺序等因素有关。如基坑积水，黏性土因吸水使土的体积增加，不但抗剪强度降低，回弹变形亦增大，所以对于软土地基更应注意土体的回弹变形。回弹变形过大将加大建筑物的后期沉降。宝钢施工时曾用有限元法预测过挖深 32.2m 的热轧厂铁皮坑的回弹变形，最大值约 354mm，实测值也与之接近。

由于影响回弹变形的因素比较复杂，回弹变形计算尚难准确。如基坑不积水，暴露时间不太长，可认为土的体积在不变的条件下产生回弹变形，即相当于瞬时弹性变形，可把挖去的土重作为负荷载按分层总和法计算回弹变形。

减少基坑回弹变形在施工中的有效措施是设法减少土体中有效应力的变化，减少暴露时间，并防止地基土浸水。因此，在基坑开挖过程中，均应保证井点降水正常进行，并在挖至设计标高后，尽快浇筑垫层和底板。必要时，可对基础结构下部土层进行加固。

3. 防止边坡失稳

深基础的土方开挖，要根据地质条件(特别是打桩之后)、基础埋深、基坑暴露时间挖土及运土机械、堆土等情况，拟订合理的施工方案。

目前挖土机械多用斗容量为 1m^3 的反铲挖土机，其实际有效挖土半径为 5～6m，而挖土深度为 4～6m，形成的坡度比约 1∶1。由于快速卸荷、挖土与运输机械的振动，如果再在开挖基坑的边缘 2～3m 范围内堆土，则易于造成边坡失稳。这是因为挖土速度快即卸载快，迅速改变了原来土体的平衡状态，降低了土体的抗剪强度，使其呈流塑状态，从而造成水平位移滑坡。

因此要避免边坡失稳，就必须事先对施工进行详细计算。

4. 防止桩位移和倾斜

打桩完毕后基坑开挖，应制定合理的施工顺序和技术措施，防止桩的位移和倾斜。

对先打桩后挖土的工程，由于打桩的挤土和动力波的作用，使原处于静平衡状态的地基土遭到破坏，如果打桩后就紧接着开挖基坑，那么由于开挖时的应力释放，再加上挖土高差形成一侧卸荷的侧向推力，土体就易产生一定的水平位移，使先打设的桩易产生水平位移。尤其在软土地区施工，这种事故屡有发生，值得重视。为此，在群桩基础的桩打设后宜停留一定时间，并用降水设置预抽地下水，待土中由于打桩积聚的应力有所释放、孔隙水压力有所降低、被扰动的土体重新固结后，再开挖基坑土方。而且土方的开挖宜均匀、分层，尽量减少开挖时的土压力差，以保证桩位正确和边坡稳定。

5. 配合深基坑支护结构施工

深基坑的支护结构，随着挖土加深侧压力的加大，其变形也不断增大，周围地面沉降也加大。及时加设支撑(土锚)，尤其是施加预紧力的支撑，对减少变形和沉降具有很大的作用。为此，在制订基坑挖土方案时，一定要配合加设支撑(土锚)的需要进行分层挖土，避免片面只考虑挖土方便而妨碍支撑的及时加设，造成有害影响。

近年来，在深基坑支护结构中混凝土支撑应用渐多，如采用混凝土支撑，则挖土要与支撑浇筑配合进行，支撑浇筑后要养护至一定强度才可继续向下开挖。挖土时，挖土机械应避免直接压在支撑上，否则要采取有效措施。

5.4　土方开挖阶段的应急措施

土方开挖有时会引起围护墙或邻近建筑物、管线等产生一些异常现象。此时需要有关人员配合开挖及时进行处理，以免造成不必要的损失。

1. 围护墙渗水与漏水

在基坑开挖过程中，一旦出现渗水或漏水应及时处理，常用的方法如下。

(1) 对渗水量较小，不影响施工也不影响周边环境的情况，可采用坑底设沟排水的方法。对渗水量较大，但没有泥沙带出，造成施工困难，而对周围影响不大的情况，可采用“引流－修补”方法，即在渗漏较严重的部位先在围护墙上水平(略向上)打入一根钢管，内径 20～30mm，使其穿透支护墙体进入墙背土体内，由此将水从该管引出，而后将管边围护墙的薄弱处用防水混凝土或沙浆修补封堵，待修补封堵的混凝土或砂浆达到一定强度后，再将钢管出水口封住。如果封住管口后出现第二处渗漏，则按前面的方法再进行“引流-修补”。如果引流出的水为清水，则表明周边环境较简单或出水量不大，不做修补也可，只需将引入基坑的水设法排出即可。

(2) 对渗、漏水量很大的情况，应查明原因，采取相应的措施。如果漏水位置离地面不深，可将支护墙背开挖至漏水位置下 500～1000mm 处，在支护墙后用密实混凝土进行封堵。如果漏水位置埋深较大，则可在墙后采用压密注浆方法，在浆液中掺入水玻璃，使其能尽早凝结，也可采用高压喷射注浆法。采用压密注浆时应注意，应在坑内局部回土后进行，待注浆达到止水效果后再重新开挖。

2. 防止围护墙侧向位移发展

基坑开挖后，支护结构发生一定的位移是正常的，但如果位移过大，或位移速度过快，则应针对不同的支护结构采取相应的应急措施。

1)　重力式支护结构

对于采用重力式支护结构的，首先应做好位移的监测，绘制位移一时间曲线，掌握发展趋势。如果开挖后位移量在基坑深度的 1/100 以内，应属正常。如果位移超过 1/100 或设计估计值，则应予以重视。如果位移超过估计值不太多，以后又趋于稳定，一般不必采取特殊措施，但应注意尽量减小坑边堆载，严禁动荷载作用于围护墙或坑边区域；加快垫层浇筑与地下室底板施工的速度，以减少基坑敞开时间；应将墙背裂缝用水泥砂浆或细石混凝土灌满，防止雨水、地面水进入基坑及浸泡支护墙背土体。对位移超过估计值较多，而且数天后仍无减缓趋势，或基坑周边环境较复杂的情况，同时还应采取一些附加措施，常用的方法有：水泥土墙背后卸荷，卸土深度一般 2m 左右，卸土宽度不宜小于 3m；加快垫层施工，加厚垫层厚度，尽早发挥垫层的支撑作用；加设支撑，支撑位置宜在基坑深度的 1/2 处，并加设腰梁加以支撑。

2) 悬臂式支护结构

悬臂式支护结构发生位移主要是其上部向基坑内倾斜，并带有一定的深层滑动。

防止悬臂式支护结构上部位移过大的应急措施比较简单，加设支撑或拉锚都是十分有效的，也可采用支护墙背卸土的方法。防止深层滑动也应及时浇筑垫层，必要时也可加厚垫层，以形成下部水平支撑。

3) 支撑式支护结构

由于支撑的刚度一般较大，带有支撑的支护结构一般位移较小，其位移主要是插入坑底部分的支护桩墙向内变形。为了满足基础底板施工需要，最下一道支撑离坑底总有一定距离，对一道支撑的支护结构，其支撑离坑底距离更大，支护墙下段的约束较小，因此在基坑开挖后，围护墙下段位移较大，往往由此造成墙背土体的沉陷。因此，对于支撑式支护结构，如发生墙背土体的沉陷，主要应设法控制围护桩(墙)嵌入部分的位移，着重加固坑底部位，具体措施如下。

(1) 增设坑内降水设备，降低地下水，如果条件许可，也可在坑外降水。

(2) 进行坑底加固，如采用注浆、高压喷射注浆等提高被动区抗力。

(3) 垫层随挖随浇，对基坑挖土合理分段，每段土方开挖到底后及时浇筑垫层。

(4) 加厚垫层、采用配筋垫层或设置坑底支撑。

对于周围环境保护很重要的工程，如开挖后发生较大变形后，可在坑底加厚垫层，并采用配筋垫层，使坑底形成可靠的支撑，同时加厚配筋垫层对抑制坑内土体隆起也非常有利。减少了坑内土体隆起，也就控制了支护墙下段位移。必要时还可在坑底设置支撑，如采用型钢，或在坑底浇筑钢筋混凝土暗支撑(其顶面与垫层面相同)，以减少位移，此时，在支护墙根处应设置围檩，否则单根支撑对整个支护墙的作用不大。

3. 流砂及管涌的处理

在细砂、粉砂层土中往往会出现局部流砂或管涌的情况，对基坑施工带来困难。如流砂等十分严重则会引起基坑周围的建筑、管线的倾斜、沉降。

对轻微的流砂现象，在基坑开挖后可采用加快垫层浇筑或加厚垫层的方法“压注”流砂。对较严重的流砂应增加坑内降水措施，使地下水位降至坑底以下 0.5～1m。降水是防治流砂的最有效的方法。

管涌一般发生在围护墙附近。如果设计支护结构的嵌固深度满足要求，则造成管涌的原因一般是由于坑底的下部位的支护排桩中出现断桩，或施打未及标高，或地下连续墙出现较大的孔、洞，或由于排桩净距较大，其后止水帷幕又出现漏桩、断桩或孔洞，造成管涌通道所致。如果管涌十分严重也可在支护墙前再打设一排钢板桩，在钢板桩与支护墙间进行注浆，钢板桩底应与支护墙底标高相同，顶面与坑底标高相同，钢板桩的打设宽度应比管涌范围较宽 3～5m。

4. 邻近建筑与管线位移的控制

对坑外建筑或地下管线的沉降控制一般可采用跟踪注浆的方法。根据基坑开挖进程，连续跟踪注浆。注浆孔布置可在围护墙背及建筑物前各布置一排，两排注浆孔间则适当布置。对于注浆深度应在地表至坑底以下 2～4m 范围，具体可根据工程条件确定。对于注浆压力控制不宜过大，否则不仅对围护墙会造成较大侧压力，对建筑本身也不利。对于注浆量可根据支护墙的估算位移量及土的空隙率来确定。当采用跟踪注浆时，应严密观察建筑的沉降状况，防止由注浆引起土体搅动而加剧建筑物的沉降或将建筑物抬起。对于沉降很大而压密注浆又不能控制的建筑，如其基础是钢筋混凝土的，则可考虑采用静力锚杆压桩的方法控制其位移。

【小贴士】

如果条件许可，在基坑开挖前对邻近建筑物下的地基或支护墙背土体先进行加固处理，如采用压密注浆、搅拌桩、静力锚杆压桩等加固措施，此时施工较为方便，效果更佳。

对基坑周围管线保护的应急措施一般有以下两种方法。

1) 打设封闭桩或开挖隔离沟

对于地下管线离开基坑较远，但在开挖后文引起位移或沉降较大的情况，可在管线靠基坑一侧设置封闭桩。为减小打桩挤土，封闭桩应选用树根桩，也可采用钢板桩、槽钢等，施打时应控制打桩速率，封闭板桩离管线距离应保持一致。

在管线边上开挖隔离沟对控制位移也有一定作用，隔离沟应与管线有一定距离，其深度宜与管线埋深接近或略深，在靠管线一侧还应做出一定坡度。

2) 管线架空

对地下管线离基坑较近的情况，如果设置隔离桩或隔离沟既不易行也无明显效果，则可采用管线架空的方法。管线架空后与围护墙后的土体基本分离，土体的位移与沉降对它影响都很小，即便产生一定位移或沉降，也仍可对支承架进行调整复位。

【小贴士】

管线架空前应先将管线周围的土挖空，在其上设置支承架，支承架的搁置点应可靠牢固，能防止过大位移与沉降，并应便于调整其搁置位置。然后将管线悬挂于支承架上，如管线发生较大位移或沉降，可对支承架进行调整复位，以保证管线的安全。

本章小结

本章介绍了深基坑土方开挖的概念、放坡挖土、中心岛(墩)式挖土、盆式挖土、深基坑土方开挖的注意事项等。章节首先对深基坑挖土做了概述，然后介绍了放坡挖土的知识；接着对中心岛(墩)式挖土、盆式挖土以及深基坑土方开挖的注意事项、土方开挖阶段的应急措施等进行了介绍。通过学习，读者对深基坑土方工程的基本情况、不同的开挖方式有更好的掌握。

思考与练习

1. 某坑坑底长 80m，宽 60m，深 8m 四边放坡，边坡坡度 1∶0.5，试计算挖土土方工程量。若地下室的外围尺寸为 78m × 58m，土的最初可松性系数 K_s=1.13，最终可松性系数 K_s'=1.03，回填结束后，余土外运，用斗容量 5m^3 的车运，需运多少车？

2. 一基坑深 5m，基坑底长 50m、宽 40m，四边放坡，边坡坡度为 1∶0.5，问挖土土方量为多少？若地坪以下混凝土基础的体积为 2800m^3，则回填土为多少？若使用斗容量为 6m^3 的汽车将多余土外运，问需运多少次？

第6章

高层建筑的主体结构工程

学习目标

- 了解高层建筑脚手架工程概述。
- 熟悉高层建筑主体结构施工常用机械设备。
- 掌握高层建筑主体结构施工步骤。
- 掌握高层建筑施工安全技术。

本章导读

本章主要讲解高层建筑主体结构施工特点、施工用机械设备、主体结构施工方法和施工安全技术等内容。章节首先介绍高层建筑主体结构施工用机械设备，内容包括施工电梯、混凝土泵送设备；其次介绍高层建筑脚手架工程，内容包括悬挑式脚手架、附着升降式脚手架、悬吊式脚手架；然后介绍高层建筑主体结构施工，内容包括主体结构施工方案选择、楼板结构施工、大模板施工、滑模施工、爬模施工等；最后介绍高层建筑施工安全技术，内容包括机械设备使用安全要求、高层建筑脚手架工程安全技术、大模板施工安全技术、滑模施工安全技术、爬模施工安全技术等。

项目案例导入

某工程总用地面积约 8051m^2，地下二层，负二层层高为 3.75m、负一层层高为 4.2m，地上三十三层(其中 1～2 层为商业，层高分别为 5.8m 和 4.15m; 3 层为架空层，层高为 5.95m; 4～33 层为住宅，层高均为 2.80m)，建筑面积合计为 74002.30m^2。结构形式为框剪结构，总高度为 99.95m。

案例分析

经过分析，本工程的施工要求如下。

(1) 本工程应使用的钢筋级别有Ⅰ级、Ⅱ级、Ⅲ级，最大钢筋直径为 32mm 的Ⅲ级钢，钢筋接头<16mm 为绑扎，≥16mm 为直螺纹机械连接、电渣压力焊、对接焊。

(2) 地下室结构：外围剪力墙厚 300mm，混凝土强度为 C30P8；框架柱最大截面为 2800mm × 1200mm；剪力墙厚 200～600mm，混凝土墙和柱的强度均为 C60；框架梁最大截面为 1500mm × 600mm，负一层结构楼板厚度主要为 120mm，零层结构楼板厚度主要为 100mm，局部为 180～500mm，梁板混凝土强度为 C30。

地下室存在少数填充墙，墙厚主要为 200mm 厚，用 M10 水泥砂浆、灰砂砖砌筑；地上外围部分填充墙厚 200mm 厚复合墙，用 M5 混合砂浆、蒸压加气混凝土砌块砌筑，内墙厚分为 200mm 厚和 100mm 厚，用 M5 混合砂浆、灰砂砖、混凝土空心砖砌筑。

(3) 上部主体结构：结构竖向框架剪力墙转换以 4 层梁板从钢筋混凝土框支柱转换为钢筋混凝土剪力墙，最大框架柱截面为 2800mm × 1200mm、最大框支梁截面为 2000mm × 2000mm、1800mm × 2000mm。柱和剪力墙：1～5 层为 C60、6～8 层为 C50、9～19 层为 C35、20 层以上为 C30；梁和板：1～2 层为 C30、3、5、6 层为 C40、第 4 层转换层为 C50、7～25 层为 C30、26 层以上为 C25。

高层建筑结构十分复杂，设计施工者在每一个环节都要一丝不苟，这样才能完全保障高层建筑的安全。本章我们就来学习高层建筑主体结构工程的相关内容。

6.1　高层建筑的脚手架工程

脚手架是高层建筑施工中必须使用的重要工具设备，特别是外脚手架在高层建筑施工中占有相当重要的位置。它使用量大，技术要求复杂，对施工人员的安全、工程质量、施工进度、工程成本以及邻近建筑物和场地影响都很大。高层建筑施工使用的外脚手架主要有悬挑式脚手架、附着升降式脚手架、悬吊式脚手架等。

6.1.1　悬挑式脚手架

悬挑式脚手架是指架体结构卸荷在附着于建筑结构的刚性悬挑梁(架)上的脚手架，用于建筑施工中的主体或装修工程的作业及其安全防护需要，每段搭设高度不得大于 24m。

悬挑架依附的建筑结构应是钢筋混凝土结构或钢结构，不得依附在砖混结构或石结构上。悬挑架的支承结构应为型钢制作的悬挑梁或悬挑桁架等，不得采用钢管；其节点应螺栓联结或焊接，不得采用扣件连接；悬挑架与建筑结构的固定方式应经设计计算确定。其适应范围包括钢筋混凝土结构、钢结构高层或超高层，建筑施工中的主体或装修工程的作业及其安全防护需要。

悬挑脚手架的搭设要求如下。

(1) 悬挑脚手架每段搭设高度不应大于 18m。

(2) 悬挑脚手架立杆底部与悬挑型钢连接应有固定措施，防止滑移。

(3) 悬挑架步距不应大于 1.8m。立杆纵向间距不应大于 1.5m。

(4) 悬挑脚手架的底层和建筑物的间隙必须封闭防护严密，以防坠物。

(5) 与建筑主体结构的连接应采用刚性连墙件。连墙件间距水平方向不应大于 6m，垂直方向不应大于 4m。

(6) 悬挑脚手架在下列部位应采取加固措施。

在架体立面转角及一字形外架两端处；在架体与塔吊、电梯、物料提升机、卸料平台等设备需要断开或开口处；其他特殊部位。

(7) 悬挑脚手架的其他搭设要求，按照落地式脚手架规定执行。

6.1.2 附着升降式脚手架

附着升降式脚手架是指仅需搭设一定高度并附着于工程结构之上，依靠自身的升降设备和装置随工程结构施工逐层爬升，并能实现下降作业的外脚手架。这种脚手架适用于现浇钢筋混凝土结构的高层建筑。

1. 分类

附着升降脚手架按爬升构造方式可分为导轨式、主套架式、悬挑式、吊拉式(互爬式)等。其中主套架式、吊拉式采用分段升降方式；悬挑式、轨道式既可采用分段升降，亦可采用整体升降。无论采用哪一种附着升降式脚手架，其技术关键都包括以下几点。

(1) 与建筑物有牢固的固定措施。

(2) 升降过程均有可靠的防倾覆措施。

(3) 设有安全防坠落装置和措施。

(4) 具有升降过程中的同步控制措施。

2. 基本组成

附着升降脚手架主要由架体结构、爬升机构、动力及控制设备、安全装置等部件组成。

1) 架体结构

架体常用桁架作为底部的承力装置，桁架两端支承于横向刚架或托架上，横向刚架又通过与其连接的附墙支座固定于建筑物上。架体本身一般采用扣件式钢管搭设，架高不应大于楼层高度的 5 倍，架宽不宜超过 1.2m，分段单元脚手架长度不应超过 8m。主要构件有立杆、纵横向水平杆、斜杆、剪刀撑、脚手板、梯子、扶手等。脚手架的外侧设密目式安全网进行全封闭，每步架设防护栏杆及挡脚板，底部满铺一层固定脚手板。整个架体的作用是提供操作平台，用于物料搬运、材料堆放、操作人员通行和安全防护等。

2) 爬升机构

爬升机构是实现架体升降、导向、防坠、固定提升设备、连接吊点和架体通过横向刚架与附墙支座的连接等。它的作用主要是进行可靠的附墙和保证将架体上的恒载与施工活荷载安全、迅速、准确地传递到建筑结构上。

3) 动力及控制设备

提升用的动力设备主要有手拉葫芦、环链式电动葫芦、液压千斤顶、螺杆升降机、升板机、卷扬机等。目前采用电动葫芦者居多，原因是其使用方便、省力、易控。当动力设备采用电控系统时，一般均采用电缆将动力设备与控制柜相连，并用控制柜进行动力设备控制。当动力设备采用液压系统控制时，一般则采用液压管路与动力设备和液压控制台相连，然后液压控制台再与液压源相连，并通过液压控制台对动力设备进行控制。总之，动力设备的作用是为架体实现升降提供动力的。

4) 安全装置

(1) 导向装置。其作用是保持架体前后、左右对水平方向位移的约束，限定架体只能沿垂直方向运动，并防止架体在升降过程中晃动、倾覆和水平向错动。

(2) 防坠装置。其作用是在动力装置本身的制动装置失效、起重钢丝绳或吊链突然断裂和梯吊梁掉落等情况发生时，能在瞬间准确、迅速锁住架体，防止其下坠造成伤亡事故发生。

(3) 同步提升控制装置。其作用是使架体在升降过程中，控制各提升点保持在同一水平位置上，以便防止架体本身与附墙支座的附墙固定螺栓产生次应力和超载而发生伤亡事故。

3. 安装要求

按照要求包括附着升降脚手架的安装质量要求、附着升降脚手架的组装要求、附着升降脚手架的升降操作规定等。

1) 附着升降脚手架的安装质量要求

(1) 水平梁架及竖向主框架在两相邻附着支承结构处的高差应不大于20mm。

(2) 竖向主框架和防倾导向装置的垂直偏差应不大于5‰和60mm。

(3) 预留穿墙螺栓孔和预埋件应垂直于工程结构外表面，其中心误差应小于15mm。

2) 附着升降脚手架的组装要求

(1) 建筑结构混凝土强度应达到附着支承对其附加荷载的要求。

(2) 全部附着支承点的应安装符合设计规定，严禁少装附着固定连接螺栓和使用不合格螺栓。

(3) 各项安全保险装置全部检验合格。

(4) 电源、电缆及控制柜等的设置符合用电安全的有关规定。

(5) 升降动力设备工作正常。

(6) 同步及荷载控制系统的设置和试运效果符合设计要求。

(7) 架体结构中采用普通脚手架杆件搭设的部分，其搭设质量要达到要求。

(8) 各种安全防护设施齐备并符合设计要求。

(9) 各岗位施工人员已落实。

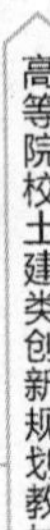

(10) 附着升降脚手架施工区域应有防雷措施。

(11) 附着升降脚手架应设置必要的消防及照明设施。

(12) 同时使用的升降动力设备、同步与荷载控制系统及防坠装置等专项设备，应分别采用同一厂家、同一规格型号的产品。

(13) 动力设备、控制设备、防坠装置等应有防雨、防砸、防尘等措施。

3)　附着升降脚手架的升降操作规定

(1)　严格执行升降作业的程序规定和技术要求。

(2)　严格控制并确保架体上的荷载符合设计规定。

(3)　所有妨碍架体升降的障碍物必须拆除。

(4)　所有升降作业要求解除的约束必须拆开。

(5)　严禁操作人员停留在架体上，确实需要有人在架体上作业的特殊情况除外，必须采取有效安全防护措施，并由建筑安全监督机构审查后方可实施。

(6)　应设置安全警戒线，正在升降的脚手架下部严禁有人进入，并设专人负责监护。

(7)　严格按设计规定控制各提升点的同步性，相邻提升点间的高差不得大于 30mm，整体架最大升降差不得大于 80mm。

(8)　升降过程中应实行统一指挥、规范指令。升、降指令只能由总指挥一人下达。但当有异常情况出现时，任何人均可立即发出停止指令。

(9)　采用环链葫芦作升降动力的，应严密监视其运行情况，及时发现、解决可能出现的翻链、统链和其他影响正常运行的故障。

(10) 附着升降脚手架升降到位后，必须及时按使用状况要求进行附着固定。在没有完成架体固定工作前，施工人员不得擅自离岗或下班。未办交付使用于续的，不得投入使用。

【知识拓展】

建设部于 2000 年 9 月颁布了《建筑施工附着升降脚手架管理暂行规定》(建〔2000〕230 号)，对附着升降脚手架的设计计算、构造装置、加工制作、安装、使用、拆卸和管理等都做了明确规定。强调对从事附着升降脚手架工程的施工单位实行资质管理，未取得相应资质证书的不得施工；对附着升降脚手架实行认证制度，即所使用的附着升降脚手架必须经过国家建设行政主管部门组织鉴定或者委托具有资格的单位进行认证。

6.1.3　悬吊式脚手架

悬吊式脚手架又称吊篮，它结构轻巧、操纵简单、安装、拆除速度快，升降和移动方便，在玻璃和金属幕墙的安装、外墙钢窗及装饰物的安装、外墙面涂料施工、外墙面的清洁、保养、修理等作业中有着广泛应用。

吊篮的构造是由结构顶层伸出挑梁，挑梁的一端与建筑结构连接固定，挑梁的伸出端上通过滑轮和钢丝绳悬挂吊篮。

吊篮按升降的动力分为有手动和电动两类。前者利用手扳葫芦进行升降，后者利用特制的电动卷扬机进行升降。

吊篮结构由薄壁型钢组焊而成，也可由钢管扣件组搭而成，可设单层工作平台，也可设双层工作平台。其平台工作宽度为 1m，每层允许荷载为 7000N。双层平台吊篮自重约 600kg，可容 4 人同时作业。

【知识拓展】

电动吊篮多为定型产品，由吊篮结构、吊挂、电动提升机构、安全装置、控制柜、靠墙托轮系统及屋面悬挑系统等部件组成。吊篮脚手本身采用组合结合，其标准段分为 2m、2.5m 及 3m 3 种不同长度。根据需要，其可拼装成 4m、5m、6m、7m、6.5m、9m、10m 等不同长度。吊篮脚手骨架用型钢或镀铸钢管焊成。常用的有瑞典产的 ALIMAK-BA401 吊脚手架。

电动吊篮的提升机构由电动机、制动器、减速器、压绳和绕绳机构 5 部分组成。电动吊篮装有可靠的安全装置，通常称为安全锁或称限速器。当吊篮下降速度超过 1.6～2.5 倍额定提升速度时，该安全装置便会自动刹住吊篮，不使吊篮继续下降，从而保证施工人员的安全。

电动吊篮的屋面挑梁系统可分为简单固定式挑梁系统、移动式挑梁系统和装配式桁架台车挑梁系统 3 类。在构造上，各种屋面挑梁系统基本上均由挑梁、支柱、配重架、配重块、加强臂附加支杆以及脚轮或行走台车组成。挑梁系统采用型钢焊接结构，其悬挑长度、前后支腿距离、挑梁支柱高度均可调节的，因而能灵活地适应不同屋顶结构以及不同立面造型的需要。

6.2 高层建筑主体结构施工常用的机械设备

目前我国高层建筑主体结构施工，常用的机械设备有塔机(参见本书第 3 章内容介绍，此处不再赘述)、施工电梯和混凝土泵送设备等。

6.2.1 施工电梯

施工电梯又称外用施工电梯，是一种安装于建筑物外部，供运送施工人员和建筑器材使用的垂直提升机械。采用施工电梯运送施工人员上下楼层，可节省工时，减轻工人体力消耗，提高劳动生产率。因此，施工电梯被认为是高层建筑施工不可缺少的关键设备之一。

1. 施工电梯构造

施工电梯一般分为齿轮齿条驱动施工电梯和绳轮驱动施工电梯两类。

1) 齿轮齿条驱动施工电梯

齿轮齿条驱动施工电梯由塔架(又称立柱，包括基础节、标准节、塔顶天轮架节)、吊厢、地面停机站、驱动机组、安全装置、电控柜站、门机电连锁盒、电缆、电缆接受筒、平衡重、安装小吊杆等部件组成。塔架由钢管焊接格构式矩形断面标准节组成，标准节之间采用套柱螺栓连接。其特点是刚度好，安装迅速；电机、减速机、驱动齿轮、控制柜等均装设在吊厢内，检查维修保养方便；采用高效能的锥鼓式限速装置，当吊厢下降速度超过 0.65m/s 时，吊厢会自动制动，从而保证不发生坠落事故；可与建筑物拉结，并随建筑物施工进度而自升接高，升运高度可达 100～150m。

【知识拓展】

齿轮齿条驱动施工电梯按吊厢数量分为单吊厢式和双吊厢式，吊厢尺寸一般为 3m×1.3m×2.7m；按承载能力分为两级，一级载重量为 1000kg 或乘员 11～12 人，另一级载重量为 2000kg 或乘员 24 人。

2) 绳轮驱动施工电梯

绳轮驱动施工电梯是近年来开发的新产品，由三角形断面钢管塔架、底座、单吊厢、卷扬机、绳轮系统及安全装置等部件组成。其特点是结构轻巧，构造简单，用钢量少，造价低，能自升接高。吊厢平面尺寸为 2.5m×1.3m，可载货 1000kg 或乘员 8～10 人。因此，绳轮驱动施工电梯在高层建筑施工中应用逐渐扩大。

2. 施工电梯的选择

高层建筑外用施工电梯的机型选择，应根据建筑体型、建筑面积、运输总重、工期要求、造价等确定。从节约施工机械费用出发，对 20 层以下的高层建筑工程，宜使用绳轮驱动施工电梯；对 25 层(特别是 30 层)以上的高层建筑应选用齿轮齿条驱动施工电梯。

【小贴士】

根据施工经验，一台单吊厢式齿轮齿条驱动施工电梯的服务面积约为 20000～40000m^2，参考此数据可为高层建筑工地配置施工电梯，并尽可能选用双吊厢式。

6.2.2 混凝土泵送设备

在高层建筑施工中，采用泵送混凝土技术可有效地解决使用混凝土量巨大的基础施工以及占总垂直运输 70%左右的上部结构混凝土的运输问题。若配以布料杆或布料机，还可以方便地进行混凝土浇筑，从而可极大地提高混凝土施工的机械化水平。

1. 混凝土泵

施工者在工作时要详细了解混凝土泵的分类、构造，以及在具体工程中混凝土泵的选型和布置。

1) 混凝土泵的分类与构造

混凝土泵按是否移动分为固定式、牵引式和汽车式三种。

牵引式混凝土泵是将混凝土泵装在可移动的底盘上，由其他运输工具牵引到工作地点。汽车式混凝土泵简称混凝土泵车是将混凝土泵装设在载重卡车底盘上，由于这种泵车大都装有 3 节折叠式臂架的液压操纵布料杆，故又称为布料杆泵车。

按驱动方式混凝土泵又可分为挤压式混凝土泵和柱塞式混凝土泵。目前在施工中采用液压柱塞式混凝土泵的情况较多。

挤压式混凝土泵由料斗、鼓形泵体、耐磨挤压胶管、驱动装置及真空系统等部分组成。其特点是结构简单、造价低、维修容易、工作平稳、噪声低和使用寿命长。但限于压力，其排量小、输送距离较短。

柱塞式混凝土泵主要由两个液压油缸、两个混凝土缸、分配阀、料斗、Y 形连通管及液压系统组成。其优点是工作压力大、排量大、输送距离长，因而比较受施工单位的欢迎。其缺点是造价高，维修复杂。

2) 混凝土泵的选型和布置

混凝土泵的选型，应根据混凝土工程特点、要求的最大输送距离、最大输出量及混凝土浇筑计划确定，并应进行经济技术方案对比。

混凝土泵按其压力的大小，可分为中压泵和高压泵两种。混凝土缸活塞前端压力大于 $7N/mm^2$ 的为高压，小于 $7N/mm^2$ 的为中压。

根据施工经验，多层、高层建筑基础工程以及 6～7 层以下的主体结构工程(包括裙房)，应以采用汽车式混凝土泵进行混凝土浇筑为宜；在垂直输送高度超过 80～100m 情况下可采用两台固定式中压混凝土泵进行接力输送，在财力、设备条件允许时，亦可采用 1 台固定式高压混凝土泵输送。

混凝土泵的主要参数包括混凝土最大理论排量(m^3/h)、最大混凝土压力(N/m^2)、最大水平运距(m)和最大垂直运距(m)等。输送管的换算总长度应不超过混凝土泵的最大水平输送距离。

【小贴士】

混凝土泵的安放位置应选在场地平整坚实，道路畅通，供料方便，距离浇筑地点近，便于配管，接近排水设施，供水、供电方便的地方。在混凝土泵的作业范围内，不得有高压线等障碍物。当高层建筑采用接力泵送混凝土时，接力泵的安放位置应使上、下泵的输送能力匹配。安放接力泵的楼面应验算其结构所能承受的荷载，必要时应采取加固措施。

2. 混凝土布料杆

采用混凝土泵运送施工工艺，其中布料杆是完成输送、布料、摊铺及浇筑混凝土入模的最佳机械，具有生产效率高、劳动强度低、混凝土浇筑速度快等特点。

1) 布料杆的分类与构造

混凝土布料杆按构造可分为汽车布料杆、移置式布料杆、固定式布料杆和起重布料两用机。

(1) 汽车式布料杆是以布料杆部件和混凝土泵部件安装于一台载重汽车底盘上而成，故又名布料杆泵车。布料杆系统由附装有混凝土泵送管的液压折叠曲伸式臂架、支座、回转支承、旋转机构及液压系统等部件组成。在泵车底盘适当部位，装有两对液压伸缩式支腿，当布料杆泵车工作时，支腿必须全部伸出并固定牢靠，以保证整机稳定安全。汽车式布料杆机动灵活，转移工地方便，无须铺设水平和垂直输送管道，投产迅速。

(2) 移置式布料杆由布料系统、支架、回转支承及底架支腿等部件组成。布料系统又由臂架、泵送管道及平衡臂等组成。根据支架构造的不同，移置式布料杆又可分为台灵架式和屋面吊式两种，如图 6-1 所示。移置式布料杆自重轻、构造简单、造价低，可借助塔机进行移位，但作业幅度小，应用受到限制。

(3) 固定式布料杆又称塔式布料杆，分为附着式布料杆和内爬式布料杆两种，如图 6-1 所示。这两种布料杆除布料臂架外，其他部件均可采用相应的塔机部件，其顶升接高系统、楼层爬升系统亦取自相应塔机。布料臂架大多采用低合金薄壁箱形断面结构，一般由 3 节组成，其附、仰、曲、伸均由液压系统操纵。泵送管则附装在箱形断面梁上，两节泵管之间用 90° 弯管连通。固定式布料杆工作幅度大，能适应不同形式高层建筑施工。

(4) 起重布料两用机亦称为起重布料两用塔机，多由重型塔机为基础改制而成，主要用于造型复杂、混凝土浇筑量大的工程，如图 6-1 所示。布料系统可附装在特制的爬升套架上，亦可安装在塔顶部经过加固改装的转台上。

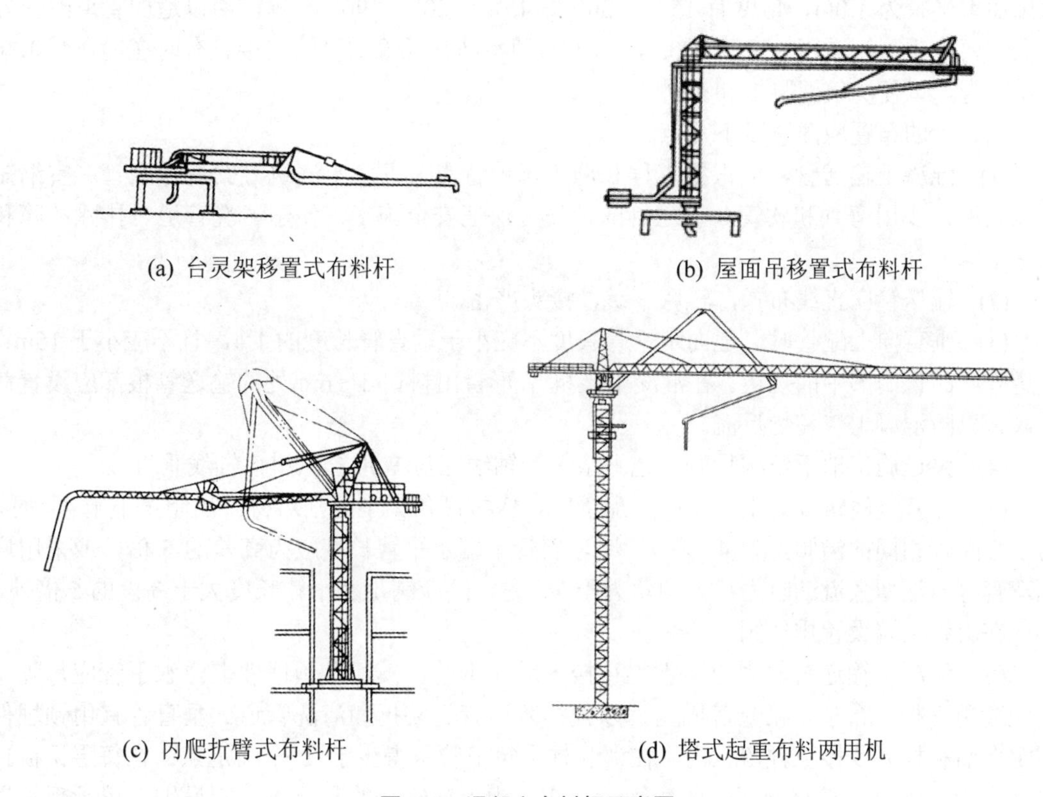

(a) 台灵架移置式布料杆　(b) 屋面吊移置式布料杆

(c) 内爬折臂式布料杆　(d) 塔式起重布料两用机

图 6-1　混凝土布料杆示意图

2) 混凝土布料杆的选用

混凝土布料杆的选用应考虑工程特点、工程量大小、人力物力资源情况以及设备供应情况。根据近年来高层建筑的施工经验，混凝土布料杆一般按下列情况选用。

(1) ±0.000 以下地下室结构，一般底板混凝土浇筑量巨大，为了加快施工进度，保证浇筑质量，应采用 2～4 台汽车式布料杆进行摊铺布料。

(2) ±0.000 以上、7 层以下混凝土结构，宜采用最大作业幅度 21～23m 的汽车式布料杆施工。若能取得最大作业幅度为 28m 或更大的汽车式布料杆，则施工将更为方便。

(3) 对于平面形状为圆形、矩形或 Y 形塔式高层建筑，其 7 层以上的混凝土结构宜采用内爬式布料杆进行施工。若施工组织设计从多种因素出发选用内爬式塔机进行起重运输作业，则可采用附着式布料杆摊铺布料。

(4) 对于平面形状为一字形、L 形、十字形或丁字形高层建筑，其 7 层以上部分的混凝土结构，可根据流水施工段落划分，机械设备供应以及人力物力资源条件等采用不同的布

料杆。从经济实用角度出发，当以移置式人力手动布料杆最为合适。

3. 混凝土输送管

泵送混凝土的输送管是混凝土泵送设备的重要组成部分，由耐磨锰钢无缝钢管制成，包括直管、弯管、管接头及锥形管等。输送管常用直径有ϕ100mm、ϕ125mm、ϕ150mm 3种，直管标准长度为4.0m，另有3.0m、2.0m、1.0m、0.5m 4种管长作为调整布管用；弯管常用曲率半径为1.0m，角度有15°、30°、45°、60°、90° 5种，用以适应管道改变方向的需要；锥形管常用长度为1.0m，用于两种不同管径输送管的连接。有时在输送管末端配用软管，以便浇筑混凝土和布料。

输送管的布置应注意以下几点。

(1) 混凝土输送管，应根据工程和施工场地特点、混凝土浇筑方案进行配管。宜缩短管线长度，少用弯管和软管。输送管的铺设应保证安全施工，便于清洗管道、排除故障和拆除维修。

(2) 输送管应直线布置，转弯平缓，接头严密。

(3) 垂直向上配管时，地面水平管长度不应小于垂直管长度的1/4，且不应小于15m；或遵守产品说明书中的规定。在混凝土泵机Y形管出料口3～6m处的输送管根部应设置截止阀，以防混凝土拌和物反流。

(4) 泵送施工地下结构物时，地上水平管轴线应与Y形管出料口轴线垂直。

(5) 往基坑浇筑混凝土倾斜向下配管时，应按倾角大小区别对待。当倾角小于4°时，与水平配管相同；当倾角为4°～7°时，斜管下端水平管长度应为高差的5倍，或采用增加弯管等方法增大流动阻力；当倾角大于7°时，除应满足水平管长度大于高差的5倍外，还应在斜管上端设置排气阀。

(6) 混凝土输送管的固定，不得直接支承在钢筋、模板及预埋件上。水平管应每隔一定距离用支架、台垫、吊具等固定，以便排除堵管、装拆和清洗管道。垂直管宜用预埋件固定在墙和柱处或楼板预留孔内，在墙和柱上每节管不得少于1个固定点；在每层楼板预留孔内均应固定。垂直管下端的弯管，不应作为上部管道的支撑点，应设钢支撑承受垂直管重量。

(7) 炎热季节施工，宜用湿罩布、湿草袋等遮盖混凝土输送管，避免阳光照射。严寒季节施工，宜用保温材料包裹混凝土输送管，防止管内混凝土受冻，并保证混凝土的入模温度。

4. 泵送混凝土施工

泵送混凝土施工，要求混凝土具有可泵性，即具有一定的流动性和较好的凝聚性，混凝土泌水小，不易分离，泵送过程中不产生管道堵塞。

1) 泵送混凝土的原材料和配合比

(1) 水泥用量。水泥用量过少，混凝土和易性差，泵送阻力大；水泥用量过多，混凝土的黏性增大，亦增大泵送阻力，且不经济。为此，应在保证混凝土设计强度和顺利泵送的前提下，尽量减少水泥用量。为了保证混凝土可泵性，《混凝土泵送施工技术规程》JGJ/T 10—95规定，泵送混凝土最小水泥用量应为300kg/m^3，水灰比应为(1：0.4)～(1：0.6)，一般水泥品种均可使用。

(2) 粗骨料。为防止混凝土泵送时管道堵塞，应控制粗骨料的最大粒径。粗骨料的最大粒径与输送管内径之比如下。

当泵送高度<50m 时，碎石不宜大于 1∶3，卵石不宜大于 1∶2.5。

当泵送高度为 50～100m 时，宜为(1∶3)～(1∶4)。

当泵送高度为 100m 以上时，宜为(1∶4)～(1∶5)。

(3) 细骨料。细骨料对改善混凝土的可泵性非常重要，《混凝土泵送施工技术规程》(JGJ/T10—95)规定，细骨料宜采用中砂，通过 0.315mm 筛孔的砂不应少于 15%，砂率宜控制在 38%～45%。

(4) 混凝土的坍落度。泵送混凝土的坍落度视具体情况而定，用布料杆进行浇注或管路转弯较多时，宜适当加大坍落度；向下泵送时，为防止混凝土因自重下滑而引起堵管，坍落度宜适当减小；向上泵送时，为避免过大的倒流压力，坍落度不宜过大。泵送混凝土的坍落度，可按表 6-1 确定使用。

表 6-1　泵送混凝土坍落度

泵送高度/m	30 以下	30～60	60～100	100 以上
坍落度/mm	100～140	140～160	160～180	180～200

(5) 掺和料。泵送混凝土应掺入适量的外加剂和粉煤灰，以增加混凝土的可泵性，便于泵送施工。

2) 泵送混凝土施工操作

泵送混凝土应根据施工进度需要，编制泵送混凝土供应计划，加强通信联络、调度，确保连续均匀供料。泵送混凝土应采用预拌混凝土；也可在现场设搅拌站，供应混凝土；不得采用手工搅拌的混凝土进行泵送。

(1) 泵送混凝土前，应用水泥浆或者 1∶2 水泥砂浆润滑泵和输送管内壁。从混凝土搅拌车卸出的混凝土级配不应改变。如粗骨料过于集中，应重新搅拌后再卸料。

(2) 混凝土泵送应连续输送，受料斗内必须经常有足够的混凝土，以防止吸入空气造成阻塞。如果由于运输配合等原因迫使混凝土泵停车时，应每隔几分钟开泵一次；如果预计间歇时间超过 45min 或者混凝土出现离析现象时，应立即用压力水或其他方法冲洗管道内残留的混凝土。

(3) 混凝土泵堵塞时，可将混凝土泵开关拨到“反转”，使泵反转 2～3 冲程，再拨到“正转”，使泵正转 2～3 个冲程，如此反复几次，一般可将堵塞排除。一旦采用上述方法不能排除堵塞时，可根据输送管的晃动情况和接头处有无脱开倾向，迅速查明堵塞部位，采取拆下管段的方法除掉堵塞的混凝土。

【小贴士】

混凝土泵作业完成后，应立即清洗干净。清洗混凝土泵机时要把料斗里的混凝土全部送完，排净泵内的混凝土，冲洗后切断泵机电源。用压缩空气输入管道也可达到清洗目的，使用的压缩空气压力不超过 0.7MPa。管道前端须装有安全盖，且管道前不准站人。

6.3 高层建筑主体结构的施工步骤

高层混凝土主体结构施工应符合《混凝土结构工程质量验收规范》(GB 50204—2002)、《高层建筑混凝土结构技术规程》(JGJ3—2002)及其他规范、规程的规定。

6.3.1 选择合适的施工方案

主体结构施工方案选择包括框架结构施工方案、剪力墙结构施工方案以及筒体结构施工方案。

1. 框架结构施工方案

浇框架结构的板、梁、柱混凝土均采用在施工现场就地浇筑的施工方法。这种方法整体性好，适应性强，但施工现场工作量大，需要大量的模板，并需解决好钢筋的加工成型和现浇混凝土的拌制、运输、浇灌、振捣、养护等问题。现浇框架结构柱、梁模板可采用组合式钢模板、胶合板模板散装散拆或整装散拆，也可采用滑模施工。采用组合式模板用于楼盖模板支设时，还可利用早拆模板体系，加快模板的周转利用。

2. 剪力墙结构施工方案

现浇剪力墙结构可采用大模板、滑动模板、爬升模板、隧道模等施工工艺。

(1) 大模板工艺广泛用于现浇剪力墙结构施工中，具有工艺简单、施工速度快、结构整体性好、抗震性能强、装修湿作业少、机械化施工程度高等优点。大模板建筑的内承重墙均用大模板施工，外墙逐步形成现浇、预制和砌筑 3 种做法，楼板可根据不同情况采用预制、现浇或预制和现浇相结合。

(2) 滑动模板工艺用于现浇剪力墙结构施工中，结构整体性好，施工速度快。楼板一般为现浇，也可以采用预制。

(3) 爬升模板工艺兼有大模板墙面的平整和滑模在施工过程中不支拆模板、速度快的优点。

(4) 隧道模是将承重墙体施工和楼板施工同时进行的全现浇工艺，做到一次支模，一次浇筑成型。因此结构整体性好，墙体和顶板平整。

3. 筒体结构施工方案

钢筋混凝土筒体的竖向承重结构均采用现浇工艺，以确保高层建筑的结构整体性，模板可采用工具式组合模板、大模板、滑动模板或爬升模板。

内筒与外筒(柱)之间的楼板跨度常达 8～12m，一般采用现浇混凝土楼板或以压型钢板、混凝土薄板作永久性模板的现浇叠合楼板，也有采用预制肋梁现浇叠合楼板。

6.3.2 高层建筑楼板结构施工

高层建筑楼板结构施工所用的模板有台模、模壳、永久性模板(包括预制薄板和压型钢板)等。这些模板的共同特点是安装、拆模迅速，人力消耗少，劳动强度低。下面主要介绍台模和模壳施工。

1. 台模施工

台模亦称飞模，是一种由平台板、梁、支架、支撑、调节支腿及配件组成的工具式模板。它适用于高层建筑大柱网、大空间的现浇钢筋混凝土楼盖施工，尤其适用于无柱帽的无梁楼盖结构。它可以整体支设、脱模、运转，并借助起重机械从浇筑完的楼盖下飞出，转移到上一层重复使用。

台模的规格尺寸，主要根据建筑物结构的开间(柱网)和进深尺寸以及起重机械的吊运能力来确定。一般按开间(柱网)进深尺寸设置一台或多台。

台模的类型较多，大致可分为立柱式、桁架式、悬架式3类。

(1) 立柱式台模。立柱式台模包括钢管组合式台模和门架式台模等，是台模最基本的类型，应用比较广泛。立柱式台模承受的荷载，由立柱直接传给楼面。

(2) 桁架式台模。桁架式台模是将台模的面板和龙骨放置在两榀或多榀上下弦平行的桁架上，以桁架作为台模的竖向承重构件。适用于大柱网(大开间)、大进深、无柱帽的板柱(板墙)结构施工。

(3) 悬架式台模。这是一种无支腿式台模，即台模不是支设在楼面上，而是支设在建筑物的墙、柱结构所设置的托架上。因此，台模的支设不需要考虑楼面结构的强度，从而可以减少台模需要多层配置的问题。另外，这种台模可以不受建筑物层高不同的影响，只需按开间(柱网)和进深进行设计即可。

【小贴士】

为了在脱模时台模能顺利被推出，悬架式台模的纵向两侧各装有可翻转90°的活动翻转翼板，活动翼板下部用铰链与固定平板连接。

2. 模壳施工

采用大跨度、大空间结构，是目前高层公共建筑(如图书馆、商店、办公楼等)普遍采用的一种结构体系，为了减轻结构自重，提高抗震性能和增加室内顶棚的造型美观，往往采用密肋型楼盖。

密肋楼盖根据结构形式，分为双向密肋楼盖和单向密肋楼盖。用于前者施工的模壳称为M型模壳，用于后者施工的模壳称为T型模壳。

模壳支设的操作要点如下。

(1) 施工前，要根据图纸设计尺寸，结合模壳规格，绘制出支模排列图。按施工流水段做好材料、工具准备。

(2) 支模时，先在楼地面上弹出密肋梁的轴线，然后立起支柱。

(3) 支柱的基底应平整、坚实，一般垫通长脚手板，用楔子塞紧，支设要严密，并使支柱与基底呈垂直。凡支设高度超过3.5m时，每隔2m高度应采用钢管与支柱拉结，并与结构柱连接牢固。

(4) 在支柱整调好标高后，再安装龙骨。安装龙骨时要拉通线，间距要准确，做到横平竖直。然后再安装支承角钢，用销钉锁牢。

(5) 模壳的排列原则是：在一个柱网内应由中间向两端排放，切忌由一端向另一端排列，以免两端边肋出现偏差。凡不能使用模壳的地方，可用木模补嵌。

由于模壳加工只允许有负公差，所以模壳铺完后均有一定缝隙，尤其是双向密肋楼板缝隙较大，需要用油毡条或其他材料处理，以免漏浆。

(6) 模壳的脱壳剂应使用水溶性脱模剂，避免与模壳起化学反应。

6.4 高层建筑施工的安全技术

建筑机械设备的使用，应符合《建筑机械使用安全技术规程》(JGJ33—2001)的规定。

6.4.1 机械设备使用的安全要求

机械设备使用安全要求包括附着式塔机顶升接高与拆卸落塔时的安全要求、内爬式塔机的爬升与拆除时的安全要求等。

1. 附着式塔机顶升接高与拆卸落塔时的安全要求

(1) 附着式塔机顶升接高与拆卸落塔时，应注意不得在风速大于5级的情况下操作。

(2) 附着式塔机顶升接高与拆卸落塔时，塔机上部必须保持平衡(将平衡重和起重小车移动到指定位置)，并禁止回转吊臂。

(3) 严格遵守顶升接高的操作规程，顶升完毕后，必须从上到下将所有连接螺栓重新紧固一遍。

(4) 塔机顶升接高时，必须由专职检查人员进行全面安全技术检查，经认可合格后方可使用。

(5) 拆除附着杆系应与降落塔身同步进行。严禁先期拆卸附着杆，随后再逐节拆卸塔身节，以免骤刮大风造成塔身扭曲倒塌。

2. 内爬式塔机的爬升与拆除时的安全要求

(1) 内爬式塔机爬升与拆除时，应注意不得在风速大于5级的情况进行爬升作业。

(2) 内爬式塔机爬升与拆除时，必须使塔机上部保持前后平衡并禁止转动起重臂。

(3) 在爬升过程中，如发觉有异常响声或出现故障，必须立即停机检查并加以排除。

(4) 完成爬升过程后，应立即用楔块将塔身嵌固在爬升孔中，并使导向装置顶紧塔身结构主弦杆，以使塔机所受的扭矩、不平衡力矩和水平力，均传给楼板结构。

(5) 有关楼层结构，在爬升前均应进行支撑加固，楼板开孔四周应增加配筋，并提高混凝土强度等级；爬升后，塔机下部的楼板开孔应及时封闭。

(6) 塔机每次完成爬升作业后，必须经过周密的检查，经确认各部分无异常后，方可正式投入使用。

【小贴士】

内爬式塔机的拆卸工作，处于高空作业，且需将解体后的各部件平稳地下放到地面。在拆卸、解体和下放到地面过程中，既要注意保证人身安全，又要防止建筑结构和立面装饰受到破坏。

6.4.2　高层建筑脚手架工程的安全技术

高层建筑脚手架工程安全技术包括悬挑脚手架的安全防护及管理、附着升降脚手架的施工安全要求、悬吊式脚手架安全操作要求等。

1. 悬挑脚手架的安全防护及管理

(1) 悬挑脚手架在施工作业前除须有设计计算书外，还应有含具体搭设方法的施工方案。当设计施工荷载小于常规取值，即按3层作业、每层2kN/m^2，或按2层作业、每层3kN/m^{2}时，除应在安全技术交底中明确外，还必须在架体上挂上限载牌。

(2) 悬挑脚手架应实施分段验收，对支承结构必须实行专项验收。

(3) 架体除在施工层上下3步的外侧设置1.2m高的扶手栏杆和18cm高的挡脚板外，外侧还应用密目式安全网封闭。在架体进行高空组装作业时，除要求操作人员使用安全带外，还应有必要的防止人、物坠落的措施。

2. 附着升降脚手架的施工安全要求

附着升降脚手架的加工制作、安装、使用、拆卸和管理等，应符合《建筑施工附着升降脚手架管理暂行规定》的规定。其施工安全要求如下。

(1) 使用前，应根据工程结构特点、施工环境、条件及施工要求编制"附着升降式脚手架专项施工组织设计"，并根据有关要求办理使用手续，备齐相关文件资料。

(2) 施工人员必须经过专业培训。

(3) 组装前，应根据专项施工组织设计要求，配备合格人员，明确岗位职责，并对有关施工人员进行安全技术交底。

(4) 附着升降脚手架所用各种材料、工具和设备应具有质量合格证、材质单等质量文件。使用前应按相关规定对其进行检验，不合格产品严禁投入使用。

(5) 附着升降脚手架在每次升降以及拆卸前应根据专项施工组织设计要求对施工人员进行安全技术交底。

(6) 整体式附着升降脚手架的控制中心应设专人负责操作，禁止其他人员操作。

(7) 附着升降脚手架在首层组装前应设置安装平台，安装平台应有保障施工人员安全的防护设施，安装平台的水平精度和承载能力应满足架体安装的要求。

3. 悬吊式脚手架安全操作要求

(1) 吊篮使用中应严格遵守操作规程，确保安全。

(2) 严禁超载，不准在吊篮内进行焊接作业，5级风以上天气不得登吊篮操作。

(3) 吊篮停于某处施工时，必须锁紧安全锁，安全锁必须按规定日期进行检查和试验。

6.4.3　滑模施工的安全技术

滑模施工工艺是一种使混凝土在动态下连续成型的快速施工方法。施工过程中，整个操作平台支承于一群靠低龄期混凝土稳固刚度较小的支承杆上，因而确保滑模施工安全是滑模施工工艺的一个重要问题。滑模施工除应遵守一般施工安全操作过程外，还应遵守《液压滑动模板施工安全技术规程》(JGJ65—89)的规定。

(1) 建筑物四周应划出安全禁区，其宽度一般应为建筑物高度的1/10。在禁区边缘设置安全标志。建筑物基底四周及运输通道上，必要时应搭建防护棚，以防高空坠物伤人。

(2) 操作平台应经常保持清洁。拆下的模板及钢筋头等，必须及时运到地面。

(3) 操作平台上的备用材料及设备，必须严格按照施工设计规定的位置和数量进行布置，不得随意变动。

(4) 操作平台四周(包括上辅助平台及吊脚手架)，均应设置护栏或安全围网，栏杆高度不得低于1.2m。

(5) 操作平台的铺板接缝必须紧密，以防落物伤人。

(6) 必须设置供操作人员上下的可靠楼梯，不得用临时直梯代替。不便设楼梯时，应设置由专人管理的、安全可靠的上人装置(如附着式电梯或上人罐笼等)。

(7) 操作平台与卷扬机房、起重机司机室等处，必须建立通信联络信号和必要的联络制度。

(8) 操作平台上应设避雷装置，并备有消防器材，以防高空失火。

(9) 夜间施工必须有足够的照明。平台的照明设施，应采用低压安全灯。滑模施工应备有不间断电源。

【小贴士】

施工中如遇大雨及 6 级以上大风时，必须停止操作并采取停滑措施，保护好平台上下所有设备，以防损坏。模板拆除应均衡对称地进行。对已拆除的模板构件，必须及时用起重机械运至地面，严禁任意抛下。

6.4.4 大模板施工的安全技术

大模板施工应该确保人和物的安全，其安全技术包括以下几个方面。

(1) 大模板的存放应满足自稳角(一般为20°～30°)的要求，并应面对面存放。长期存放的模板，应用拉杆连接稳固。没有支架或自稳角不足的大模板，要存放在专用的插放架上，或平卧堆放，不得靠在其他物体上，防止滑移倾倒。在楼层内存放大模板时，必须采取可靠的防倾倒措施。遇有大风天气，应将大模板与建筑物固定。

(2) 大模板必须有操作平台、上人梯道、防护栏杆等附属设施，如有损坏应及时补修。

(3) 大模板起吊前，应将吊装机械位置调整适当，稳起稳落，就位准确，严禁大幅度摆动。

(4) 大模板安装就位后，应及时用穿墙螺栓、花篮螺栓将全部模板连接成整体，防止倾倒。

(5) 全现浇大模板工程在安装外墙外侧模板时，必须确保三脚挂架、平台或爬模提升架安装牢固。外侧模板安装后，应立即穿好销杆，紧固螺栓。安装外侧模板、提升架及三脚挂架的操作人员必须挂好安全带。

(6) 模板安装就位后，要采取防止触电保护措施，将大模板串联起来，并同避雷网接通，防止漏电伤人。

(7) 大模板组装或拆除时，指挥和操作人员必须站在安全可靠的地方，防止意外伤人。

【小贴士】

模板拆模起吊前，应检查所有穿墙螺栓是否全都拆除。在确认无遗漏、模板与墙体完全脱离后，方准起吊。拆除外墙模板时，应先挂好吊钩，绷紧吊索，门、窗洞口模板拆除后，再行起吊。待起吊高度越过障碍物后，方准行车转臂。提升架及外模板拆除时，操作人员必须挂好安全带。大模板拆除后要加以临时固定，面对面放置，中间须留出60cm宽的人行道，以便清理和涂刷脱模剂。

6.4.5　爬模施工的安全技术

不同组合和不同功能的爬升模板，其安全要求也不相同，因此应分别制定安全措施。一般应满足下列要求。

(1) 施工中所有的设备必须按照施工组织设计的要求配置。施工中要统一指挥，并要设置警戒区与通信设施，要做好原始记录。

(2) 爬模时操作人员站立的位置一定要安全，不准站在爬升件上，而应站在固定件上。

(3) 穿墙螺栓与建筑结构的紧固是保证爬升模板安全的重要条件。一般每爬升一次应全数检查一次。

(4) 爬模的特点是：爬升时分块进行，爬升完毕固定后又连成整体。因此在爬升前必须拆尽相互间的连接件，使爬升时各单元能独立爬升。爬升完毕应及时安装好连接件，保证爬升模板固定后的整体性。

(5) 大模板爬升或支架爬升时，拆除穿墙螺栓都是在脚手架上或爬架上进行的，因此必须设置围护设施。拆下的穿墙螺栓要及时放入专用箱，严禁随手乱放。

(6) 爬升中吊点的位置和固定爬升设备的位置不得随意更动。固定的方式和方法也必须安全可靠，操作方便。

(7) 作业中出现障碍时，应立即查清原因，在排除障碍后方可继续作业。

(8) 脚手架上不应堆放材料，脚手架上的垃圾要及时清除。如临时堆放少量材料或机具，必须及时取走，且不得超过设计荷载的规定。

(9) 倒链的链轮盘、倒卡和链条等，如有扭曲或变形，应停止使用。操作时不准站在倒链正下方。如重物需要在空间停留较长时间时，要将小链拴在大链上，以免滑移。

【案例 6-1】工程名称为郑州绿地广场工程。建设地点在河南省郑州市郑东新区CBD中心公园内；其结构形式为钢结构框架-钢混凝土核芯筒结构；核芯筒外墙墙体厚度变化为核芯筒外墙墙体厚度由900mm，变化为800mm，再变化为600mm，最后变化为500mm。

工程规模：建筑物总高度280m，总建筑面积约18万m^2，共60层，其中地上57层，地下3层，层高变化较多，38层以下层高以4.3m为主，38层以上层高以3.5m为主。

【分析】爬模架技术经济及安全性。

(1) 采用“JFYM100型爬模架技术”，可获得良好的技术经济效益和社会效益。

(2) 采用该技术，减少了高空危险作业的工作量，保证了安全生产、文明施工。

(3) 各方面因素同时作用，能保证工程进度，大大缩短工期的目的。

爬模架一次安装成型，如结构无较大程度的变化，整个施工过程爬模架不需拆改，仅需要做简单的维护工作，不占用施工工序的时间；

根据工程需要，可同时提供多个操作平台，节省搭设绑扎钢筋、清理维护等操作平台的时间；

爬模架安装完成后含有的绑扎钢筋、模板操作、爬升操作、清理维护等各操作平台，可以保障各施工工序穿插作业，架体爬升时间基本不占用施工工序的时间，大大缩短施工工期；

爬模架体系可最大限度地带着模板一起爬升，只有极少量的模板需要使用塔吊吊运，最大限度地减少了塔吊吊次，缩短工程工期；

爬模架的合模、拆模等操作简便易学，与传统的合模、拆模工艺相比，可以大大节省时间；

核芯筒内爬模架设计有物料平台，可以堆放钢筋等施工物料，且物料平台的承载力较大，能减少吊运物料的频次，从而保证施工进度。

(4) 提高了墙体混凝土施工质量及混凝土结构工艺水平。

(5) 节省人工，为施工管理带来综合效益。

(6) 采用先进的防倾、防坠装置，保证了爬模架的正常使用。

(7) 液压爬升系统操作简单，最大顶升能力的预先限定保证了爬模架在爬升过程中的安全。

(8) 架体间采用侧片连接，螺栓固定，保证了架体的整体性。

(9) 爬模架附墙点靠预埋装置和附墙座直接与墙体连接固定，确保了爬模架使用的安全性。

(10) 采用爬模架施工，在结构施工中插入装修施工，大大缩短了工程施工工期，满足了现场施工节奏的需要。

(11) 与其他爬模架相比，“JFYM100 型爬模架技术”架体跨距大，投入使用早，需要现场配备资源少，安装及拆除方便、爬升速度快、占用场地小、快速，现场整洁等。

本 章 小 结

本章主要讲述了高层建筑主体结构施工特点、施工用机械设备、主体结构施工方法和施工安全技术等内容。章节首先介绍了高层建筑主体结构施工用机械设备，主要包括施工电梯、混凝土泵送设备；然后介绍了高层建筑脚手架工程，内容包括悬挑式脚手架、附着升降式脚手架、悬吊式脚手架；然后介绍了高层建筑主体结构施工，内容包括主体结构施工方案选择、楼板结构施工、大模板施工、滑模施工、爬模施工等；然后介绍了高层建筑施工安全技术，内容包括机械设备使用安全要求、高层建筑脚手架工程安全技术、大模板施工安全技术、滑模施工安全技术、爬模施工安全技术等。通过学习，读者要对高层建筑主体结构施工有全面深入的了解和掌握。

思考与练习

1. 高层建筑按结构材料分为哪几种？主要结构体系有哪些？
2. 高层建筑的施工特点是什么？
3. 高层建筑主体结构施工常用的机械设备有哪几种？
4. 简述附着式塔机顶升接高的步骤。
5. 简述内爬式塔机的爬升步骤。
6. 如何选用塔机？
7. 混凝土泵按移动方式分为哪几种？按驱动方式分为哪几种？
8. 混凝土布料杆的作用是什么？按构造形式分为哪几种？
9. 混凝土输送管的布置应注意些什么？
10. 悬挑式脚手架的悬挑支承结构主要有哪两种形式？简述悬挑式脚手架的构造及搭设要点。
11. 附着升降脚手架按爬升构造方式分为哪几类？由哪几部分组成？
12. 什么是台模？主要分为哪几类？
13. 什么是大模板施工技术？大模板主要由哪几部分组成？
14. 简述大模板安装施工要点。
15. 什么是滑模施工技术？滑模装置主要由哪几部分组成？
16. 模板滑升分为哪几个阶段？滑模施工中楼板结构的施工方法有哪些？
17. 爬模施工工艺分为哪几种类型？简述模板与爬架互爬工艺。
18. 简述附着式塔机顶升接高与拆卸落塔时的安全要求。

第 7 章

高层建筑的扭转效应及动力特性

学习目标

- 掌握高层建筑结构扭转效应。
- 掌握高层建筑结构动力特性。

本章导读

本章将介绍高层建筑结构的扭转效应及其动力特性。章节首先介绍了高层建筑结构扭转效应，内容包括结构扭转、扭转作用的剪力修正、分析框筒结构在扭转荷载的作用；接着介绍了高层建筑结构动力特性，内容包括框架结构、剪力墙结构、框架-剪力墙结构体系设计等。

项目案例导入

某高层建筑双塔：A 塔共 17 层，塔顶总高度为 80.50m，采用框筒结构；B 塔共 6 层，B 塔塔顶总高度为 39.20m，采用框剪结构；地上裙楼共 3 层，地下室共 1 层，属于 A 级高度钢筋混凝土高层建筑。本工程建筑设计曾荣获优秀创作奖，为满足建筑功能及立面造型的要求，两栋塔楼间不设防震缝。裙房平面轮廓尺寸约为 40m × 85m，A 塔、B 塔平面轮廓尺寸分别约为 34m × 33m、44m × 16m，两塔楼非对称布置，属复杂高层双塔结构。

案例分析

双塔结构在竖向体型收进部位，结构侧向刚度沿竖向发生相对剧烈的变化，侧向刚度的变化部位也是结构相对薄弱的部位；而塔楼偏心收进时，两塔楼结构的综合质心与底盘结构质心的距离虽远小于底盘相应边长的 20%，但偏心值仍较大，扭转仍较大，收进部位周边结构构件受力明显增大。为降低刚度突变和内力突变，采取加强端部构件如加强柱墙构造、增加梁高来提高抗扭刚度，减少结构扭转效应；对裙房屋面板以及上下层楼板进行必要的楼板加厚或配筋加强以提高整体性。

虽然按规范要求控制了结构质心的偏心距不大于底盘相应方向尺寸的 20%，但由于质心偏心的实际存在，底盘的扭转位移就实际存在，因此底盘周边竖向构件抗震构造应予以加强，一般可采用降低框架柱的轴压比限值(减少 0.05)，并将柱配箍率的抗震等级提高一级予以加强。

7.1 高层建筑结构的扭转效应

由于建筑造型的要求、建筑功能的需要以及建筑场地的限制，大多数高层建筑的结构平面布置和竖向布置很难达到规程所要求的标准。此时就要求结构工程师对结构的抗侧力体系布置进行合适的调整，限制结构的平面扭转效应，使结构的平动周期比扭转周期出现得要早。概念上平动比扭转要好，因为平动时竖向构件的位移是相同的，各竖向构件的受力大致均匀，但扭转就不同了，扭转时周边构件位移要比中心构件位移大得多，造成受力大的构件在其他构件还没充分发挥的情况下就先破坏了。这就要求结构在计算中要控制位移比、周期比等相关指标使其满足规范要求。

7.1.1 结构扭转

《高层建筑混凝土结构技术规程》规定：抗震设计的钢筋混凝土高层建筑其平面布置宜简单、规则、对称、减少偏心；平面长度不宜过长；结构平面布置应减少扭转的影响，在考虑偶然偏心影响的地震作用下，高层建筑的楼层竖向构件的最大水平位移和层间位移 A 级高度不应大于该楼层平均值的 1.2 倍，不应大于该楼层平均值的 1.5 倍，A 级高度高层建筑以结构扭转为主的第一自振周期与以平动为主的第一自振周期之比不应大于 0.9。

上述规定都是从概念设计角度提出的，但是规程和规范终究有其局限性，只能针对一些普遍的、典型的情况提出要求。对于千变万化的各种情况，需要结构工程师运用概念做出设计，并进行具体的分析，采取具体的措施。

位移比是楼层最大杆件位移与杆件平均位移的比值。位移比是控制结构扭转效应的一个参数，位移比越大结构扭转效应越明显。周期比是结构第一扭转周期与第一侧振周期的比值。验算周期比的目的主要是为控制结构在罕遇大震下的扭转效应。周期比控制可以使结构抗侧力构件的平面布局合理，减少结构在地震作用下的扭转效应。周期比侧重控制的是侧向刚度与扭转刚度之间的一种相对关系，它使抗侧力构件的平面布置更有效、更合理，使结构不至于出现过大(相对于侧移)的扭转效应。所以一旦出现周期比不能满足要求的情况，一般只能通过调整平面布置来改善，且这种改变一般都是整体性的，局部的小调整往往效果不明显。

下面我们就如何减少高层结构平面的扭转效应，进行具体方法讨论。

1. 结构平面布置时要尽可能使平面刚度均匀

在高层建筑设计中，布置抗侧力构件时须遵循均匀、分散、对称的原则，尽可能使结构的质量中心与刚度中心接近。在实际工程中，如果质量中心与刚度中心偏离太大，结构的抗侧力构件布置不均匀，那么将会造成地震作用下扭转效应明显，位移比与周期比超限。

平面刚度是否均匀是地震是否能造成扭转破坏的重要原因，而影响刚度是否均匀的主要因素则是剪力墙的布置。剪力墙不要集中布置在结构的一端，刚度很大的剪力墙偏置的结构在地震作用下扭转效应很大。对称布置的剪力墙、井筒有利于减少扭转。周边布置剪力墙，或周边布置刚度很大的抗侧力构件，都是增加结构抗扭刚度的重要措施。结构平面上质量的分布也要尽可能均匀，质量偏心会引起扭转。质量集中在周边也会加大扭转。因此，刚心与质心尽可能地靠近可以有效减少地震作用下的扭转。

2. 增加结构的抗扭刚度

从力学概念可知构件离质心越远，其抗扭刚度就越大，将建筑物四角的剪力墙或连梁加强都是增加结构抗扭刚度行之有效的措施。对于加大工程结构抗扭刚度的方法，具体如下。

(1) 加强最大位移处的抗侧力刚度。

(2) 框架结构可以采取局部加强四周框架梁的刚度(加大截面的方法)，在建筑物的四角部位布置 L 形剪力墙，用以提高整体结构的抗扭刚度。

(3) 加厚四周(外墙)剪力墙的厚度；加大周边剪力墙连梁的高度，一般连梁的高度取楼板距下层门窗顶的高度；为了进一步加强剪力墙的抗扭刚度，可将楼面以上至窗下面的高度部分也做成连梁，即除窗洞外，其余部分均为连梁。

3. 防止高层建筑的平面过于狭长

高层平面狭长结构的住宅，即使其平面布置是对称的，也会出现局部扭转，这是因为平面狭长结构的特性决定了其抗扭度较低。而要防止高层建筑的平面过于狭长，首先应考虑通过设置抗震缝来把狭长的结构平面拓宽，具体方法如下。

(1) 当结构体系采用框架结构时，可将边框架的角柱断面增大，加大框架梁的截面。用以增加梁的线刚度，从而增加结构的抗扭刚度。

(2) 当结构体系采用框架-剪力墙结构，剪力墙布置在楼梯间或电梯间时，结构的平面刚度布置往往过于集中，不对称，造成结构的扭转效应很大。对于这种情况，应削弱刚度过于集中的楼梯间电梯间刚度，加强外侧四周的刚度。具体的做法是在楼梯间的电梯间处开设必要的结构洞；在外侧，尤其是角部设置剪力墙，在其狭长的端部设置刚度较大的剪力墙或井筒。

(3) 当结构体系采用剪力墙结构时，就需合理地在平面上布置剪力墙。在其狭长的端部设置刚度较大的剪力墙或井筒增强其抗扭刚度，以减少突出部分端部的侧向位移，减少局部扭转。

综上所述，高层建筑结构设计在初步设计时就应在概念上减少地震作用下的扭转效应。在实际工程中可通过以上几种方法，控制结构的位移比、周期比，使结构的刚度中心与质量中心尽可能重合，来减少结构在地震作用下的扭转效应。

【小贴士】

由于墙、柱质量集中，楼盖及其可变荷载分散，故在求质心时应将其统一为一种：将全部质量按建筑平面分块平均；或将墙、柱负荷楼盖面积内的全部荷载集中到墙、柱上去。

7.1.2 扭转作用的剪力修正

无论在哪个方向因水平荷载有偏心而引起结构扭转时，两个方向的抗侧力单元都能参加抵抗扭矩，但在平移变形时，与力作用方向相垂直的抗侧力单元不起作用。这是平面结构假定导致的必然结果。

【练习 7-1】图 7-1 所示为某一结构的第 j 层平面图。图中除标明各轴线间距离(单位为m)外，还给出各片结构沿 x 方向和 y 方向的抗侧刚度 D 值(单位为 kN/cm)。已知沿 y 向作用总剪力 $V_y=1000\text{kN}$，求考虑扭转作用后各片结构的剪力。

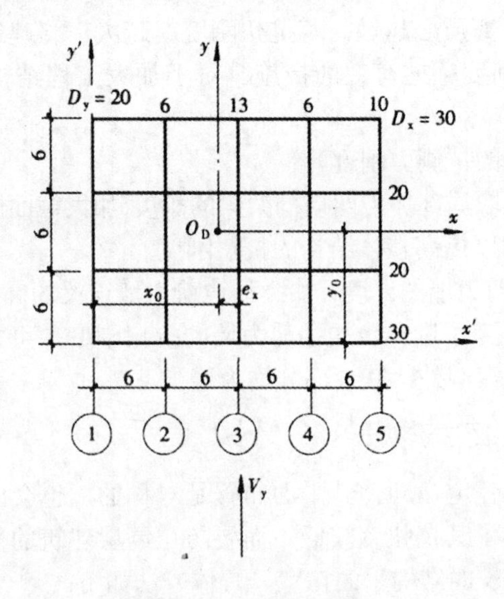

图 7-1　第 j 层平面图

【解】基本数据计算参照表 7-1；选 $Ox'y'$ 为参考坐标，计算刚度中心位置。

刚度中心 $x_0=\dfrac{\Sigma D_{yi}x'_i}{\Sigma D_{yi}}=\dfrac{540\times10^2}{55}=982\text{cm}$

$$y_0=\frac{\Sigma D_{xk}y'}{\Sigma D_{xk}}=\frac{900\times10^2}{100}=900\text{cm}$$

偏心距　$e_x=1200-982=218\text{cm}$

$e_y=0$

表 7-1　基本数据计算参照表

序　号	D_{yi} kN/cm	x' $\times10^2$cm	$D_{yi}x'$ $\times10^2$kN	x'^2 $\times10^4$cm^2	$D_{yi}x'^2$ $\times10^4$kN·cm
1	20	0	0	0	0
2	6	6	36	36	216
3	13	12	156	144	1872
4	6	18	108	324	1944
5	10	24	240	576	5760
Σ	55		540		9792
序　号	D_{xk} kN/cm	y' $\times10^2$cm	$D_{xk}y'$ $\times10^2$kN	y'^2 $\times10^4$cm^2	$D_{xk}y'^2$ $\times10^4$kN·cm
1	30	0	0	0	0
2	20	6	120	36	720
3	20	12	240	144	2880
4	30	18	540	3214	9720
Σ	100		900		13320

以刚度中心为原点，建立坐标系统 xO_Dy，因为 $y=y'-y_0$，$\sum D_{xk}y'=y_0\sum D_{xk}$，所以

$$\begin{aligned}\sum D_{xk}y_k^2&=\sum D_{xk}(y'-y_0)^2=\sum D_{xk}y'^2-2y_0\sum D_{xk}y'+\sum D_{xk}y_0^2\\&=\sum D_{xk}y'^2-2y_0^2\sum D_{xk}+y_0^2\sum D_{xk}=\sum D_{xk}y'^2-y_0^2\sum D_{xk}\\&=(13320-9^2\times100)\times10^4=5220\times10^4\text{kN}\cdot\text{cm}\end{aligned}$$

同理可得

$$\sum D_{yi}x_i^2=\sum D_{yi}x'^2-x_0^2\sum D_{yi}=(9792-9.82^2\times55)\times10^4=4488\times10^4\text{kN}\cdot\text{cm}$$

由式上式计算结构层扭转角为

$$\theta=\frac{V_ye_x}{\sum D_{yi}x_i^2+\sum D_{xk}y_k^2}=\frac{1000\times2.18\times10^2}{(4488+5220)\times10^4}=0.00225\text{cm}^{-1}\tag{a}$$

由上式计算结构平移层位移为

$$\delta=\frac{V_y}{\sum D_{yi}}=\frac{1000}{55}=18.18\text{cm}\tag{b}$$

由式(a)、式(b)计算各片结构层位移，计算结果列于表 7-2，其示意图如图 7-2 所示。

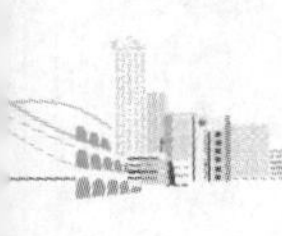

表 7-2　计算结果

序　号	y 向		序　号	x 向	
	x_i /10^2cm	δ_{yi} /cm		y_k /10^2cm	δ_{xk} /cm
1	−9.82	15.97	1	−9.0	2.03
2	−3.82	17.32	2	−3.0	0.67
3	2.18	18.67	3	3.0	−0.67
4	8.18	20.02	4	9.0	−2.03
5	14.18	21.37			

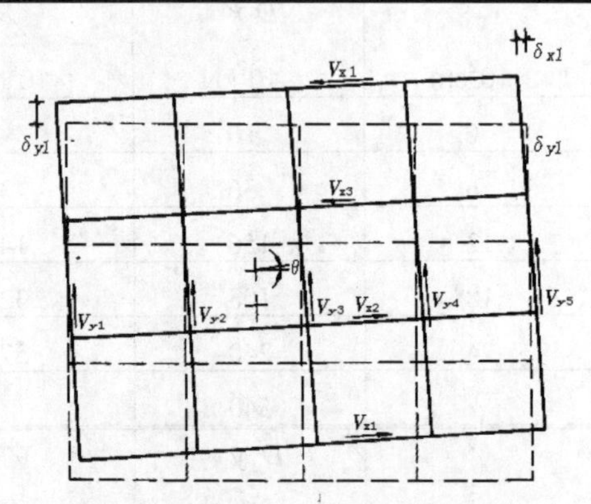

图 7-2　第 j 层扭转作用后的平面图

$$\alpha_{yi}=1+\frac{(\sum D_{yi})e_x e_i}{\sum D_{yi}x_i^2+\sum D_{xk}y_k^2}=1+\frac{55\times2.18\times10^2}{(4488+5220)\times10^4}x_i=1+0.01235x_i\times10^{-2}$$

各片结构的 α_y 值为

$$x_1=-9.82\times10^2，\ \alpha_{y1}=1-0.01235\times9.82=0.879$$

$$x_2=-3.82\times10^2，\ \alpha_{y2}=1-0.01235\times3.82=0.953$$

$$x_3=2.18\times10^2，\ \alpha_{y3}=1+0.01235\times2.18=1.026$$

$$x_4=8.18\times10^2，\ \alpha_{y4}=1+0.01235\times8.18=1.101$$

$$x_5=14.18\times10^2，\ \alpha_{y5}=1+0.1235\times14.18=1.175$$

由上式计算各片结构承担的剪力为

$$V_{y1}=\alpha_{y1}\frac{D_{y1}}{\sum D_y}V_y=0.879\times\frac{22}{55}\times1000=319.6\text{kN}$$

$$V_{y2}=0.953\times\frac{6}{55}\times1000=104.0\text{kN}$$

$$V_{y3}=1.026\times\frac{13}{55}\times1000=242.5\text{kN}$$

$$V_{y4}=1.101\times\frac{6}{55}\times1000=120.1\text{kN}$$

$$V_{y5}=1.175\times\frac{10}{55}\times1000=213.6\text{kN}$$

7.1.3　分析框筒结构在扭转荷载的作用

框筒结构在扭转荷载作用下的计算分析仍可采用等效为平面框架的计算方法来进行。矩形平面的框筒结构在扭转荷载作用下，框筒的水平横截面产生扭转角，并使横截面产生出乎面的翘曲变形。其作用可视为由 4 个平面框架的作用组成：两个 x 向的腹板框架(连同相应的 y 向翼缘框架)，其侧向刚度矩阵为[K_x]；两个 y 向的腹板框架(连同相应的 x 向翼缘框架)，其侧向刚度矩阵为[K_y]。因为要考虑两对正交框架在角柱处的竖向相互作用，故求 x 向框架的[K_x]时，用虚拟剪切梁把 y 向的翼缘框架放在计算简图内；同理，求[K_y]时，也要把 x 向翼缘框架放在计算简图内(图 7-3)。图中因为有两个对称轴，故只画了 1/4 框筒。图中 F 轴和 W 轴在两方向的框架中都是反对称轴，故均取为铰支承。

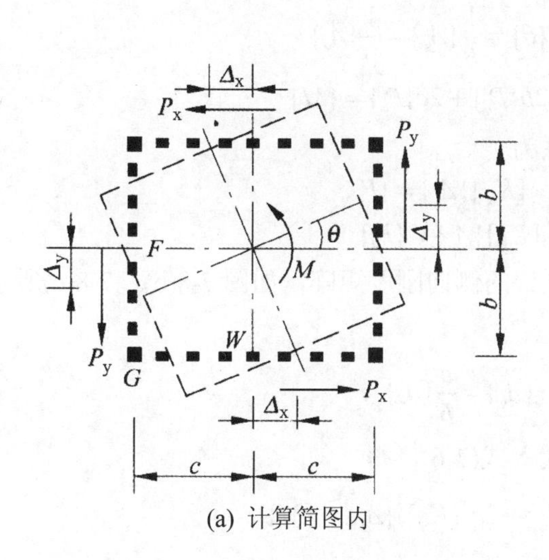

(a) 计算简图内

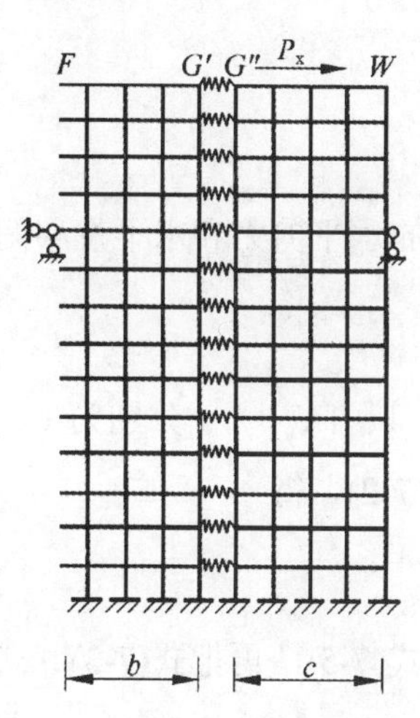

(b) x、y 向框架的侧向刚度矩阵

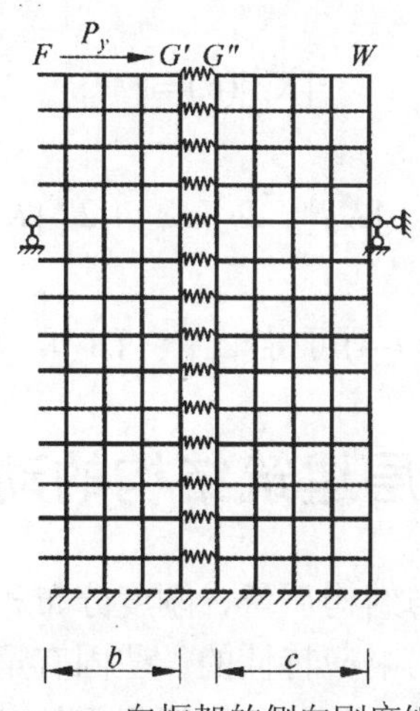

(c) x、y 向框架的侧向刚度矩阵

图 7-3　框筒扭转荷载

因为楼板在自身平面内假定为刚性板，在扭转荷载作用下楼板绕竖轴发生扭转，扭转

角为θ，用$\varDelta_x$和$\varDelta_y$分别表示x向和y向框架在其自身平面内的侧向位移，则它们之间有以下关系，如图 7-8 所示，其公式为

$$\theta=\frac{\varDelta_x}{b}=\frac{\varDelta_y}{c} \tag{7-1}$$

另外，由力矩平衡条件，故有

$$P_x 2b+P_y 2c=M \tag{7-2}$$

式(7-1)和式(7-2)是任一层的变形协调和平衡方程。

考虑到整个框筒结构，则各楼层处的受扭矩为$\{M\}$，产生的扭转角$\{\theta\}$以及产生的侧向位移为$\{\varDelta_x\}$、$\{\varDelta_y\}$，两个方向框架承担的水平剪力为$\{P_x\}$、$\{P_y\}$等各量都是向量，其中每个分量各对应一个楼板处的相关量。采用向量的形式，则整个框筒结构的变形协调和平衡条件为

$$\{\theta\}=\frac{1}{b}\{\varDelta_x\}=\frac{1}{c}\{\varDelta_y\} \tag{7-3}$$

$$2b\{P_x\}+2c\{P_y\}=\{M\} \tag{7-4}$$

框架的水平剪力和水平位移间的关系为

$$[K_x]\{\varDelta_x\}=\{P_x\} \tag{7-5}$$

$$[K_y]\{\varDelta_y\}=\{P_y\} \tag{7-6}$$

式中：$[K_x]$、$[K_y]$——分别为x、y向框架的侧向刚度矩阵，如图 7-8(b)、7-8(c)所示。

由式(7-2)，得

$$\{\varDelta_y\}=\frac{c}{b}\{\varDelta_x\}$$

代入式(7-5)，再把式(7-3)、式(7-4)代入式(7-6)，得

$$\frac{1}{b}(2b^2[K_x]+2c^2[K_y])\{\varDelta_x\}=\{M\}$$

或写为

$$[K_\theta](\theta)=\{M\} \tag{7-7}$$

其中

$$[K_\theta]=2b^2[K_x]+2c^2[K_y] \tag{7-8}$$

为框筒的扭转刚度矩阵。

由式(7-8)可解出$\{\theta\}$，代入式(7-4)可得$\{\varDelta_x\}$、$\{\varDelta_y\}$，从而可求出各平面框架的内力。

7.2 高层建筑结构的动力特性

结构在动荷载下的响应规律与结构质量、刚度分布和能量耗散等有关。由结构自身上述物理量所确定的、表征结构动力响应特性的一些固有量，称为结构的动力特性。高层建筑结构的自振周期和振型是计算地震作用和风振作用的主要参数，因而是高层建筑结构动力特性分析的主要内容。

7.2.1　框架结构

大量实测和理论研究表明，框架结构的水平振动沿竖向主要表现为各个楼层之间的相互错动，这是因为一般的高层建筑每层高度很小、而平面面积很大的缘故。因此，从总体上(不是对个别构件)看，可以认为框架结构水平振动时，沿竖向的变形以剪切变形为主。考虑其水平振动的计算图时，一般可将质量集中于各层楼板；当层数很多而高宽比不大于 3 时，可将高层建筑简化为剪切型悬臂杆，建立水平剪切振动的微分方程，然后通过求解微分方程求得解析解。

如果框架结构的质量和刚度沿高度方向分布均匀时，则可以把质量和刚度沿高度方向均布，即用分布质量体系或连续体来代替原来的集中质量体系。相应连续体单位长度(即高度)质量为 $\overline{m}=\dfrac{m}{h}$；剪切刚度如图 7-4 所示，即层间产生单位水平位移所需的剪力相等的原则折算。图 7-4(b)是强梁弱柱的层模型，图 7-4(c)是连续体的层模型，两者等效可得连续体的剪切刚度为

$$k'GA=\frac{12i_{\mathrm{c}}}{h^2} \tag{7-9}$$

式中：k'——截面剪应力不均匀分布的修正系数，对矩形截面 $\dfrac{1}{k'}=1.2$。

图 7-4(a)是强柱弱梁框架的层模型，这里进一步假定了柱的反弯点也都位于层高的中间，因此很容易推出其层间剪切刚度，从而得到等效连续体的剪切刚度为

$$k'GA=\frac{12}{h^2\left(\dfrac{1}{i_{\mathrm{c}}}+\dfrac{1}{i_{\mathrm{b}}}\right)} \tag{7-10}$$

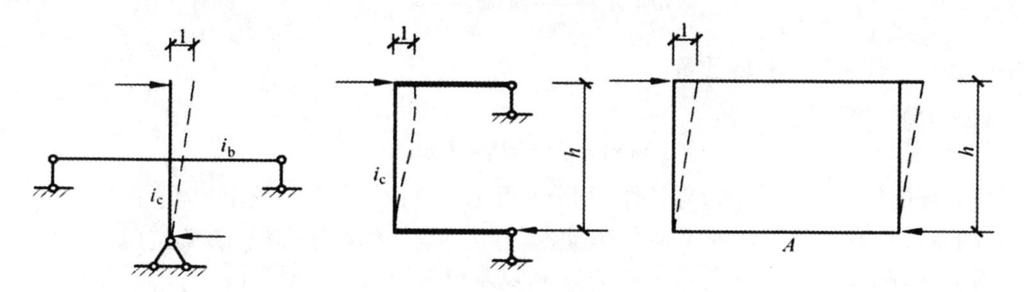

(a) 强柱弱梁框架的层模型　　(b) 强梁弱柱的层模型　　(c) 连续体的层模型

图 7-4　框架层模型的等效刚度

强梁弱柱型的框架，采用式(7-7)的折算剪切刚度是准确的。强柱弱梁型的框架，采用式(7-10)的折算剪切刚度则是近似的，因为当横梁的线刚度较小时，柱反弯点的高度变化较大，特别是在顶上和底下的几层与层高中点差别较大。

采用以上等效连续体的折算刚度后，框架结构可以简化为如图 7-5 所示的等截面切杆，进行水平振动分析。

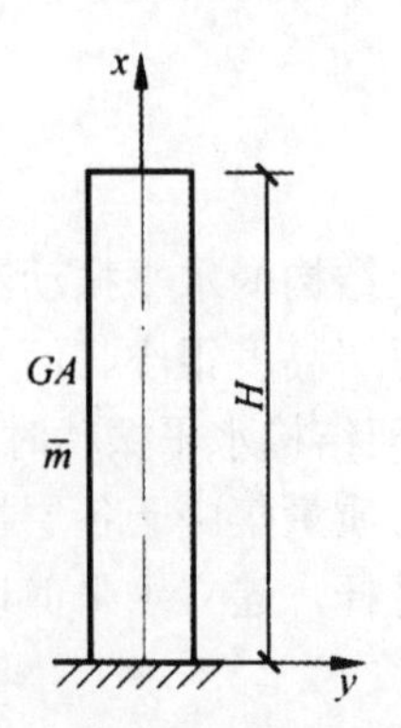

图 7-5 等截面和阶形变截面剪切杆

图 7-5 所示的等截面杆沿水平方向剪切振动时的振动方程为

$$k'GA\frac{\partial^2 y}{\partial x^2}-\bar{m}\frac{\partial^2 y}{\partial t^2}=0 \tag{7-11}$$

设解答为如下形式

$$y(x,t)=Y(x)\sin(\omega t+\varepsilon) \tag{7-12}$$

将式(7-12)代入式(7-11)，消去公因子后，得

$$\frac{\mathrm{d}^2 Y}{\mathrm{d}x^2}+\lambda^2 Y=0 \tag{7-13}$$

其中

$$\lambda^2=\frac{\bar{m}\omega^2}{k'GA} \tag{7-14}$$

或

$$\omega=\lambda\sqrt{\frac{k'GA}{\bar{m}}}=\lambda\sqrt{\frac{k'G}{\rho}} \tag{7-15}$$

式中：ρ——杆单位体积的质量。

式(7-15)的解为

$$Y(x)=C\sin\lambda x+D\cos\lambda x \tag{7-16}$$

剪切杆的每端提供一个边界条件，积分常数 C、D 由边界条件确定。为了得出 C 和 D 不全为零的解，方程的系数行列式应为零，这就得到确定 λ 的特征方程。λ 确定后，由式(7-15)可求得自振频率 ω。相应于每一个频率 ω_j 可以求得对应的主振型 $Y_j(x)$。

图 7-5 所示杆，固定端处的边界条件为

$Y(0)=0$，因而，$D=0$

自由端处的边界条件为

$Q=0$，即 $Y'(H)=0$，因而 $C\cos\lambda H=0$

这里 C 不能为零(否则 C、D 全为零)，故得

$$\cos\lambda H=0$$

其根为

$$\lambda_j H = \frac{(2j-1)\pi}{2H} \qquad j = 1,2,3,\cdots$$

代入式(7-15)和式(7-16)，得第 j 振型的频率和振型分别为

$$\left.\begin{aligned} \omega_j &= \frac{(2j-1)\pi}{2H}\sqrt{\frac{k'G}{\rho}} \\ Y_j(x) &= \sin\frac{(2j-1)\pi x}{2H} \end{aligned}\right\} \tag{7-17}$$

7.2.2　剪力墙结构

剪力墙的周边应设置边框梁和端柱组成的边框。剪力墙的截面厚度规定如下：抗震设计时，一、二级剪力墙的底部加强部位的厚度均不应小于 200 mm，且不宜小于层高的 1/16；非加强区不应小于 160mm 且不宜小于层高 1/20；三、四级剪力墙的底部加强部位的厚度均不应小于 160mm，且不宜小于层高的 1/20；非加强区不应小于 140mm，且不宜小于层高 1/25。边框梁的宽度宜与墙同厚，高度可取墙厚的 2 倍。所以一个合理的剪力墙厚度具有结构安全、经济合理等特点。需要注意的是，一般情况下由于基础的埋置深度比较大而导致底层的层高比较高，从而也就要求底层剪力墙的厚度比较大。

一个工程项目的设计，不仅要有合适的剪力墙的数量，还要通过一些计算参数结果，如剪重比、刚重比、周期、层间位移角等不断地进行结构调整。

首先，按照规范要求，在一个独立的结构单元内，剪力墙在结构底部所承担的地震倾覆力矩值应介于结构总地震倾覆力矩值的 50%～90%间，才能按框-剪结构进行设计。

剪力墙的平面布置原则是均匀、分散、对称、周边布置。均匀、分散原则是要求每片剪力墙的刚度不要太大，连续尺寸不要太长，使剪力墙的数量多一些，分散一些，每一片墙肢的弯曲刚度适中，可不会因为个别墙肢的局部破坏而影响整体的抗侧力性能。刚度愈大的墙肢承担的吸收荷载也愈大，同样的也要考虑用墙肢开洞来减轻个别墙肢的刚度集中问题。周边原则是为了使建筑物的刚度中心和平面形心尽量吻合，保证建筑物抗扭能力。在每一独立结构单元的纵向和横向，均应沿 2 条以上的且相距较远的轴线设置剪力墙，使结构具有尽可能大的抗扭转能力。

7.2.3　框架-剪力墙结构的体系设计

在框架-剪力墙结构中，由于剪力墙刚度大，剪力墙将承担大部分水平力，是抗侧力的主体，整个结构的侧向刚度大大提高。框架则承担竖向荷载，提供了较大的使用空间，同时也承担部分水平力。框架本身在水平荷载作用下呈剪切形变形，剪力墙则呈弯曲形变形。当两者通过楼板协同工作共同抵抗水平荷载时，变形必须协调，侧向变形将呈弯剪形。其上下各层层间变形趋于均匀并减小了顶点侧移。同时框架各层层间剪力趋于均匀，各层梁柱截面尺寸和配筋也趋均匀。由于上述受力变形特点，使得框架-剪力墙结构比框架结构的刚度和承载能力都高。

【练习 7-2】 某 12 层住宅楼，结构采用框架-剪力墙体系，剖面简图如图 7-6 所示。建造地点为北京市(设计基本地震加速度值为 0.20g，设计地震分组为第一组)，抗震设防烈度

为 8 度，场地类别为Ⅱ级。试计算横向多遇地震作用下该框架-剪力墙结构的自振周期。剪力墙厚采用 180mm。

【解】

(1) 结构的抗震等级与剪力墙最小厚度。

① 结构的抗震等级。此 A 级高度框架-剪力墙结构中，框架和剪力墙的抗震等级分别为二级和一级。

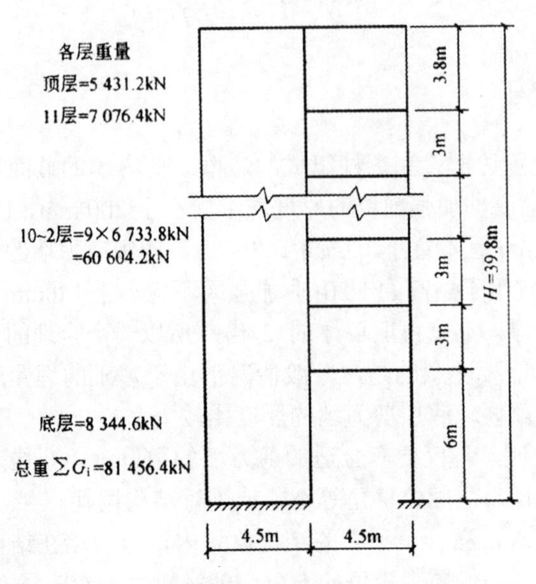

图 7-6 剖面简图

② 剪力墙截面的最小厚度。底部加强部位：其高度按总高计应为 39.8/8=5m，按底部两层高度计为 6+3=9m，应取后者。剪力墙截面的最小厚度要求为 200mm 和 H/16=375mm(首层)～188mm(2 层)的较大者。现墙厚 180mm，不满足此项关于稳定性的构造要求，因此底部加强部位墙须加厚或减小其无支长度。

其他部位(3～12 层)：由表 7-3 查得，剪力墙截面的最小要求为 160mm 和 H/20=150～158mm 的最大值。可见以上各层的要求墙厚均小于 180mm。

(2) 结构刚度的计算。

① 梁柱刚度计算。

柱：计算结果见表 7-3。

表 7-3 梁柱刚度计算结果

层　数	截面/mm^2	混凝土等级	I_c/mm^4	$\frac{I_c}{h}$/m^3	$i_c=E\frac{I_c}{h}$/kN·m
12 层	450×450	C20	3.42×10^9	$\frac{3.42}{3.8}\times10^{-3}=0.9\times10^{-3}$	$0.90\times2.55\times10^4$ $=2.3\times10^4$
8～11层	450×450	C20	3.42×10^9	$\frac{3.42}{3.00}\times10^{-3}=1.140\times10^{-3}$	$1.14\times2.55\times10^4$ $=2.91\times10^4$

续表

层　数	截面/mm²	混凝土等级	I_c/mm⁴	$\frac{I_c}{h}$/m³	$i_c = E\frac{I_c}{h}$/kN·m
4～7 层	450×450	C30	3.42×10^9	1.140×10^{-3}	$1.14\times3.00\times10^4$ $=3.42\times10^4$
2～3 层	450×450	C40	3.42×10^9	1.140×10^{-3}	$1.14\times3.25\times10^4$ $=3.70\times10^4$
1 层	450×500	C40	5.21×10^9	$\frac{5.21}{6.00}\times10^{-3}=0.867\times10^{-3}$	$0.867\times3.25\times10^4$ $=2.82\times10^4$

梁：L_1 250mm × 550mm，C20 级混凝土，故

$I_1 = 250\times550^3\times1.2/12 = 4.16\times10^9\,\text{mm}^4$ (1.2 为考虑 T 形截面的增大系数)

$i_1 = EI_1/l = 2.55\times10^7\times4.16\times10^{-3}/4.5 = 2.36\times10^4\,\text{kN}\cdot\text{m}$

② 框架刚度计算。

用 D 值法计算。中柱 7 根，边柱 18 根。

标准层：$\bar{K} = \sum i_1/2i_c$，$a_z = \bar{K}/(2+\bar{K})$

底层：$\bar{K} = \sum i_1/i_c$，$a_z = (0.5+\bar{K})/(2+\bar{K})$

框架刚度：$C_f = \sum Dh = \sum a_z i_z 12/h$

计算结果见表 7-4。于是得平均总框架抗推刚度为

$$C_f = \left(\frac{7.0\times3.8+9.71\times12+10.17\times12+10.49\times6+7.11\times6}{39.8}\right)\times10^5$$

$$=93.16\times10^4\,(\text{kN})$$

表 7-4　框架刚度计算结果

层数	中　柱			边　柱			总框架抗推刚度
	$\bar{K}$	a_z	C/kN	$\bar{K}$	a_z	C/kN	C_f/kN
12 层	$\frac{4\times2.36\times10^4}{2\times2.30\times10^4}$ =2.05	$\frac{2.05}{2+2.05}$ =0.506	$7\times0.506\times2.3\times10^4\times\frac{12}{3.8}$ $=2.57\times10^5$	$\frac{2\times2.36}{2\times2.30}$ =1.025	$\frac{1.025}{3.025}$ =0.339	$18\times0.339\times2.3\times10^4\times\frac{12}{3.8}$ $=4.43\times10^5$	7.0×10^5
8～11 层	1.622	0.448	3.65×10^5	0.811	0.289	6.06×10^5	9.71×10^5

续表

层数	中柱			边柱			总框架抗推刚度
	$\bar{K}$	a_z	C/kN	$\bar{K}$	a_z	C/kN	C_f/kN
4～7层	1.404	0.413	3.88×10^5	0.702	0.260	6.29×10^5	10.17×10^5
2～3层	1.276	0.309	4.04×10^5	0.638	0.242	6.45×10^5	10.49×10^5
1层	$\frac{2\times2.36}{2.82}$ =1.672	$\frac{0.5+1.672}{3.672}$ =0.591	2.33×10^5	0.836	$\frac{0.5+0.836}{2.836}$ =0.471	4.78×10^5	7.11×10^5

③ 剪力墙刚度计算。

剪力墙厚度一律为 180mm，混凝土等级与柱相同。一般应采用等效刚度，本例开洞不大，为简化采用实际截面刚度。

墙 1：有效果翼缘宽度取 2.0m，首层无洞，如图 7-7 所示。

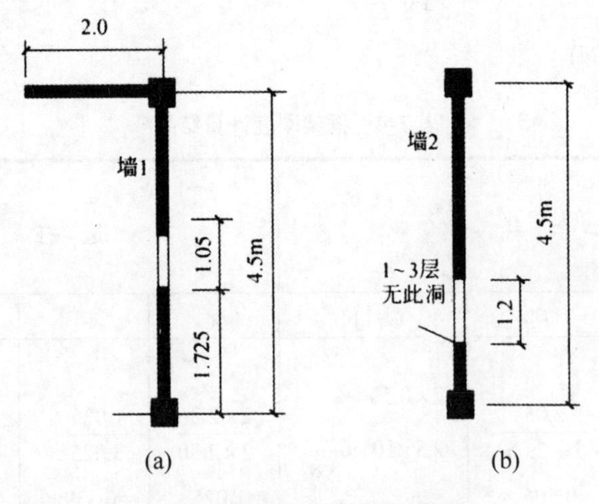

图 7-7 剪力墙刚度计算的截面

首层：$I_w=5.88\text{m}^4$，$EI_w=5.88\times3.25\times10^7=19.11\times10^7\text{kN}\cdot\text{m}^2$

2～3 层：$I_w=5.153\text{m}^4$，$EI_w=16.75\times10^7\text{kN}\cdot\text{m}^2$

4～7 层：同上，$EI_w=15.46\times10^7\text{kN}\cdot\text{m}^2$

8～12 层：同上，$EI_w=13.14\times10^7\text{kN}\cdot\text{m}^2$

按层高加权平均

$$EI_{\rm w}=\frac{(19.11\times6+16.75\times6+15.46\times12+13.14\times15.8)\times10^7}{39.8}$$

$$=15.28\times10^7 {\rm d\,kN\cdot m^2}$$

墙 2：如图 7-7(b)所示。

首层：$I_{\rm w}=4.77{\rm m}^4$，$EI_{\rm w}=4.77\times3.25\times10^7=15.5\times10^7{\rm kN\cdot m^2}$

2～3 层：$I_{\rm w}=4.02{\rm m}^4$，$EI_{\rm w}=13.21\times10^7{\rm kN\cdot m^2}$

4～7 层：$I_{\rm w}=3.54{\rm m}^4$，$EI_{\rm w}=10.62\times10^7{\rm kN\cdot m^2}$

8～12 层：$I_{\rm w}=3.54{\rm m}^4$，$EI_{\rm w}=6.02\times10^7{\rm kN\cdot m^2}$

按层高加权平均　$EI_{\rm w}=11.11\times10^7{\rm kN\cdot m^2}$

因此，体系的总剪力墙刚度为

$$\sum EI_{\rm w}=2\times(15.28+11.11)\times10^7=52.79\times10^7{\rm kN\cdot m^2}$$

(3) 自振周期。

① 铰接体系(不考虑梁的约束弯矩)。框-剪结构铰接体系的刚度特征值为

$$\lambda=H\sqrt{C_{\rm f}/EI_{\rm w}}=39.8\sqrt{93.16\times10^4/52.79\times10^7}=1.672$$

由图 7-8 查得ϕ_1=1.23。

$$W=\frac{\sum G_{\rm i}}{H}=81456.4/39.8=2040{\rm kN/m}$$

$$T_1=\phi_1H^2\sqrt{\frac{W}{gEI_{\rm w}}}=1.23\times(39.8)^2\sqrt{\frac{2040}{9.81\times52.79\times10^7}}=1.223{\rm s}$$

② 刚接体系(考虑梁的约束弯矩)。

第 1 步，求连杆的约束刚度$C_{\rm b}$。

先按左端有刚域情况计算连梁的约束弯矩m_{12}；如图 7-9 有

$$al=\frac{4.95}{2}-\frac{1}{4}\times0.05=2.34{\rm m},\quad l=4.5+2.25=6.75{\rm m}$$

$$a=2.34/6.75=0.347$$

忽略剪切变形影响(取$\beta=0$)，有

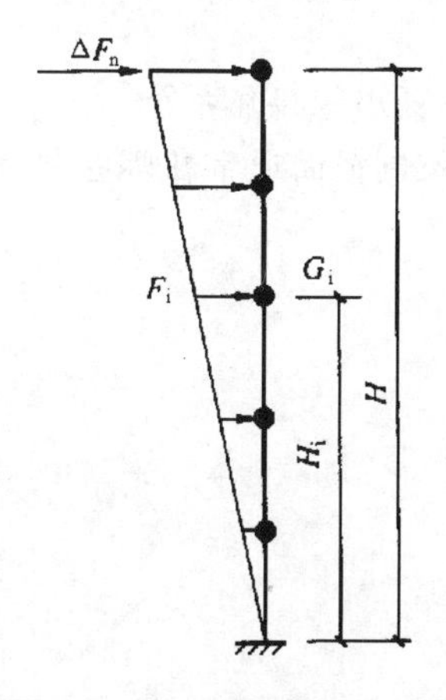

图 7-8　各层地震力的计算简图

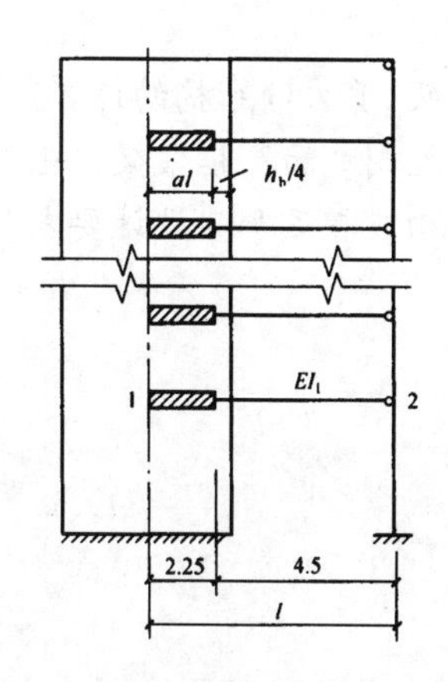

图 7-9　连梁约束刚度的计算简图

$$m_{12}=\frac{6EI(1+\alpha)}{l(1-\alpha)^3}$$

$$=\frac{6\times2.55\times10\times0.416\times10^{-2}\times(1+0.347)}{6.75\times(1-0.347)^3}=45.6\times10^4\,\text{kN}\cdot\text{m}$$

平均约束弯矩为

$$\sum m_{\text{abi}}\Big/\sum h_{\text{j}}=12\times45.6\times10^4/39.8=13.75\times10^4\,\text{kN}\cdot\text{m/m}$$

故得连杆的约束刚度为

$$C_{\text{b}}=\sum(m_{\text{abi}}/h)=4\times13.75\times10^4=55\times10^4\,\text{kN}$$

其中，乘以4是因为有4处梁与横向的4片剪力墙连接。

第2步，计算自振周期和总地震作用力。

对于刚接体系，其刚度特征值为

$$\lambda=H\sqrt{\frac{C_{\text{f}}+C_{\text{b}}}{E_{\text{w}}I_{\text{w}}}}=39.8\sqrt{\frac{(93.16+55)\times10^4}{52.79\times10^7}}=2.11$$

本 章 小 结

本章介绍了高层建筑结构扭转效应以及高层建筑结构动力特性。在介绍扭转效应时对结构扭转、考虑扭转作用的剪力修正、框筒结构在扭转荷载下的近似计算、扭转耦合振动的特性等内容进行了详细讲解。在介绍高层建筑结构动力特性时对框架结构、剪力墙结构、框架-剪力墙共同工作体系等内容进行了讲解。通过学习，读者需要掌握高层建筑结构的扭转效应以及高层建筑结构的动力特性。

思考与练习

1. 影响框架梁柱延性的因素有哪些？
2. 试述剪力墙结构连续连杆法的基本假定。
3. 框架-剪力墙结构的刚度特征值有何物理意义，如何影响结构在侧向力作用下的位移？
4. 试述框架-剪力墙结构的计算简图在什么情况下可用铰接体系？
5. 什么是控制截面？框架梁、框架柱和剪力墙的控制截面通常在哪些部位？
6. 高层结构应满足哪些设计要求？

第 8 章

高层建筑基于性能的抗震设计

学习目标

- 掌握高层建筑结构抗震设计概述。
- 掌握高层建筑结构消能减震设计知识。
- 掌握高层建筑结构连续倒塌控制知识。

本章导读

本章将对结构抗震设计、基于性能的结构抗震设计方法、高层建筑结构消能减震设计、基本原理与方法进行详细讲解。章节首先介绍结构抗震设计概述，包括基于性能的结构抗震设计概述、基于性能的结构抗震设计方法；接着介绍高层建筑结构消能减震设计，包括消能减震基本原理、消能减震结构的发展与应用、消能减震体系分类、消能器的分类以及消能减震结构设计要点等；然后介绍高层建筑结构连续倒塌控制，包括防止结构连续倒塌的设计概念、控制结构发生连续倒塌破坏的对策和措施、提高结构抗震性能及坚固性若干构造措施。通过原理与应用的结合，让读者掌握高层建筑基于性能的抗震设计的内容。

项目案例导入

位于广州市小北路和东风路的综合商务办公楼，属于B级框架-筒体结构的钢筋混凝土材料的高层建筑，其第25层的高度为4.20m，2～6层的高度为5.07m，首层为6.85m，其他均为3.60m。负一层的高度为4.85m，负二层和三层为3.10m。采取的主要加强措施有：剪力墙厚度的增大，节点和锚固的构造措施的加强。筋配形式采用的是交叉暗撑的形式等。而在竖向布置和结构平面上，楼层的竖向构件与层间为水平位移小于该楼平均值的1.4倍。在梁式转换层的结构上，此楼采取的主要措施有转换层侧向的刚度大于相邻上部楼层刚度的70%。受剪承载力大于上层承载力的80%，并且柱的高度由转换层向上延伸了两层的高度。

案例分析

该楼在设计和施工的过程中在34层和41层采取相对应的措施，主要表现在采用了双向双层配筋，提高层柱的配箍频率，保证了整个结构的安全性，降低了对上部结构的影响。在5楼的设计施工中，采纳了专家组的意见和建议，对其结构进行了优化，采用了取消大梁、斜柱转换的方式。

同时由于当地的微风化基岩的埋藏比较深，施工中将部分的桩的持力层置于中风化层，并适当提高了高桩持力层承载力特征的取值。

8.1 结构抗震设计概述

目前世界各国抗震规范普遍采用“小震不坏、中震可修、大震不倒”的三水准设防目标，是处理地震作用高度不确定性的最科学合理的对策。这种设计理念在实践中也已取得巨大成功，使重大地震灾害造成的人员伤亡明显下降。然而这种理念是以防止结构倒塌、确保生命安全为主要设防目标的，尽管可以做到大震时主体结构不倒塌，但它在中小地震中可能导致结构正常使用功能的丧失和巨大的经济损失。

8.1.1 基于性能的结构抗震设计概述

如何更好地优化结构抗震的安全目标和提高结构抗震的功能要求，成为世界各国学者关注的焦点。目前在理论研究乃至设计实践中实现了以下3个方面的转变：①以力分析为主→兼顾力和变形→全面考虑力、变形、损伤、耗能；②线性分析→非线性分析；③确定性分析→可靠性分析。在此基础上，20世纪90年代初，美国学者提出了基于性能的抗震设计概念，并立即引起了世界范围同行的极大兴趣和广泛研究。它的思想内核是：将抗震设计以保障人民生命安全为基本目标转化为在不同风险水平地震作用下满足不同的性能目标，从而通过多目标、多层次的抗震安全设计来最大限度保障人民生命安全和实现“效益-投资”的优化平衡以及满足对结构“个性”的要求。显然，这一思想是在总结传统设计思想的基础上以概念化的形式加以发展的，而并非对传统设计思想的革命。

事实上，传统的“三水准”抗震设计思想也具有基于性能的抗震设计思想的因素，只不过是处在初级的、低水平的、目标不明确的层面上而已。在基于性能的抗震设计这一概念明确提出以后，已有的研究成果(如前述的 3 个方面的转变)便被纳入其中，再加上更多系统的、有目的的研究，从而形成一个科学而又开放的体系。这对各国修改和完善抗震规范具有很好的指导作用。目前，世界许多国家都对基于性能的抗震设计进行广泛而细致的研究，以期将其尽快地应用到新的抗震规范中去。我国在 2001 年的抗震设计规范中体现了这一思想。

1. 基于性能的抗震设计一般步骤

基于性能的抗震设计主要包括以下 3 个步骤。

(1) 根据结构的用途、业主和使用者的特殊要求，采用“投资-效益”准则，明确建筑结构的目标性能。

(2) 根据以上目标性能，采用适当的结构体系、建筑材料和设计方法等(而不仅仅限于规范规定的方法)进行结构设计。

(3) 对设计出的建筑结构进行性能评估，如果满足性能要求，则明确给出设计结构的实际性能水平，从而使业主和使用者了解(这是区别于目前常规设计的)；否则返回第一步和业主共同调整目标性能，或直接返回第二步重新设计。

2. 基于性能的抗震设计的目标性能

在基于性能的抗震设计中，目标性能的确定是整个设计的基础和关键，它包括以下几个方面。

(1) 定义一组参照的地震风险和相应的设计水平。基于性能抗震设计理论的实质是要控制结构在未来可能发生的地震作用下的抗震性能。地震设防水平是指未来可能施加于结构的地震作用的大小。对于基于性能的抗震设计，为实现多级抗震设防水准，控制不同地震作用下结构的破坏状态，需细化地震设防水准，用不同强度地震重现期或超越概率来表示。Vision 2000 建议的设防地震等级见表 8-1。

表 8-1　Vision 2000 设防地震等级划分

水　准	设防地震等级	重 现 期	超越概率
1	常遇地震	43 年	30 年内 50%
2	偶遇地震	72 年	50 年内 50%
3	罕遇地震	475 年	50 年内 10%
4	极罕遇地震	970 年	100 年内 10%

(2) 定义一组合适的建筑结构的抗震性能水准。结构抗震性能水准是指建筑物在某一特定设防地震等级下预期破坏的最大限度。主要用于对结构易损性、结构功能性和建筑物内人员安全情况进行描述。性能水准要综合考虑社会经济水平、建筑物重要性以及建筑物的造价、保养、维修以及地震作用下可能遭受的间接损失来优化确定。

(3) 确定建筑结构抗震设计的性能目标。结构抗震性能目标是指针对某一个地震设防等级而期望结构达到的结构性能水准。抗震设防目标的建立需要综合考虑场地特征、结构功能与重要性、投资与效益、震后损失与恢复重建、潜在的历史或文化价值、社会效益及业主的承受能力等诸多因素。抗震规范将结构抗震性能目标分为 3 个等级，即基本设防目标、重要设防目标、特别设防目标。根据 4 个性能水准的划分，结构的性能目标见表 8-2。业主可综合结构功能和重要性、实际需要、投资能力及自己要求等因素选择不低于表中所列的设防目标。

表 8-2　结构性能目标划分

项　目	基本目标	重要目标	特别目标
常遇地震	水准 1	水准 2	水准 1
偶遇地震	水准 2	水准 1	水准 2
罕遇地震	水准 3	水准 2	水准 1
极罕遇地震	水准 4	水准 3	水准 2

8.1.2　结构抗震设计的发展阶段

经过近年来的科学研究和工程实践，结构抗震设计的发展经过了以下几个阶段。

1. 刚性设计

这种设计是要大大增加结构的刚度，使其与基础成为一个刚性整体。在这种设计概念指导下，结构的高度、跨度和复杂性都受到严重的限制。在历史上，刚性设计曾束缚了在地震多发区结构设计的进步。

2. 柔性设计

与刚性结构体系设计相反。柔性结构体系设计是减小结构的刚度，这样虽然可以有效地减少作用于结构的地震作用强度，但是在大震作用下会由于结构变形过大而导致结构破坏，甚至倒塌；而在小震及常规荷载作用下，又会由于刚度过低而很难满足结构的正常使用要求。

3. 延性设计

这是目前较为普遍采用的设计理念，即适当控制结构的刚度分布，使结构构件在地震时进入非弹性变形状态，以消耗地震能量，保证结构不倒塌。在这种设计中，所有结构构件既要保证结构的使用功能，又要能在地震发生时有抗震功能，这必然存在着局限性。

4. 结构控制设计

结构控制是通过在结构上设置控制机构，由控制机构和结构共同抵御地震及风载的作用。结构控制分为主动控制(需要外部能源)、半主动控制(需要少量的外部能源)、被动控制(不需要外部能源)和混合控制(主动控制与被动控制的结合)。30 多年来，结构控制在理论研究和模型试验等方面都取得了很大的进展，诸如日本、美国、加拿大、意大利、新西兰等国都建起了一些利用结构控制技术的建筑和桥梁。

【知识拓展】

现代地震灾害引起的巨大经济损失引发了世界各国地震工程界对现有抗震设计思想和方法的深刻反思。一方面，人们认识到必须从以往只注重结构安全，向全面注重结构的性能、安全及经济等诸多方面发展；另一方面，高新技术的发展和人类生活质量的不断提高，使业主和使用者对建筑结构有了越来越多的性能要求，比如安全性、舒适性、经济性和易维护性等；建筑结构技术的飞速进步以及新的建筑材料、结构体系和设计方法的进一步发展，使得许多不同的建筑目标性能能够得以实现，因此有必要从性能的观点对现有抗震设计思想和方法进行反思，而基于性能的抗震设计就是在这种背景下提出的。

8.1.3　基于性能的结构抗震设计方法

结构地震响应分析是结构抗震性能分析与优化设计的基础。结构地震响应分析方法大致经历了以下几个发展阶段：静力法、反应谱法、时程分析法、随机振动分析法和非线性静力分析方法等。随着基于性能的设计思想在结构抗震设计中的逐步推广和应用，非线性静力分析方法越来越得到了重视。

20 世纪 70 年代，国外又出现了一种简单实用又比较可靠的静力弹塑性分析法——Pushover 分析法。90 年代以后，随着基于性能的抗震设计思想的提出和发展，Pushover 分析方法引起了地震工程界的广泛兴趣。

1. Pushover 分析方法基本理论

Pushover 分析法本质上是一种与反应谱相结合的静力弹塑性分析法。它是按一定的水平荷载加载方式，对结构施加单调递增的水平荷载，逐步将结构推至一个给定的目标位移来研究分析结构的非线性性能，从而判断结构及构件的变形受力是否满足设计要求。Pushover 分析一般基于以下两个假定。

(1)　结构(一般为多自由度体系 MDOF)的反应与该结构的等效单自由度体系(SDOF)的反应是相关的，这表明结构的反应仅由结构的第一振型控制。

(2)　在每一加载步内，结构沿高度的变形由形状向量$\{\boldsymbol{\Phi}\}$表示，在这一步的反应过程中，不管变形大小，形状向量$\{\boldsymbol{\Phi}\}$保持不变。

2. 等效单自由度体系

将原结构的多自由度体系(MDOF)转化为与其等效的单自由度体系(SDOF)的方法并不唯一，但等效原则大致相同，即均通过结构 MDOF 的动力方程进行等效。对于不考虑扭转效应的平面模型，结构在地面运动下的动力微分方程为

$$[M]\{\ddot{x}\}+[C]\{\dot{x}\}+\{Q\}=-[M]\{I\}\ddot{x}_{g} \tag{8-1}$$

式中：$[M]$、$[C]$和$\{Q\}$——分别为 MDOF 系统的质量、阻尼和恢复力矩阵。

$\{\dot{x}\}$——结构速度向量。

$\ddot{x}_{g}$——地震动加速度。

假定结构相对位移向量$\{x\}$可以由结构顶点位移x_{t}和形状向量$\{\boldsymbol{\Phi}\}$表示，即

$$\{x\}=\{\boldsymbol{\Phi}\}x_{t} \tag{8-2}$$

于是式(8-1)可写为

$$[M][\Phi]\ddot{x}_{\mathrm{t}}+[C]\{\Phi\}\dot{x}_{\mathrm{t}}+\{Q\}=-[M]\{I\}\ddot{x}_{\mathrm{g}} \tag{8-3}$$

如果定义等效单自由度体系的参考位移 x^* 为

$$x^*=\frac{\{\Phi\}^T[M]\{\Phi\}}{\{\Phi\}^T[M]\{I\}}x_{\mathrm{t}} \tag{8-4}$$

用 $\{\Phi\}^T$ 前乘以式(8-3)，并用方程(8-4)替换 x_{t}，则将结构(MDOF)在地面运动下的动力微分方程转化为等效单自由度体系的动力微分方程为

$$M^*\ddot{x}^*+C^*\dot{x}^*+Q^*=-M^*\ddot{x}_{\mathrm{g}} \tag{8-5}$$

式中：M^*、C^*、Q^* 分别为等效单自由度体系的等效质量、阻尼和恢复力，可由下式计算：

$$M^*=\{\Phi\}^T[M]\{I\} \tag{8-6}$$

$$Q^*=\{\Phi\}^T\{Q\} \tag{8-7}$$

$$C^*=\{\Phi\}^T[C]\{\Phi\}\frac{\{\Phi\}^T[M]\{I\}}{\{\Phi\}^T[M]\{\Phi\}} \tag{8-8}$$

这样，等效单自由度体系的周期 T_{eq} 和刚度 K^* 计算公式为

$$T_{\mathrm{eq}}=2\pi\sqrt{\frac{M^*}{K^*}} \tag{8-9}$$

$$x_{\mathrm{y}}^*=\frac{\{\Phi\}^T[M]\{\Phi\}}{\{\Phi\}^T[M]\{I\}}x_{\mathrm{t,y}} \tag{8-10}$$

$$Q_{\mathrm{y}}^*=\{\Phi\}^T\{Q_{\mathrm{y}}\} \tag{8-11}$$

$$K^*=\frac{Q_{\mathrm{y}}^*}{x_{\mathrm{y}}^*} \tag{8-12}$$

式中：x_{y}^*——SDOF 体系的屈服位移；

Q_{y}^*——SDOF 体系的屈服强度；

$x_{\mathrm{t,y}}$——MDOF 体系屈服时所对应的顶点位移；

Q_{y}——MDOF 体系屈服时所对应的基底剪力。

这样，就把原结构的 MDOF 体系转化为等效的 SDOF 体系，如图 8-3 所示。

3. 目标位移

结构目标位移是指结构在地震动输入下可能达到的最大位移(一般指顶点位移)。当把 MDOF 体系转化为等效 SDOF 体系后，然后可以采用弹塑性时程分析或弹塑性位移谱法求出等效 SDOF 体系的最大位移，从而计算出结构的目标位移。下面介绍两种代表性的目标位移确定方法：位移影响系数法和能力谱方法。

1) 位移影响系数法

美国联邦救援署的研究报告 FEMA 273、FEMA 274 推荐采用位移影响系数法来确定目标位移

$$\delta_t = C_0 C_1 C_2 C_3 S_a (T_e^2 / 4\pi^2) \tag{8-13}$$

式中：C_0——反映等效单自由度(SDOF)体系位移与建筑物顶点位移关系的调整系数；

C_1——反映最大非线性位移期望值与线性位移关系的调整系数；

C_2——反映滞回环形状对最大位移反应影响的调整系数；

C_3——反映 $P-\Delta$ 效应对位移影响的调整系数；

S_a——SDOF 体系的等效自振周期和阻尼对应的谱加速度反应；

T_e——结构等效的自振周期。

C_0 可以采用以下方法之一确定。

(1) 当结构达到目标位移时，结构变形作为形状向量计算得到的顶层振型参与系数可根据表 8-3 取值(可利用插值计算其他层数的情况)。

表 8-3　调整系数 C_0 的取值

层　数	调整系数 C_0
1	1.0
2	1.2
3	1.3
5	1.4
10+	1.5

C_1 可按下式取值，即

$$C_1 = \begin{cases} 1.0 & T_e \geqslant T_0 \\ \dfrac{[1.0 + (R-1)T_0 / T_e]}{R} & T_e < T_0 \end{cases} \tag{8-14}$$

式中：T_0——地面运动的特征周期；

R——结构非弹性强度需求与计算得到的结构屈服强度系数之比，即

$$R = \frac{S_a / g}{V_y / W} \cdot \frac{1}{C_0} \tag{8-15}$$

式中：V_y——通过 Pushover 分析得到的结构底部屈服剪力；

W——结构重量。

(2) 如果一个结构超过 30%的层间剪力，由设计地震作用下强度和刚度可能发生退化的构件承担，那么这个构件的调整系数 C_2 可按表 8-4 取值(0.1s 和 T_0 之间的情况可插值计算)；对于其他情况 C_2 取 1。

表 8-4　调整系数 C_2 的取值

性能水平	T=0.1s	$T \geqslant T_0$
立即入住	1.0	1.0
生命安全	1.3	1.1
防止倒塌	1.5	1.2

(3) 对于具有正的屈服后刚度的建筑结构，调整系数 C_3 取 1；对于具有负的屈服后刚度的建筑结构，调整系数 C_3 按下式计算，即

$$C_3 = 1 + \frac{|\alpha|(R-1)^{3/2}}{T_e} \tag{8-16}$$

式中：α——结构屈服后刚度和等效弹性屈服刚度的比值(对于双线性模型)。

2) 能力谱法

能力谱法是美国应用技术协会推荐的方法，也为日本新的建筑基准法所采用。该方法的基本思想是建立两条相同基准的谱线，一条是由力-位移曲线转化为能力谱线，另一条由加速度反应谱转化为需求谱线，把两条线画在同一个图上，两条曲线的交点定为“目标位移点”(或“结构抗震性能点”)，再与位移允许值比较，即可确定结构是否满足抗震性能要求。

(1) 能力谱的转换(图 8-1)。

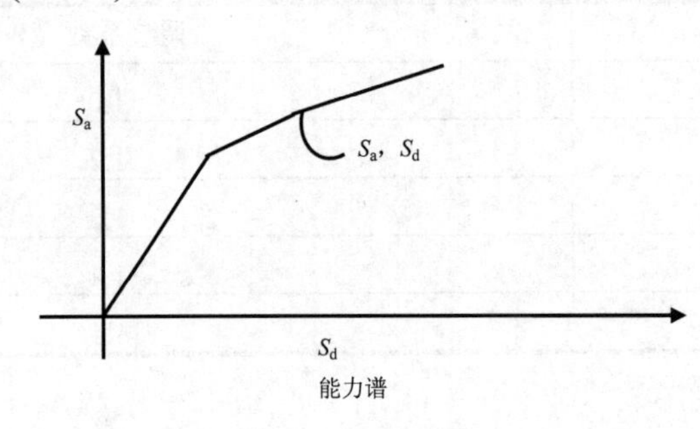

图 8-1 能力谱转换

从力-位移曲线($V-\Delta_T$ 曲线)转换为能力谱曲线(S_a-S_d 曲线，谱加速度 S_a 为纵坐标，谱位移 S_d 为横坐标)，需要根据下式逐点进行，即

$$S_{ai} = \frac{V_i / G}{\alpha_1} \tag{8-17}$$

$$S_{di} = \frac{\Delta_{Ti}}{\gamma_1 \phi_{1,T}} \tag{8-18}$$

式中：(V_i，Δ_{Ti})——力-位移曲线上的任一点；

(S_{ai}，S_{di})——能力谱曲线上相应的点；

G——总的等效荷载代表值；

$\phi_{1,T}$——第一振型顶点振幅；

α_1——第一振型质量系数；

γ_1——第一振型参与系数。

α_1 和 γ_1 可由下式计算，即

$$\alpha_1 = \frac{\sum_{i=1}^{N}(m_i\phi_{i1})}{\sum_{i=1}^{N}(m_i\phi_{i1}^2)} \tag{8-19}$$

$$\gamma_1 = \frac{\left[\sum_{i=1}^{N}(m_i\phi_{i1})\right]^2}{\left[\sum_{i=1}^{N}m_i\right]\left[\sum_{i=1}^{N}(m_i\phi_{i1}^2)\right]} \tag{8-20}$$

式中：m_i——第 i 层的质量；

ϕ_{i1}——第一振型在第 i 层的振幅。

(2) 需求谱的转换(图 8-2)。

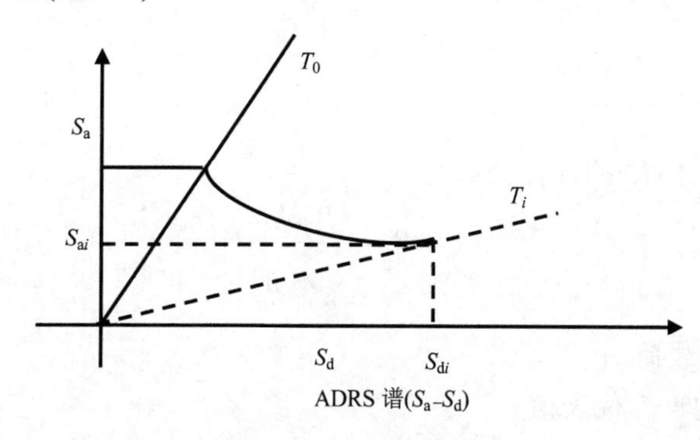

图 8-2　反应谱转换

由标准的加速度反应(S_a-T 谱)转换为 ADRS 谱(S_a-S_d 谱)，就得到需求谱，即

$$S_{di} = \frac{T_i^2}{4\pi^2}S_{ai}g \tag{8-21}$$

标准的需求反应谱包含一段常量的加速度谱和一段常量曲速度谱，在周期 T_i 处它们有如下关系：

$$S_{ai}g = \frac{2\pi}{T_i}S_v,\quad S_{di}g = \frac{T_i}{2\pi}S_v \tag{8-22}$$

在研究能力谱与需求谱的关系之前，应该考虑结构非线性耗能性质对地震需求的折减，也就是要考虑结构非线性变形引起的等效阻尼变化。ATC-40 用能量耗散原理来确定等效阻尼。当地震动作用于结构达到非弹性阶段时，结构的能量耗散可以视为结构黏滞阻尼与滞回阻尼的组合；滞回阻尼用等效黏滞阻尼来代表，并用来调低地震需求谱；滞回阻尼与滞回环以内的面积大小有关，由此要设定滞回曲线，一般采用双线性曲线代表能力谱曲线来估计等效阻尼，并且

$$\zeta = \frac{E_d}{4\pi E_s} \tag{8-23}$$

式中：E_d——滞回阻尼耗能，等于平行四边形的面积；

E_s——最大应变能，等于阴影三角形的面积。

4. 加载模式

加载模式应当比较合理地反映出地震作用下结构各层惯性力的分布特征，又应该使所求得的位移能大体上反映地震作用下结构的位移状况。为简化起见，在 Pushover 分析过程中可以假定加载模式是不变的，即不考虑结构变形过程引起的地震力分布的变化，这样

Pushover 分析结果有时可能会与实际的非线性动力反应有较大的差别，特别是在高阶振型影响比较大，以及结构层间剪切力与层间变形的关系对所加荷载模式特别敏感时，这一点尤为明显。因此对于高振型影响较大的结构，应最少采用两种以上的加载模式进行 Pushover 分析。

选择合理的加载模式是 Pushover 分析方法中的一个关键问题，典型的加载模式包括均布加载、倒三角加载和多振型加载模式等。

均布加载模式(LU)的计算公式为

$$P_i = \frac{W_i}{\sum_{m=1}^{n} W_m} V_{\mathrm{b}} \tag{8-24}$$

倒三角加载模式(LIAK)的计算公式为

$$P_i = \frac{W_i h_i^k}{\sum_{m=1}^{n} W_m h_m^k} V_{\mathrm{b}} \tag{8-25}$$

式中：P_i——第 i 层的载荷；

W_i——第 i 层的重力代表值；

h_i——第 i 层距地面高度；

V_{b}——总荷载。

其中参数 k 的取值与结构基本周期 T 有关，即

$$k = \begin{cases} 1.0 & T \leqslant 0.5\mathrm{s} \\ 1.0 + \dfrac{T-0.5}{2.5-0.5} & 0.5\mathrm{s} < T < 2.5\mathrm{s} \\ 2.0 & T \geqslant 2.5\mathrm{s} \end{cases} \tag{8-26}$$

多振型加载模式：先对结构进行反应谱分析，根据振型分解反应谱平方和开方方法计算结构各层的层间剪力，再反算出各层水平荷载

$$F_{ij} = \alpha_j \gamma_j X_{ij} W_i \tag{8-27}$$

$$Q_{ij} = \sum_{m=1}^{n} F_{mj} \tag{8-27a}$$

$$Q_i = \sqrt{\sum_{j=1}^{N} Q_{ij}} \tag{8-27b}$$

$$P_i = Q_i - Q_{i+1} \tag{8-27c}$$

式中：α_j——第 j 阶振型的地震影响系数；

γ_j——第 j 阶振型的参与系数；

F_{ij}——第 j 阶振型第 i 层的水平荷载；

X_{ij}——第 j 阶振型第 i 层的水平相对位移；

N——考虑的振型个数；

n——结构总层数。

除了上述常用的加载模式外，还可以采用其他形式的加载模式，如荷载分布形式与结构的变形形状成比例；根据每一加载步的割线刚度导出的振型形状来确定荷载分布形式。

8.2　高层建筑结构的消能减震设计

结构消能减震(又称消能减振)技术就是一种结构控制技术，《建筑抗震设计规范》(GB 5001—2010)首次以国家标准的形式对房屋消能减震设计这种抗震设防新技术的设计要点做出了规定，标志着消能减震技术在我国已经由科学研究走向了推广应用阶段。

8.2.1　结构的消能减震技术

结构的消能减震技术是在结构物某些部位(如支撑、节点、剪力墙、连接缝或连接件、楼层空间、相邻建筑间、主附结构间等)设置消能装置，通过该装置增加结构阻尼，以消耗输入上部结构的地震能量，达到预期的设防要求。

结构消能减震技术的研究来源于对结构在地震发生时的能量转换的认识，下面以一般的能量表达式来分别说明地震时传统抗震结构和消能减震结构的能量转换过程。

传统抗震结构

$$E_{in} = E_R + E_D + E_S \tag{8-28}$$

消能减震结构

$$E_{in} = E_R + E_D + E_S + E_A \tag{8-29}$$

式中：E_{in}——地震时输入结构的地震能量；

E_R——结构物地震反应的能量，即结构物振动的动能和势能(弹性变形能)；

E_D——结构阻尼消耗的能量(一般不超过 5%)；

E_S——主体结构及承重构件非弹性变形(或损坏)消耗的能量；

E_A——消能构件或消能装置消耗的能量。

从式(8-28)中可以看出，对于传统结构，如果 E_D 忽略不计，为了终止结构地震反应($E_R \to 0$)，必然导致主体结构及承重构件的损坏、严重破坏或者倒塌($E_S \to E_{in}$)。而对于消能减震结构式(8-29)，如果 E_D 忽略不计，消能装置率先进入消能工作状态，大量消耗输入结构的地震能量($E_A \to E_{in}$)，既能保护主体结构及承重构件免遭破坏($E_S \to 0$)，又能迅速地衰减结构的地震反应($E_R \to 0$)，确保结构在地震中的安全。

8.2.2　消能减震结构的发展与应用

消能减震结构的基本思想就是在结构中设置一些一般情况下不承担垂直接荷载作用的耗能部件。当结构受到水平荷载作用时，这些部件分担部分荷载，并通过部件内部的零部件之间的相互运动，耗散外荷载作用的动能，减小结构对其作用的效应。

实际上，许多能够保留至今的古建筑中就应用消能减震结构，如我国的木结构中大量采用“斗拱”就是一种耗能性能十分优越的消能节点。“斗拱”的多道“榫接”在承受很大的节点变形过程中反复摩擦可以消耗大量的地震输入能量，大大减小建筑物的地震反应，使得建筑物得以保护。最典型的就是山西应县木塔，历经近千年，遭遇多次强烈地震，至今巍然屹立，成为我国古建筑史上的奇迹。

消能减震技术具有广阔的应用范围，既适用于新建工程，也适用于已有建筑物的抗震加固；既适用于普通的建筑结构，也适用于抗震生命线工程。

美国是开展结构控制体系研究较早的国家之一，早年竣工的纽约世界贸易中心大厦(World Trade Center)就安装有弹性阻尼器，西雅图哥伦比亚大厦(Columbia Tower in Seatthe)、匹兹堡钢铁大厦(Pittssburgh Steel Building)等许多工程都采用了该项技术。位于加利福尼亚州的一幢层饭店为柔弱底层结构，采用流体阻尼器进行抗震加固后， 使其在保持原有风格的基础上， 达到了规范要求。近年来，消能减震装置在日本、加拿大、墨西哥以及部分欧共体国家也都被广泛应用。

20 世纪 90 年代以来，我国学者和工程技术人员也致力于该技术的研究与工程实用。前述提到的各种类型消能器，国内很多技术人员都进行了自主开发，并获得了知识产权，并在不少的工程中得到了应用。特别是最近几年，消能减震技术得到了更为广泛的应用，例如世界上跨度最大的斜拉桥——苏通大桥使用了世界上首次加设附加限位的特大型阻尼器；郑州会展中心应用黏滞阻尼器作为 TMD 楼板减震系统；北京奥林匹克中心演播塔同时用了四组变阻尼黏滞流阻尼器为 TMD 系统提供阻尼；南京长江三桥引桥上已经设置了 54 个阻尼器；吉林省龙岩松花江 7 孔连续梁桥上安置了 16 个 1800kN 的锁定装置；我国著名的悬索大桥——江阴大桥上也将安置 4 个特大型阻尼器；山东兖州电厂设备基础设置了阻尼器减震系统等工程相继完成；西安石油宾馆采用了东南大学和常州减震器厂联合研制的黏弹性阻尼器。在我国，越来越多的桥梁、中高层建筑、大型场馆中应用到了消能减震装置。

8.2.3 消能减震体系

结构消能减震体系由主体结构和消能部件(消能装置和连接件)组成。消能减震体系有以下几种类型。

1. 消能支承

可以代替一般的结构支撑，在抗震和抗风中发挥支撑水平刚度和消能减震作用。消能装置可以做成方框支撑、圆框支撑、交叉支撑、斜杆支撑、K 形支撑和双 K 形支撑等。

2. 消能剪力墙

消能剪力墙可以代替一般结构的剪力墙，在抗震和抗风中发挥剪力墙的水平刚度和消能减震作用。消能剪力墙可以做成竖缝剪力墙、横缝剪力墙、斜缝剪力墙、周边缝剪力墙、整体剪力墙和分离式剪力墙等。

3. 消能节点

在结构的梁柱节点或梁节点处安装消能装置。当结构产生侧向位移、在节点处产生角度变化或者转动式错动时，消能装置即可发挥消能减震作用。

4. 消能连接

在结构的缝隙处或结构构件之间的连接处设置消能装置。当结构在缝隙或连接处产生相对变形时，消能装置即可发挥消能减震作用。

5. 消能支撑或悬吊构件

对于某些线结构(如管道、线路，桥梁的悬索、斜拉索的连接处等)，可设置各种支承或者悬吊消能装置。当线结构发生振(震)动时，支承或者悬吊构件即可发生消能减震作用。

8.2.4　消能器

消能部件中装有消能器(阻尼器)等消能减震装置。消能器的功能是当结构构件(或节点)发生相对位移(或转动)时，产生较大阻尼，从而发挥消能减震作用。

消能器主要分为速度相关型、位移相关型及其他类型。

(1) 速度相关型阻尼器通常由黏滞材料制成，故也称为黏滞型阻尼器；

(2) 位移相关型阻尼器通常用塑性变形性能好的材料制成，利用其在反复地震作用下的良好的滞回耗能性能来耗散地震能量，故也称为迟滞型阻尼器。

根据阻尼器的类型，阻尼器恢复力模型 $F_S(\dot{x},x)$ 为

黏滞型

$$F_S(\dot{x},x)=c\dot{x}^{\alpha} \tag{8-30}$$

迟滞型

$$F_S(\dot{x},x)=f_S(x) \tag{8-31}$$

复合型

$$F_S(\dot{x},x)=c\dot{x}^{\alpha}+f_S(x) \tag{8-32}$$

式中：c——黏滞型阻尼器的阻尼系数；

α——黏滞型阻尼器速度指数。当 $\alpha=1$ 时称为线性阻尼器，当 $\alpha\neq1$ 时称为非线性阻尼器。

黏弹性阻尼器、黏滞流体阻尼器、黏滞阻尼墙、黏弹性阻尼墙等属于速度相关型，即消能器对结构产生的阻尼力主要与消能器两端的相对速度有关，与位移无关或与位移的关系为次要因素；金属屈服型阻尼器、摩擦阻尼器属于位移相关型，即消能器对结构产生的阻尼力主要与消能器两端的相对位移有关，只有位移达到一定的启动限值才能发挥作用。摩擦阻尼器属于典型的位移相关型消能器，但是有些摩擦阻尼器有时候性能不够稳定。各种阻尼器的恢复力-位移关系曲线如图 8-3 所示。

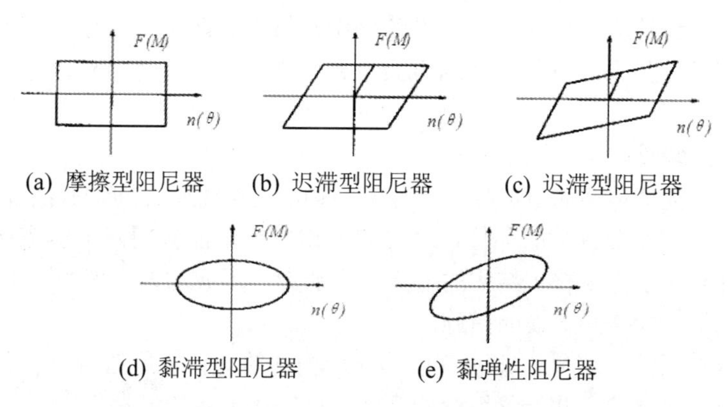

图 8-3　典型的阻尼器恢复力－位移关系滞回曲线

为了达到最佳消能效果，要求消能器提供最大的阻尼，即当构件(或节点)在力(或弯矩)作用下发生相对位移(或转动)时，消能器所做的功最大。这可以用消能器阻尼力(或消能器承受的弯矩)-位移(转角)关系滞回曲线所包络的面积来度量，包络的面积越大，消能器的消能能力越大，消能效果就越明显。

8.2.5 消能减震结构的设计

消能装置可同时减少结构的水平和竖向地震作用，适用范围较广，结构类型和高度均不受限制。消能减震技术适用于结构的地震和风振控制，结构的层数越多、高度越高、跨度越大、变形越大，场地的烈度越高，消能减震效果就越明显。

1. 消能减震建筑的特点

消能减震房屋最基本的特点如下。

(1) 消能装置应使结构具有足够的附加阻尼，以满足罕遇地震下预期的结构位移要求。

(2) 消能装置不改变结构的基本形式，故除消能部件和相关部件外的结构设计仍可按相应的结构类型的要求执行。这样，消能减震房屋的抗震构造与普通房屋相比不降低，但其抗震安全性可以有明显提高。

2. 消能减震技术应用范围

消能减震技术可广泛应用于下述工程结构的减震(抗风)。

(1) 高层建筑、超高层建筑。

(2) 高柔结构、高耸塔架。

(3) 大跨度桥梁。

(4) 柔性管道、管线(生命线工程)。

(5) 旧有高柔建筑或结构物的抗震(或抗风)加固改造。

3. 结构消能减震设计

结构消能减震技术是一种新技术，结构采用消能减震设计应考虑使用功能的要求、消能减震效果、长期工作性能以及经济性等问题。

1) 结构消能减震设计的一般规定

房屋消能减震设计应根据建筑抗震设防类别、抗震设防烈度、场地条件、建筑结构方案和建筑使用要求，与采用抗震设计的方案进行技术、经济可行性对比分析之后，确定其设计方案。

2) 消能减震装置应符合以下要求

(1) 应对结构提供足够的附加阻尼，并沿结构的两个主轴方向均有附加阻尼或刚度。

(2) 宜设在层间变形较大的部位，以便更好地发挥消能作用。一般应按照计算来确定位置和数量，并有利于提高整个结构的消能减震能力，形成均匀合理的受力体系。

(3) 应采用便于检查和替换的措施。

(4) 消能器与斜撑、墙体、梁或节点等支承构件的连接，应符合钢构件连接或钢与钢筋混凝土构件连接的要求，并能承担消能器施加给连接节点的最大作用力。

(5) 与消能部件相连接的结构构件，应计入消能部件传递的附加内力，并将其传递给基础。

(6) 消能器和连接构件在长期使用过程中需要检查和维护，其安装位置应便于维护人员接近和操作，即应具有较好的易维护性。

(7) 消能器和连接构件应具有耐久性能。

(8) 设计文件上应注明消能减震装置的性能要求。

(9) 消能减震部件的性能参数应严格检查，安装前要对消能器进行抽样检测，每种类型和每一规格的数量不应少于3个，抽样检测的合格率应为100%。

3) 结构消能减震设计设防目标

采用消能减震设计的建筑，当遭遇到本地区的多遇地震影响、抗震设防烈度影响和罕遇地震影响时，其抗震设防目标应高于(传统)抗震设计的抗震设防目标。大体上体现在：当遭受多遇地震影响时，基本不受损坏，基本不影响使用功能；当遭受设防烈度的地震影响时，不需要修理仍可继续使用；当遭受高于本地区设防烈度的罕遇地震影响时，将不发生危及生命安全和丧失使用功能的破坏。消能减震结构在罕遇地震下的层间弹塑性位移角限值应明显小于《抗震规范》关于非消能减震设计的规定，框架结构宜采用1 / 80。

4) 消能减震结构设计涉及的主要问题

消能减震结构设计涉及的主要问题包括如下内容。

(1) 消能减震装置(阻尼器)的设计、选择、布置及数量。

(2) 消能减震装置附加给结构的阻尼比的估算。

(3) 消能减震结构体系在罕遇地震下的唯一计算。

(4) 消能部件与主体结构的连接构造。

4. 消能减震设计的计算方法

由于消能减震结构附加了阻尼器，而且阻尼器的种类繁多，并具有非线性受力特征，其结构计算分析方法比一般抗震结构复杂，精确分析需要根据阻尼器的设置和恢复力模型建立相应的结构模型，采用非线性时程分析方法进行。但由于阻尼器在整体结构中为附属部件，当主体结构基本处于弹性工作阶段时，其对主体结构的变形特征影响不大，因此可根据能量等效原则，将阻尼器的耗能近似等效为一般线性阻尼耗能来考虑，确定相应的附加阻尼比，并与原结构阻尼比叠加后得到总阻尼比，然后根据规范给出的设计反应谱，取高阻尼比的地震影响系数，采用底部剪力法或振型分解反应谱法计算地震作用。在计算中，应考虑阻尼器的附加刚度，即整体结构的总刚度等于主体结构刚度与阻尼器的有效刚度之和。

1) 底部剪力法

根据动力学原理，阻尼自由度体系在往复振动一个循环中的阻尼耗能W_c与体系最大变形能W_s之比为

$$4\pi\zeta = W_c / W_s \tag{8-33}$$

式中：ζ——体系的阻尼比。

根据以上关系，消能减震结构的附加阻尼比为

$$\zeta_a = W_c / (4\pi W_s) \tag{8-34}$$

式中：W_c——所有阻尼器在结构预期位移下往复一周所消耗的能量；

W_s——主体结构在预期位移下的总变形能。

主体结构的总变形能 W_s 按下式计算为

$$W_s = \frac{1}{2}\sum F_i u_i \tag{8-35}$$

式中：F_i——在相应设防目标地震下质点 i 的水平地震作用力；

u_i——在相应设防目标地震下质点 i 的预期位移。

对于速度线性相关型阻尼器，其在结构预期位移下往复一周所消耗的能量 W_c，可按下式计算

$$W_c = \frac{2\pi^2}{T_1}\sum C_j \cos^2\theta_j \Delta u_j^2 \tag{8-36}$$

式中：T_1——消能减震结构的基本周期；

C_j——第 j 个阻尼器的线性阻尼系数，通过试验确定；

θ_j——第 j 个阻尼器的消能方向与水平面的夹角；

Δu_j——第 j 个阻尼器两端的相对水平位移。

对于位移相关型、速度非线性相关型和其他类型阻尼器，其在结构预期位移下往复一周所消耗的能量 W_c，计算公式为

$$W_c = \sum A_j \tag{8-37}$$

式中：A_j——第 j 个阻尼器的恢复力滞回环在相对水平位移 Δu_j 时的面积。

此时，阻尼器的刚度可取恢复力滞回环在相对水平位移 Δu_j 时的割线刚度。

【小贴士】

整体结构的总阻尼比 ζ 为附加阻尼比 ζ_a 与主体结构自身阻尼比 ζ_s 之和，根据总阻尼比 ζ 计算地震影响系数，并按底部剪力法确定结构的地震作用，然后进行主体结构的受力分析，在与其他荷载组合后进行抗震设计。

2) 振型分解反应谱法

对于采用速度线性相关型阻尼器的消能减震结构，根据其布置和各阻尼器的阻尼系数，可以直接给出消能减震器的附加阻尼矩阵 $[C_c]$。因此整体结构的阻尼矩阵等于主体结构自身阻尼矩阵 $[C_s]$ 与消能减震器的附加阻尼矩阵 $[C_c]$ 之和，即

$$[C] = [C_s] + [C_c] \tag{8-38}$$

通常上述阻尼矩阵不满足振型分解的正交条件，因此无法从理论上直接采用振型分解反应谱法来计算地震作用。但研究分析表明，当阻尼器设置合理，附加阻尼矩阵 $[C_c]$ 的元素基本集中于矩阵主对角附近，此时可采用强行解耦方法，即忽略附加阻尼矩阵 $[C_c]$ 的非正交项，由此得到以下对应各振型的阻尼比

$$\zeta_j = \zeta_{sj} + \zeta_{cj} \tag{8-39}$$

$$\zeta_{cj} = \frac{T_j}{4\pi M_j}\boldsymbol{\Phi}_j^T[C_c]\boldsymbol{\Phi}_j \tag{8-40}$$

式中：ζ_j——消能减震结构的 j 振型阻尼比；

ζ_{sj}——主体结构的 j 振型阻尼比；

ζ_{cj}——阻尼器附加的 j 振型阻尼比；

T_j——消能减震结构的第 j 自振周期；

Φ_j——消能减震结构的第 j 振型；

M_j——消能减震结构的第 j 振型的广义质量。

按上述方法确定各振型阻尼比之后，即根据各振型的总阻尼比计算各振型的地震影响系数，再按振型组合方法确定结构的地震作用效应，再与其他荷载组合后进行抗震设计。

3)　时程分析法

采用时程分析法对消能减震结构体系进行分析时，体系的刚度和阻尼是时间的函数，随着消能构件或消能装置处于不同的工作状态而变化。

当主体结构基本处于弹性工作阶段时，体系的非线性特性可能由消能构件(或消能装置)的非线性工作状态产生。这时体系的刚度矩阵和体系的阻尼矩阵可以忽略主体结构的阻尼影响(占很小比例)，只考虑消能构件或装置产生的阻尼。考虑每一时间的增量变化，采用分步积分法求出消能减震结构体系在每时刻的结构地震反应。

【知识拓展】

一般情况下，当主体结构进入非弹性工作状态时，体系的非线性特性由主体结构和消能构件(或消能装置)的非线性工作状态共同产生。体系的刚度矩阵包括主体结构的非线性部分和消能构件(或装置)非线性部分，这时一般不能忽略主体结构的阻尼影响(占很小比例)。

8.3　高层建筑结构的连续倒塌控制

近年来在世界各地出现了一些连续倒塌的工程案例，究其原因可以归结为两类：一类是由于地震作用下结构进入非弹性大变形，构件失稳，传力途径失效引起的连续倒塌。另一类是由于撞击、爆炸、人为破坏，造成部分承重构件失效，阻断传力途径导致的连续倒塌。

8.3.1　防止结构连续倒塌的设计

结构连续性倒塌是指结构因偶然荷载造成结构局部破坏失效，继而引起失效破坏构件相连的构件连续破坏，最终导致相对于此初始局部破坏范围更大的倒塌。对于某些比较重要的建筑结构，工程师在建筑结构设计时有责任防止结构连续性倒塌的发生，保证结构在一定安全可靠度之下具有抵抗连续性倒塌的能力。即使发生荷载造成结构局部破坏，结构也能通过多种荷载路径内力重分布，阻止破坏过大范围的蔓延，减少人员的伤亡和结构的破坏程度。

1. 钢筋混凝土房屋连续倒塌的分析与控制

房屋连续倒塌指不同诱因(地震、风灾、自然灾害及爆炸撞击等人为突发事故)使结构遭

受部分破坏，在重力作用下，引起连锁反应，造成破坏范围不断扩大直至连续倒塌的现象，不同结构体系对连续倒塌有不同的敏感性。控制结构连续倒塌应结合结构体系和构件设计两方面来考虑。

1) 人为事故连续倒塌的验算与控制

(1) 转变传力途径法。在突发事故作用下可能有个别承重构件失效，因此可分别选择若干关键构件，在重力荷载作用下转变传力途径进行结构内力重分布弹性静力分析。重力荷载可采用 1.0D+0.25L，并可考虑材料强度提高系数，钢筋混凝土取 1.25，钢材取 1.05，根据验算结果对既有房屋可进行判别，对新设计结构的构件承载力可进行调整以控制连续倒塌。

① 框架结构。底层中柱失效，可分别考虑相邻上部及两侧框架梁柱内力重分布。框架柱失效，框架梁纵筋可能处于全部受拉，框架的纵筋及腰筋应贯通节点并满足连接锚固要求。

由于底层柱失效，相邻上层柱宜考虑吊柱要求，在梁核心区设 U 形吊筋锚入上柱。考虑框架梁端在中柱失效作用下虽然会出现塑性铰但不致倒塌，梁端截面可全部用纵筋承受剪拉，按式(8-37)进行验算，跨中计算弯矩不宜少于简支弯矩的 80%。

$$V \leqslant 0.75 f_y A_s \tag{8-41}$$

式中：V——考虑中柱失效由楼层荷载(1.0D+0.25L)产生的梁端剪力；

f_y——梁纵筋抗拉强度设计值；

A_s——梁端截面满足锚固长度的全部纵筋截面面积。

② 剪力墙结构、框剪结构和筒体。剪力墙结构应设置内纵墙以支承或减少横墙长度，内墙和外墙应有与其相交的拐角墙、翼墙以提高稳定性。剪力墙的墙肢应双面配筋，并在墙肢两端设约束边缘构件，边缘构件应能承担重力荷载(1.0D+0.25L)。带有不规则开洞的剪力墙在洞口周边应设置纵横约束边缘构件，形成暗框架，保证竖向传力途径。

③ 框支结构。框支结构的某一根框支柱失效，应考虑框支梁跨度增大连同上部结构进行重力荷载作用下的内力重分布分析。框支层框架的两端应有落地剪力墙，框支柱内应设置核心柱，或采用 SRC 柱。核心柱或双 C 型钢应能承担(1.0D+0.25L)的重力荷载。框支梁宜采用 SRC 结构。框支层以上剪力墙宜采用类似框剪结构的有边框的剪力墙。

④ 板柱-剪力墙结构。板柱-剪力墙结构由板柱框架、周边梁柱框架及剪力墙组成。板柱结构控制连续倒塌主要考虑由于意外事故，上层楼板塌落，防止下层楼板受冲击导致的连续倒塌。其冲击荷载可按等效静载(2.5D+0.25L)进行以下验算。

(2) 需供比法。作为转变传力途径的补充，可采用 DCR 法判断连续倒塌的可能性，其计算公式为

$$\mathrm{DCR} = \frac{Q_{UD}}{Q_{CE}} \tag{8-42}$$

式中：Q_{UD}——按弹性静力分析求得由于人为突发事故，构件或节点承受的作用(压弯、剪等)；

Q_{CE}——构件或节点预期的极限承载能力，计算 Q_{CE} 时可考虑瞬时作用力的能力提高系数(钢材取 1.05，钢筋混凝土取 1.25)。

(3) 增强局部抗力法。对于不可能或不便采用以上两种方法的非常复杂结构，可采用增强局部抗力法。局部抗力法要求对结构稳定有重要影响的构件包括连接及节点沿不利方向承受均布静压力不小于 $36kN/m^2$，不应失效。这项荷载直接作用于一个楼层内承重构件的表面及被支承的构件表面。这种方法是一种控制由爆炸引起连续倒塌的粗略方法。

2) 地震作用连续倒塌的验算与控制

地震作用不同于人为事故。人为事故可能造成房屋局部倒塌，但其他部位仍处于弹性工作。在强烈地震作用下，房屋的大部分构件可能进入非弹性状态。我国建筑抗震设计规范要求抗震设防的 3 个目标中，其中最重要的一个目标是遭受罕遇地震不致倒塌，简称大震不倒。如何满足这一要求，规范从弹塑性分析、变形限值、塑性铰部位控制、稳定要求、二阶效应及构造措施等来保证，但对不同结构体系的倒塌机制，尚有待深入研究。

2. 楼板及板柱结构防止连续倒塌设计

1) 板底钢筋锚入支座的作用

为了防止典型的无梁双向板(板柱结构)的连续倒塌，在围绕柱边产生冲切破坏以后，必须具有第二次抗力。

2) 设计构造要求

板结构由于各种原因导致初始失效，是否能发挥失效后抗力避免连续倒塌，在于其初始失效范围和程度、板结构类型及配筋量和构造。典型的双向板边缘不能提供足够的水平约束满足全部范围超载作用下实现受拉薄膜作用，然而在局部范围超载作用下则可能形成第二次抗力机制。为了明确受拉薄膜作用，首先考虑一个结构草图，表明期望的薄膜悬挂线作用和力的走向。一般情况下薄膜总是形成一条路线走向竖向支承构件及横向约束区域。部分底部受弯配筋应锚入柱内，在楼板受冲切破坏后起悬挂作用。假定对于单向悬链作用限制跨中变形不大于 $0.15l_n$，则沿 l_n 方向底部连续钢筋面积 A_{sb} 应满足下式要求

$$A_{sb}=\frac{0.5W_s l_n l_2}{\phi f_y} \tag{8-43}$$

式中：A_{sb}——底部有效连续配筋沿 l_n 方向穿过支承面积的最少截面面积；

W_s——在初始失效后应负担的荷载，可假定为作用在楼板上的总使用荷载或板静重的两倍二者的较大值；

l_n——所考虑方向的净跨长度；

l_2——由一侧悬挂线楼板的中线至悬挂线另侧楼板中线的距离；

f_y——钢筋屈服强度；

ϕ——钢筋应力降低系数，拉力可取 0.9。

底部配筋 A_{sb} 可考虑为有效连续的条件，其要求如下。

① 在支座范围搭接，搭接长度满足规定要求 l_d；

② 紧靠支座以外搭接长度不小于 $2l_d$；

③ 弯起、弯钩或其他连接方式足以在支座表面达到 A_{sb} 屈服强度。

当 A_{sb} 计算值相邻两跨且不同时，则各跨均应采用较大值，底部配筋不但对防止连续倒塌起作用，对防止板柱结构早期冲切破坏也起一定的作用。

【知识拓展】

无柱帽-板柱结构的内节点冲切破坏后容易导致连续倒塌，而外节点则不易引起连续倒塌，加大设计活载对防止连续倒塌不起作用。按受拉薄膜作用考虑底部配筋是有效的，如果不能接受拉薄膜设计则节点冲切强度取值不应大于穿过柱的钢筋屈服承载力的0.5倍。此外，加大暗梁的配箍率，对改善抗冲切承载力及防止连续倒塌也是有利的。

8.3.2 控制结构发生连续倒塌的措施

结构不应该对较小的意外荷载或局部损伤过分敏感，一个好的设计应该考虑到可能的意外事件或者是局部损伤。

1. 意外事件

意外事件可能是自然现象如飓风、暴雪、洪水或地震；也可能是人为的，如车辆撞击、爆炸等。

由意外事件导致的破坏，总的来讲大约有 3 种：①生命损失或伤害；②结构破坏；③由于结构破坏带来的次生灾害，如存储物品、居住及商业方面的损失。

结构及其附近设施的设计主要考虑以上 3 种破坏情况。考虑意外事件的结构设计，一般来说要求保护生命并减少结构破坏，然而并不永远是这样。防止生命损失或伤害是必须考虑的，在这种情况下结构设计及其周边房屋除了局部结构破坏以外，为了减少生命损失，其他部分或全部结构都可牺牲。牺牲的结构是不坚固的，但联系到生命损失，结构/环境体系的总体是坚固的。

2. 破坏

由意外事件导致的破坏，总的来讲大约有三种，一是生命损失或伤害；二是结构破坏；三是由于结构破坏带来的次生灾害，如存储物品、居住及商业方面的损失。

结构及其附近设施的设计主要要考虑以上三种破坏情况。考虑意外事件的结构设计，一般来说要求保护生命并减少结构破坏，然而并不永远是这样。防止生命损失或伤害是必须考虑的，在这种情况下结构设计及其周边房屋除了局部结构破坏以外，为了减少生命损失，其他部分或全部结构都可牺牲。牺牲的结构是不坚固的，但联系到生命损失，结构/环境体系的总体是坚固的。

3. 结构坚固性

(1) 判别结构坚固性的依据。

① 具有较多的传力途径。

② 结构构件及连接节点的承载力、延性及能量吸收能力。

③ 具有避免结构承受峰值意外荷载的装置，从而限制破坏及其后果。

(2) 可单独应用也可综合应用于结构工程的坚固性的措施。

① 抵抗。利用结构的承载力和构件与连接的坚固性、延性及多道独立传力途径。

② 避免。结构设计避免意外事件引起全部破坏作用，如采取弱连接或释放机制，类似电路中保险丝。

③ 保护。保护结构不受意外作用影响。

④ 牺牲。结构设计中可考虑当破坏发生时，结构中的部分或全部会自动失效，从而降低危机后果。这种人为控制的，牺牲一部分或全部结构以减少危机后果的措施，是特别出于保护生命的考虑。

4. 抗意外作用

这种措施主要针对具备“坚固性的结构”、构件及连接的承载力和延性，以及多道传力途径，均属于针对设计阶段未知事件的坚固性要求。承载力和延性对静定结构提供必要的抗力，独立的多传力途径提供冗余度，当发生局部结构破坏时，可转向其他的传力途径。

5. 避免极端作用

采用一个弱部件，利用“释放”或“保险丝”作用降低峰值意外作用，限制结构破坏同时降低生命威胁。例如利用房屋的窗户对意外爆炸卸压，在长度很大的结构中设置弱连接节点既可以阻止峰值荷载的水平传递，同时也可以阻止水平连续倒塌。

6. 对意外作用的防护

将结构设计为高强度的延性结构以减轻破坏，还可采用“防”的方法。例如围绕建筑设置保护性障碍物，避免公路车辆碰撞破坏。“防护”是一种改变结构所处环境的方法，可使环境减少威胁，从而使结构/环境体系更为坚固。

7. 对结构必要的牺牲

为了避免公路交通事故对生命带来的威胁，公路两侧的设施结构宜轻质、低强度。在北欧及英国都采用所谓“撞击安全”或“消极安全”的路旁设施结构。这些结构本身不坚固，但为生命安全提供了保障，因此从结构/环境体系整体连系生命风险来看是坚固的。

8.3.3　提高结构抗震性能的构造

在工程实践中，提高结构抗震性能的构造有很多，比如钢框架 RBS(Random Barrage System)梁柱节点、复合柱、钢梁穿过钢管混凝土柱的梁柱节点、CFT 柱以及钢框架带侧板的梁柱节点的应用等，具体使用情况如下。

1. 钢框架 RBS 梁柱节点

RBS 梁柱节点是一种具有转移梁铰保护梁柱焊接的节点。1994 年美国北岭地震使得大量钢框架柱焊接节点发生断裂性破坏，地震后经过对 RBS 节点进行大量试验研究，美国将研究人员提出的设计方法和构造要求，列入 FEMA350—2000 及 FEMA355D—2000 中。RBS 梁柱节点适用于高烈度区的钢框架结构。我国 GB 5008—2001《抗震规范》，推荐 III 级场地、8 度设防的钢框架宜采用 RBS 梁柱节点。RBS 梁柱节点有利于抗震但不利于抗爆和撞击。

2. 抗震结构中复合柱的功能及其应用

复合柱指在钢筋混凝土柱截面内采用不同加强构造，提高柱的承载力和变形能力，具有抗连续倒塌的坚固性。复合柱包括一般配筋核心柱、重叠螺箍核心柱、无间隙螺旋箍核心柱及钢管混凝土叠合柱。复合柱适用于高烈度设防的高层建筑框架柱、框支柱。考虑抗连续倒塌，核心柱的设计应按(1.0D+0.25L)荷载组合的要求。

(1) 一般配筋核心柱。

在方形或圆形截面柱内配置核心柱，其纵筋不少于原柱截面面积的 0.8%。核心柱箍筋可采用普通箍筋或螺旋箍筋，根据《建筑抗震设计规范》(GB 5008—2001)第 6.3.7 条，复合柱内核心柱内纵筋面积不少于柱截面积的 0.8%。复合柱的轴压比限值可增加 0.05，复合柱的受压、受剪承载力可考虑核心柱的贡献。复合柱按整体截面考虑抗弯作用。核心柱不考虑抗弯作用。

(2) 矩形截面复合柱可采用重叠螺旋箍配筋的核心柱。

核心柱参与轴心受压和受剪作用但不考虑受弯作用。复合柱按整体截面及核心柱以外配筋进行受弯承载力计算。重叠螺旋箍配筋的核心柱的塑性铰区螺旋箍筋受剪承载力 V_s 可按下式计算

$$V_s = \frac{\pi}{4}(2A_{sp}f_{yh})\frac{D'}{s} + 2A_{sp}f_{yh}\frac{d}{s} \tag{8-44}$$

式中：A_{sp}——螺旋箍筋截面面积；

f_{yh}——螺旋筋屈服强度；

D'——螺旋箍筋内直径；

s——螺旋筋旋距；

d——重叠螺旋箍的中心距。

(3) 无间隙螺旋箍核心单元柱。

无间隙螺旋箍填充混凝土作为核心单元柱，可在很大程度上提高柱的受压承载力和延性，对受剪承载力也有一定贡献，但对抗弯、抗拉不起作用。NCS(Natural Colour System)的核心混凝土有很高的抗压强度和变形能力。在高压应力作用下，NCS 混凝土压应变可达 6%。NCS 对提高框架柱底部塑性铰抗震性能非常有利，且不会引起柱铰向上转移。NCS 单元用于框支柱两端和短肢墙的预期塑性铰部位，可以达到改善抗震性能的作用。

(4) 钢管混凝土叠合柱。

由柱截面中部钢管混凝土和钢管外钢筋混凝土叠合而成的柱称为钢管混凝土叠合柱。它主要对钢管内混凝土的约束作用，从而提高柱的受压、受剪承载力。计算受压承载力时，只考虑钢管约束提高混凝土抗压强度，不用考虑钢管抗压作用。计算受剪承载力时须考虑钢管受剪作用。计算受弯承载力时，按叠合柱全截面计算，不考虑钢管受弯作用。

钢管混凝土叠合柱的优点是钢管混凝土作为核心柱可提高柱的受压受剪承载力，从而减小柱截面。钢管混凝土先施工，可充分发挥核心柱作用。钢管混凝土叠合柱结构已编有技术规程。

3. 钢梁穿过钢管混凝土柱的梁柱节点

作为 1992 年美国-日本组合结构联合研究项目， CFT 柱梁节点通过了 6 种试验。研究

结果表明钢梁穿过 CFT 柱的节点形式具有非常稳定的非弹性性能、混凝土无压碎现象、管壁无明显局部破坏、有效刚度始终保持理想刚性，充分说明这种节点构造具有很好的坚固性。

4. 控制 CFT 柱在地震作用下塑性铰区局部屈曲的措施

在高轴压作用下 CFT 柱的钢管屈服对混凝土会丧失约束作用，钢管内部混凝土压溃会造成钢管端部塑性屈曲(象脚现象)。这种破坏很难修复，为了避免发生这种破坏，可采用约束钢管混凝土柱(CCFT)的方法。

CCFT 柱是在预期塑性铰范围内附加横向约束以改进抗震性能的措施，其作用如下。

(1) 增强预期塑性铰部位承载力。

(2) 避免或推迟 CFT 柱在塑性铰区局部失稳。

(3) 提高柱的变形能力。

(4) 钢管塑性铰区处于双向受压的有利的工作状态。

(5) 防止局部失稳不须增加全部钢管厚度。

实现 CCFT 可采用以下方法。

(1) 在塑性铰区采用焊接附加钢板外套，外套与柱底之间应留有空隙。

(2) 采用外包 FRP(纤维增强塑料布)施工时先缠绕一层厚 1mm 的泡沫塑料带，避免 FRP 过早受力。

以上方法只在塑性铰区加强，不会改变整体结构体系受力情况。

【知识拓展】

1994 年美国北岭地震后建筑物中的抗震钢框架结构出现 RBS 节点，保护了节点的焊缝，提高了节点的延性。2001 年的“9 • 11 事件”以后人们意识到 RBS 节点又不利于抗爆及抗撞击等人为破坏。于是此后美国作为专利技术提出了可用于各种截面形式的梁柱连接侧板连接体系(Side Plate Connection System)。包括 H 型钢截面、钢管及各类箱形截面，也包括钢管混凝土截面。这种连接体系可有效地提供节点的承载力，冗余度、坚固性及延性。侧板连接均采用贴角焊缝，在工厂制作形成梁柱树枝节点，然后在现场用焊接形成梁柱树枝节点，最后在现场用焊接形成框架。弯矩传递由梁至侧板，然后由侧板至柱。侧板设计具有足够的承载力及刚度，迫使节点塑性性能发生在梁上，表现为翼缘、腹板局部屈曲，其部位发生在距侧板端部约为 1/3 梁截面高度。侧板刚度提高框架的整体刚度，可以忽视核心区变形影响。

本章小结

本章介绍了结构抗震设计、基于性能的结构抗震设计方法、高层建筑结构消能减震设计、消能减震基本原理、方法等内容。章节首先介绍了结构抗震设计概述，包括基于性能的结构抗震设计概述、基于性能的结构抗震设计方法；接着介绍了高层建筑结构消能减震设计，内容包括消能减震基本原理、消能减震结构的发展与应用、消能减震体系分类、消能器的分类以及消能减震结构设计要点等；然后介绍了高层建筑结构连续倒塌控制，内容

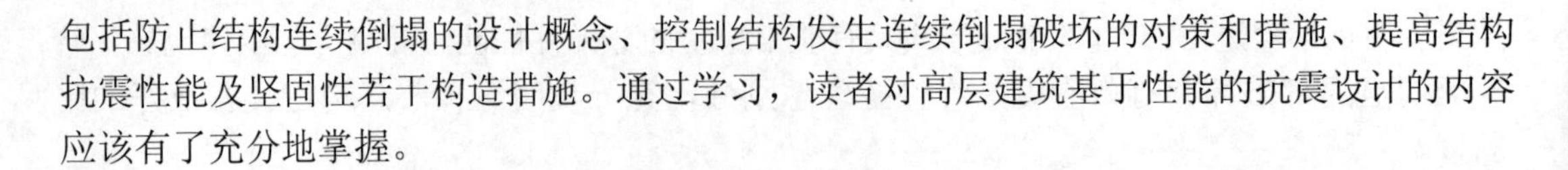

包括防止结构连续倒塌的设计概念、控制结构发生连续倒塌破坏的对策和措施、提高结构抗震性能及坚固性若干构造措施。通过学习，读者对高层建筑基于性能的抗震设计的内容应该有了充分地掌握。

思考与练习

1. 建筑抗震设防分哪几类？
2. 地震作用与一般荷载有何不同？
3. 哪些建筑可不进行天然地基与基础抗震承载力验算？

第9章

钢结构高层建筑的施工

学习目标

- 了解钢结构材料与构件。
- 掌握高层钢结构安装。
- 钢结构防火与防腐。

本章导读

本章将介绍钢结构材料与构件、高层钢结构安装、钢结构防火与防腐等内容。章节首先介绍钢结构材料与构件，内容包括钢的种类，钢材品种、钢结构构件以及钢结构的加工制造；接着介绍高层钢结构安装的知识，包括高层钢结构安装的特点、高层钢结构安装前的准备工作、钢结构构件的连接、钢结构构件的安装工艺、高层钢框架的校正、楼面工程及墙面工程、安全施工措施；最后介绍钢结构防火与防腐的相关知识。读者需要掌握钢结构在高层建筑中的重要性及其安装与施工注意事项。

项目案例导入

本次工程系安徽省芜湖汽车配件工业园建设项目中的A#、B#、C#三座钢结构厂房。总建筑面积为6030m^2，轴线尺寸分别为30m×90m、18m×90m、18m×90m，檐口标高8.63m。结构为门式钢架、轻钢檩条彩板外封闭的单层(部分为双层)厂房。基础为钢筋混凝土独立基础，部分有挖孔灌注桩。

此项目结构较简单，工程质量要求优良。因此钢结构制作采取工厂生产现场安装，制定详细的加工工艺，严把质量监控和质量检查，以确保工程优质、安全、按合同工期要求完成。

案例分析

1. 施工准备

(1) 技术准备。组织专业技术人员熟悉图纸，进行图纸会审，为使施工人员更了解图纸及设计意图，必要时应对设计图进行二次设计。针对结构的工艺特点，编制加工制作工艺流程。组织施工人员进行技术交底，明确施工技术要点，做到严格按生产工艺及安装技术措施施工。

(2) 物质准备。编制材料采购计划并提出材料采购的质量要求。材料进场应首先复核质量保证书，主材及辅材质量均应达到有关的技术条件方可放行。保养及检查维修机械设备，使其达到设计要求精度。编制运输车辆及安装机械需用量，根据施工进度及时调往施工现场。

(3) 劳动组织。根据工程规模、结构特点及复杂程度，组织调度精兵强将参加施工。成立以项目经理和技术负责为主的项目部。特殊工种必须具备相应的资格证书，对施工人员进行技术、质量、安全文明教育。

2. 钢结构制作的工艺流程

制作工艺路线：样板，样杆及钻模制作→原材料的进厂→材质证明书的检查及外观检验(不合格应返回)→(对于要拼接的钢板需进行：钢板坡口的加工→拼接→焊接检验→)放样下料→边缘清理→组装(“工”字形)→焊接(4个主焊缝)→焊接检验→矫正→外形尺寸检查→铣端面→装端板→划线钻孔→产品制作部分外形最终检验→喷沙除锈(摩擦面处理)→油漆→编号包装。

3. 钢结构安装

钢结构安装前应对基础的定位轴线、基础轴线和标高、地脚螺栓位置等进行复查。检查混凝土强度是否达到设计要求、基础的轴线标志和标高基准点是否准确、检查基础的顶面及地脚螺栓的允许偏差是否达到规定。

(1) 钢结构安装采用综合安装方法从建筑一端开始，向另一端推进，由下而上进行。安装时注意累计误差。

(2) 以每一轴线的一跨门型钢结构作为一个吊装单元。钢构件拼装前应检查摩擦面，不得有污物，应保持干燥。高强螺栓的板叠接触面应平整，当间隙大于3mm，应加垫板，垫板两面的处理方法与构件相同。连接时可使用临时螺栓和冲钉。安装高强螺栓时螺栓应自由穿入孔内，不得强行敲打，穿入的方向应一致，拧紧时应从螺栓群中央向外拧紧，高强螺栓的拧紧应分初拧和终拧，每次施加的拧矩见产品说明。

(3) 构件吊装的主吊是 25t 汽车吊，汽车吊停在厂房内侧，选用 27m 臂杆，此时吊车的工作半径是 10.5m，提升高度为 18m，可以满足起吊要求。

(4) 安装顺序：基础和支承面→钢柱→钢梁→垂直、水平支撑系统→檩条→屋面系统→墙面系统。

(5) 起吊就位时，应对地脚螺栓采取保护，以防止柱脚碰伤。吊到位置后，利用起重臂回转进行初校，然后在两个垂直位置利用经纬仪进行校正，钢柱的垂直度应控制在 10mm 之内，柱底板的中心线调整到与柱基础中心线重合，拧紧柱地脚螺栓，固定好缆绳，起重机方可松钩。

(6) 用同样的方法安装其他钢构件，安装时起重机应根据工作参数不断调整停放位置。测量人员应做好技术数据的记录。

(7) 钢结构吊装完毕后，应对所有钢构件做最后一次面漆的涂装处理。

4. 屋面及墙面板安装

(1) 材料进入安装现场应放置在干燥环境中抬高堆放，禁止在上面行走。

(2) 屋面板应借助起重机械待构件吊装完毕后，放置于屋面檩条上，按构件吊装顺序进行安装。接头部分应严格按设计要求施工，自攻螺钉的间距不大于 300mm。

(3) 墙螺钉的位置应在檩条的正中。面板的安装应借助活动脚手架，按屋面板安装顺序自下而上安装，两块板的搭接长度不应小于 120mm，应保证搭接长度一致、墙面板波纹线垂直、屋面板波纹线与屋脊垂直、螺钉应整齐排列，间距为 300～500mm 等。

目前，钢结构的高层建筑呈现出井喷的发展趋势。越来越多的高层建筑采取了钢结构建筑施工。钢结构安全、稳定的性能让钢结构的高层建筑获得了较好的声誉。

9.1　钢结构材料与构件

钢结构材料与构件是指用钢板和热轧、冷弯或焊接型材通过连接件连接而成的能承受和传递荷载的结构形式。钢结构体系具有自重轻、工厂化制造、安装快捷、施工周期短、抗震性能好、投资回收快、环境污染少等综合优势，与钢筋混凝土结构相比，更具有在“高、大、轻”3 个方面发展的独特优势，在全球范围内，特别是发达国家和地区，钢结构在建筑工程领域中得到了合理、广泛的应用。

9.1.1　高层建筑用钢的种类

高层建筑钢结构用钢种类有普通碳素钢、普通低合金钢和热处理低合金钢 3 大类。被大量使用的是普通碳素钢。我国目前在建筑钢结构中应用最普遍的是 Q235 钢。

1. 《高层建筑钢结构设计与施工规程》(DG/TJ 08—32—2008)规定

(1) 基于高层钢结构的重要性，把冷弯试验、冲击韧性、屈服点、抗拉强度和伸长率并列为钢材力学性能的 5 项基本要求，只有这 5 项指标都合格的钢材才被允许在高层建筑中使用。

(2) 对于抗震高层钢结构，钢材的强屈比应不低于 1.2，对 8 度以上设防的钢结构，强屈比应不低于 1.5。

(3) 有明显的屈服台阶，伸长率应不小于 20%，应具有良好的延性和可焊性。对于钢柱，为防止厚板层状撕裂，对硫、磷含量需做进一步控制，应不大于 0.04%。

2. 建筑钢材的产品种类

建筑钢材的产品种类一般分为型材、板材(包括钢带)、管材和金属制品 4 类。

(1) 型材。钢结构用钢，主要有角钢、工字钢、槽钢、方钢、吊车轨道、金属门窗、钢板桩型钢等。钢筋混凝土结构用钢筋，有线材(直径 5～9mm)或小型材(直径>9mm)之分。前者呈热轧盘条(包括热处理钢筋)，后者为直条的光圆或螺纹钢筋。

(2) 板材。主要是钢结构用钢，建筑结构中主要采用中厚板与薄板。中厚板广泛用于建造房屋、塔桅、桥梁、压力容器、海上采油平台、建筑机械、构筑物或容器等。薄板经压制成型后广泛用于建筑结构的屋面、墙面、楼板等。

(3) 管材。主要用于桁架、塔桅等钢结构中。

(4) 金属制品。土木工程中主要使用的产品有钢丝、钢丝绳、预应力钢丝及钢绞线。钢丝中的低碳钢丝主要用作塔架拉线、绑扎钢筋和脚手架，制作圆钉、螺钉等；冷拔低碳钢丝主要用作钢筋网或小型预应力构件；预应力钢丝及其绞线是预应力结构的主要材料。

9.1.2 现代高层建筑的钢材品种

在现代高层钢结构中，传统的工字钢、槽钢、角钢、扁钢由于其截面力学性能欠佳，已逐渐被淘汰，取而代之的是经济、截面力学合理、承载能力强的现代钢材，具体品种及其性能见表 9-1。

表 9-1 钢材的品种及性能

品 种	性 能
热轧 H 型钢	翼缘宽，侧向刚度大；抗弯能力强，比工字钢大 5%～10%，翼缘两表面相互平行，构造方便
焊接工字截面	在高层钢结构中，用 3 块板焊接而成的工字形截面是广泛采用的截面形式。它在设计上有更大的灵活性，可按照设计条件选择最经济的截面尺寸，改善结构性能
热轧方钢管	用热挤压法生产，价格比较昂贵，但施工时二次加工容易，外形美观
离心圆钢管	用离心浇铸法生成的钢管，其化学成分和机械性能与卷板自动焊接钢管相同，专用于钢管混凝土结构
热轧 T 型钢	一般用热轧 H 型钢沿腹钢板中线隔开而成，最适用于桁架上下弦，比双角钢弦杆节省节点板，回转半径增大，桁架自重减小，有时也用于支撑结构的斜撑杆件
热轧厚钢板	在高层钢结构中被广泛采用，我国的厚度标准为 4～60mm，大于 60mm 的为特厚钢板

9.1.3　高层建筑钢结构构件

钢结构构件包括柱子、梁和桁架、钢结构的连接节点等。

1. 柱子

高层钢结构钢柱的主要截面形式有箱形断面、H 形断面和十字形断面，一般都是焊接截面，热轧型钢使用得不多。就结构体系而言，筒中筒结构、钢混凝土混合结构和型钢混凝土结构多采用 H 形柱，其他结构多采用箱形柱；十字形柱则用于构架结构底部的型钢混凝土柩架部分。

2. 梁和桁架

高层钢结构的梁的用钢量约占结构总用钢量的 65%，其中主梁占 35%～40%，因此梁的布置要力求合理、连接简单、规格少、有利于简化施工和节省钢材。在高层钢结构中采用最多的梁是工字截面，受力小时也可采用槽钢，受力很大时则采用箱形截面，但其连接非常复杂。

截面高度相同时，轧制 H 型钢要比焊接工字截面便宜。对于重荷载或传递弯矩，则采用焊接箱形梁。当净空高度受到限制时，也可采用双槽钢和钢板组焊而成的截面，但钢梁内部必须做防锈处理。

【知识拓展】

把桁架用于高层钢结构楼盖水平构件，可做到大跨度、小净空，工程管线安装方便。平行弦桁架是用钢量最小的一种水平构件，但制造比较费工费时。楼盖钢桁架一般由平行的上下弦杆和腹杆(斜撑和竖撑或只用斜撑)组成。弦杆和腹杆可采用角钢、槽钢、T 型钢、H 型钢、矩形和正方形截面钢管等钢材。

3. 钢结构的连接节点

连接节点是钢结构中极其重要的结构部位，它将梁、柱等构件连接成了一个整体结构系统，使其获得了空间刚度和稳定性，并通过它把一切荷载传递给基础。

连接节点按其传力情况分为铰接、刚接和介于两者之间的半刚接。设计中主要采用前两者，半刚接采用较少。在实际工程中，真正的铰接和刚接是不容易做到的，只能是接近于铰接或刚接。按连接的构件分主要有钢柱柱脚与基础的连接、柱柱连接、柱梁连接、柱梁支撑连接、梁梁连接(梁与梁对接和主梁与次梁连接)、梁混凝土筒连接等。

9.1.4　高层建筑钢结构的加工制造

由于高层建筑钢结构的精度要求高，因此，构件的加工制造一般由专门的钢结构加工厂在工厂预制完成。具体流程如图 9-1 所示。

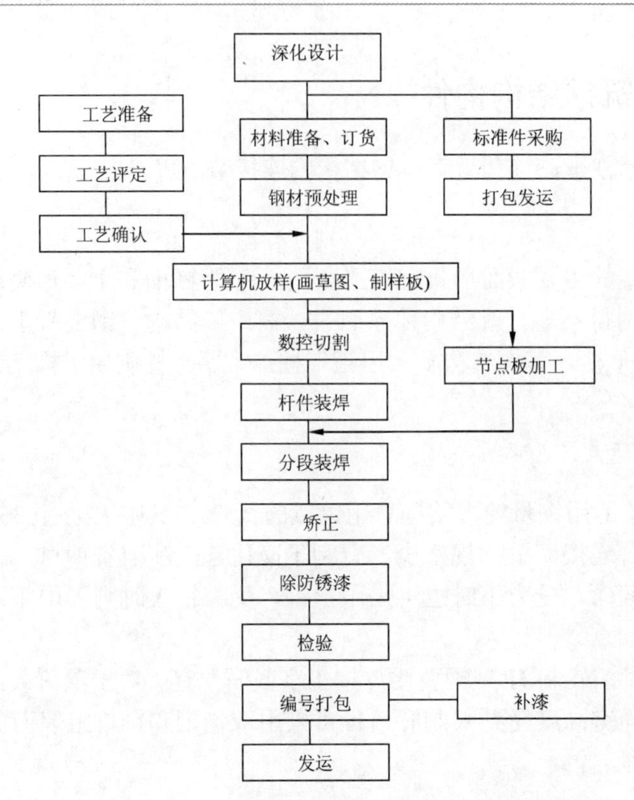

图 9-1 钢结构的加工制造流程示意图

9.2 高层钢结构安装

《钢结构安装规范》(GB 50017—2003)根据结构的重要性、荷载特性、焊缝形式、工作环境以及应力状态等情况，规定了钢结构安装的四条原则，具体如下。

(1) 在需要进行疲劳计算的构件中，凡对接焊缝均应焊透，其质缝等级如下。

① 作用力垂直于焊缝长度方向的横向对接焊缝或 T 形对接与角接组合焊缝，受拉时应为一级，受限时应为二级。

② 作用力平行于焊缝长度方向的纵向对接焊缝应为二级。

(2) 在不需要计算疲劳的构件中，凡要求与母材等强的对接焊缝应焊透，其质量等级当受拉时应不低于二级，受压时应为二级。

(3) 重级工作制和起重量 $Q\geqslant 50$t 的中级工作制吊车梁的腹板，与上翼缘之间以及吊车桁架上弦杆与节点板之间的 T 形接头焊缝，均要求焊透。焊缝形式一般为对接与角接的组合焊缝，其质量等级不应低于二级。

(4) 不要求焊透的 T 形接头，采用的角焊缝或部分焊透的对接与角接组合焊缝，以及搭接连接采用的角焊缝，其质量等级要求如下。

① 对直接承受动力荷载且需要验算疲劳的结构和吊车起重量等于或大于 50t 的中级工作制吊车梁，焊缝的外观质量标准应符合二级。

② 对其他结构，焊缝的外观质量标准可为三级。

9.2.1 高层钢结构安装前的准备工作

高层钢结构安装前的准备工作包括安装机械的选择、安装流水段的划分、钢构件的运输和堆放、钢构件预检、标高块设置及柱底灌浆。

1. 安装机械的选择

高层钢结构的安装都使用塔机，这就要求塔机的臂杆足够长以使其具有足够的覆盖面，要有足够的起重能力，满足不同部位构件起吊要求。钢丝绳容量要满足起吊高度要求。起吊速度要有足够档位，满足安装需要。多机作业时，相互之间要有足够的高差，互不碰撞。

2. 安装流水段的划分

高层钢结构安装需按照建筑物平面形状、结构形式、安装机械数量和位置等划分流水段。其总原则是：平面流水段划分应考虑钢结构安装过程中的整体稳定性和对称性，安装顺序一般由中央向四周扩展，以减少焊接误差。立面流水段划分，一般以一节钢柱高度内所有构件作为一个流水段。

3. 钢构件的运输和堆放

1) 钢构件的运输

发运的构件，单件超过 3t 的，宜在易见部位用油漆标上重量及重心位置的标志，以免在装、卸车和起吊过程中损坏构件。节点板、高强度螺栓连接面等重要部分要有适当的保护措施，零星的部件等都要按同一类别用螺栓和铁丝紧固成束或打包发运。

大型或重型构件的运输应根据行车路线、运输车辆的性能、码头状况、运输船只来编制运输方案。在运输方案中要着重考虑吊装工程的堆放条件、工期要求来编制构件的运输顺序。

运输构件时，应根据构件的长度、重量断面形状选用车辆；构件在运输车辆上的支点、两端伸长的长度及绑扎方法均应保证构件不产生永久变形、不损伤涂层。构件起吊必须按设计吊点起吊，不得随意。

公路运输装运的高度极限为 4.5m，如需通过隧道时，则高度极限应降为 4m，构件长出车身不得超过 2m。

2) 构件的堆放

构件一般要堆放在工厂的堆放场和现场的堆放场。构件堆放场地应平整坚实，无水坑、冰层，地面平整干燥，并应排水通畅，有较好的排水设施，同时有车辆进出的回路。

构件应按种类、型号、安装顺序划分区域，插竖标志牌。构件底层垫块要有足够的支承面，不允许垫块有大的沉降量，堆放的高度应有计算依据，以最下面的构件不产生永久变形为准，不得随意堆高。钢结构产品不得直接置于地上，要垫高 200mm。

在堆放中，发现有变形不合格的构件，则应严格检查，进行矫正，然后再堆放。不得将不合格的变形构件堆放在合格的构件中，否则会大大地影响安装进度。

对于已堆放好的构件，要派专人汇总资料，建立完善的进出厂的动态管理，严禁乱翻、乱移，并进行适当保护，避免风吹雨打、日晒夜露。

不同类型的钢构件一般不堆放在一起。同一工程的钢构件应分类堆放在同一地区，便于装车发运。

4. 钢构件预检

钢构件加工制作完成后，应按照施工图和国标《钢结构工程施工及验收规范》(GB50205—2001)的规定进行验收，一般分工厂验收和工地验收。由于工地验收环节中增加了运输的因素，因此钢构件出厂时还应提供下列资料。

(1) 产品合格证及技术文件。

(2) 施工图和设计变更文件。

(3) 制作中技术问题处理的协议文件。

(4) 钢材、连接材料、涂装材料的质量证明或试验报告。

(5) 焊接工艺评定报告。

(6) 高强度螺栓摩擦面抗滑移系数试验报告，焊缝无损检验报告及涂层检测资料。

(7) 主要构件检验记录。

(8) 预拼装记录。由于受运输、吊装条件的限制，另外设计的复杂性，有时构件要分若干段出厂，为了保证工地安装的顺利进行，在出厂前应进行预拼装。

(9) 构件发运和包装清单。

5. 标高块设置及柱底灌浆

(1) 标高块设置。柱基表面采取设置临时支承标高块的方法来保证钢柱安装控制标高，要根据荷载大小和标高块材料强度确定标高块的支承面积。

(2) 柱底灌浆。一般在第一节钢框架安装完成后即可开始紧固地脚螺栓并进行灌浆。灌浆前必须对柱基进行清理，立模板，用水冲洗基础表面，排除积水，螺孔处必须擦干，然后用自流平砂浆连续浇灌，一次块，到时试压，作为验收资料完成流出的砂浆应清除干净，加盖草包养护。

9.2.2 钢结构构件的连接

钢结构构件的连接方法有焊接连接和高强度螺栓连接两种。

1. 焊接连接

高层钢结构建筑焊接方法一般使用手工焊接和半自动焊接两种方法。焊接母材厚度不大于 30mm 时采用手工焊接，大于 30mm 时采用半自动焊接。此外尚需根据工程焊接量的大小和操作条件等来确定。手工焊接的最大优点是灵活方便，机动性大；缺点是焊工技术素质要求高，劳动强度大，影响焊接质量的因素多。半自动焊接质量可靠，工效高，但操作条件相应比手工焊要求高，并且需要同手工焊接结合使用。

高层钢结构构件接头的施焊顺序比构件的安装顺序更为重要。焊接顺序不合理会使结构产生难以挽回的变形，甚至会因内应力而将焊缝拉裂。因此焊接过程中应注意以下问题。

(1) 柱与柱的对接焊，应由两名焊工在两相对面等温、等速对称焊接。

(2) 梁、柱接头的焊缝，一般先焊 H 型钢的下翼缘板，再焊上翼缘板。梁的两端先焊一端，待其冷却至常温后再焊另一端。

(3) 柱与柱、梁与柱的焊缝接头，要注意焊缝收缩值随周围已安装柱、梁的约束程度的不同而变化。

2. 高强度螺栓连接

钢结构高强度螺栓连接一般是指摩擦连接。它借助螺栓紧固产生的强大轴力夹紧连接板，靠板与板接触面之间产生的抗剪摩擦力传递同螺栓轴线方向相垂直的应力。因此，螺栓只受拉不受剪。施工简便而迅速，易于掌握，可拆换，受力好，耐疲劳，较安全，已成为取代铆接和部分焊接的一种主要的现场连接手段。

高强度螺栓的类型除大六角头普通型外，广泛采用的是扭剪型高强度螺栓。扭剪型高强度螺栓是在普通大六角头螺栓的基础上发展起来的。区别仅是外形和施工方法不同，其力学性能和紧固后的连接性能完全相同。

9.2.3　钢结构构件的安装工艺

钢结构构件的安装工艺包括钢柱安装、框架钢梁安装、墙板安装、钢扶梯安装。

1. 钢柱安装

第一节钢柱应安装在柱基临时标高支承块上，钢柱安装前应将登高扶梯和挂篮等临时固定好。钢柱起吊后要对准中心轴线就位，固定地脚螺栓，校正垂直度。其他各节钢柱都安装在下节钢柱的柱顶(采用对接焊)，钢柱两侧装有临时固定用的连接板，上节钢柱对准下节钢柱柱顶中心线后，即用螺栓固定连接板作临时固定。

2. 框架钢梁安装

钢梁在吊装前，应在柱子牛腿处检查标高和柱子间距。主梁吊装前，应在梁上装好扶手杆和扶手绳，待主梁吊装就位后，将扶手绳与钢柱系牢，以保证施工人员的安全。

钢梁采用两点起吊，一般在钢梁上翼缘处开孔，作为吊点。吊点位置取决于钢梁的跨度。为加快吊装速度，对质量较小的次梁和其他小梁，常利用多头吊索一次吊装数根。

水平析架的安装基本同框架梁，但吊点位置选择应根据析架的形状而定，需保证起吊后平直，便于安装连接。安装连接螺栓时严禁在情况不明的情况下任意扩孔，连接板必须平整。

3. 墙板安装

装配式剪力墙板安装在钢柱和楼层框架梁之间，剪力墙板有钢制墙板和钢筋混凝土墙板两种。

剪力支撑安装部位与剪力墙板吻合，安装时也应采用剪力墙板的安装方法，尽量组合后再进行安装。

4. 钢扶梯安装

钢扶梯一般以平台部分为界限分段制作，其构件是空间体，与框架同时进行安装，最后再进行位置和标高调整。钢扶梯常被用来作为施工人员在楼层之间的工作通道，其安装工艺简便，但定位固定较复杂。

9.2.4 高层钢框架的校正

钢柱校正要做 3 件工作：柱基标高调整，柱基轴线调整，柱身垂直度校正等。

1. 柱基标高调整

放下钢柱后，利用柱底板下的螺母或标高调整块控制钢柱的标高(因为有些钢柱过重，螺栓和螺母无法承受其重量，故柱底板下需加设标高调整块——钢板调整标高)，精度可控制在±1mm 以内，柱底板下预留的空隙，可以用高强度、微膨胀、无收缩砂浆以捻浆法填实。当使用螺母作为调整柱底板标高时，应对地脚螺栓的强度和刚度进行计算。

2. 第一节柱底轴线调整

其对线方法是：在起重机不松钩的情况下，将柱底板上的 4 个点与钢柱的控制轴线对齐缓慢降落至设计标高位置。

3. 第一节柱身垂直度校正

采用缆风绳校正方法。用两台呈 90° 的经纬仪找垂直。在校正过程中，不断微调柱底板下螺母，直到校正完毕，将柱底板上面的两个螺母拧上，缆风绳松开不受力，柱身呈自由状态，再用经纬仪复核，如有微小偏差，再重复上述过程，直至无误，将上螺母拧紧。

地脚螺栓的上螺母一般用双螺母，可在螺母拧紧后，将螺母与螺杆焊实。

4. 柱顶标高调整和其他框架钢柱标高控制

柱顶标高调整和其他框架钢柱标高控制可用两种方法：一是按相对标高安装，二是按设计标高安装。一般采用相对标高安装。钢柱吊装就位后，用大六角头高强度螺栓固定连接上下钢柱的连接耳板，但不能拧得太紧，通过起重机起吊，撬棍可微调柱间间隙。量取上下柱顶预先标定的标高值，符合要求后打入钢楔、点焊限制，钢柱下落，考虑到焊缝及压缩变形，标高偏差调整控制在 4mm 以内。

5. 第二节钢柱轴线调整

为使上下柱不出现错口，尽量做到上下柱中心线重合。钢柱中心线偏差每次调整在 3mm 范围以内，如偏差过大应分 2～3 次调整。

每一节钢柱的定位轴线绝对不允许使用下一节钢柱的定位轴线，应从地面控制线引至高空，以保证每节钢柱安装正确无误，避免产生过大的积累误差。

9.2.5 楼面工程及墙面工程

高层钢结构中，楼面由钢梁和混凝土楼板组成。它有传递垂直荷载和水平荷载的结构功能。楼面应当轻质，并有足够的刚度，易于施工，为结构安装提供方便，尽可能快地为后继防火、装修和其他工程创造条件。

1. 楼板种类

高层钢结构中，楼板种类有压型钢板现浇楼板、钢筋混凝土叠合楼板、预制楼板和现浇楼板。

2. 墙面工程

高层钢框架体系一般采用在钢框架内填充与钢框架有效连接的剪力墙板(框架-剪力墙结构)。这种剪力墙板可以是预制钢筋混凝土墙板、带钢支撑的预制钢筋混凝土墙板或钢板墙板，墙板与钢结构的连接用焊接或高强度螺栓固定，也可以是现浇的钢筋混凝土剪力墙。

【小贴士】

为减轻自重，对非承重结构的隔墙、围护墙等，一般广泛采用各种轻质材料，如加气混凝土、石膏板、矿渣棉、塑料、铝板、玻璃围幕等。

9.2.6　安全施工的措施

钢结构高层建筑施工的安全问题十分突出，应该采取有力措施保证施工安全，具体如下。

(1) 在柱、梁安装后而未设置压型钢板的楼板时，为便于人员行走和施工方便，需在钢梁上铺设适当数量的走道板。

(2) 在钢结构吊装期间，为防止人员、物料和工具坠落或飞出造成安全事故，需铺设安全网。安全网分平网和竖网。

(3) 为便于接柱施工，并保证操作工人的安全，在接柱处要设操作平台，平台固定在下节柱的顶部。

(4) 钢结构施工需要许多设备，如电焊机、空气压缩机、氧气瓶、乙炔瓶等，这些设备需随着结构安装而逐渐升高。为此，需在刚安装的钢梁上设置存放施工设备用的平台。固定平台钢梁的临时螺栓数要根据施工荷载计算确定，不能只投入少量的临时螺栓。

(5) 为便于施工登高，吊装钢柱前要先将登高钢梯固定在钢柱上。为便于进行柱梁节点紧固高强度螺栓和焊接，需在柱梁节点下方安装吊篮脚手架。

(6) 施工用的电动机械和设备均需接地，绝对不允许使用破损的电线和电缆，严防设备漏电。施工用电气设备和机械的电缆，需集中在一起，并随楼层的施工而逐节升高。每层楼面须分别设置配电箱，供每层楼面施工用电需要。

(7) 高空施工，当风速达 10m/s 时，有些吊装工作要停止；当风速达到 15m/s 时，一般应停止所有的施工工作。

(8) 施工期间应该注意防火，配备必要的灭火设备和消防人员。

【案例 9-1】工程名称：回龙观 G09 区经济适用房 G090#楼

多层及高层钢结构工程：根据结构平面选择适当的位置，先做样板间成稳定结构，采用“节间综合法”：钢柱-柱间支撑(或剪力墙)→钢梁(主、次梁)、由样板间向四周发展，或采用“分件流水法”安装。

【分析】

1. 材料要求

在多层与高层钢结构现场施工中，安装用的材料，如焊接材料、高强度螺栓、压型钢板、栓钉等应符合现行国家产品标准和设计要求。多层与高层建筑钢结构的钢材，主要采用Q235的碳素结构钢和Q345的低合金高强度结构钢。其质量标准应分别符合我国现行国家标准《碳素结构钢》(GB700)和《低合金高强度结构钢》(GB/T1591)的规定。当有可靠根据时，可采用其他牌号的钢材。当设计文件采用其他牌号的结构钢时，应符合相对应的现行国家标准。

钢型材有热轧成型的钢板和型钢，以及冷弯成型的薄壁型钢。

热轧钢板有：薄钢板(厚度为0.35～4mm)、厚钢板(厚度为4.5～6.0mm)、超厚钢板(厚度>60mm)，还有扁钢(厚度为4～60mm，宽度为30～200mm，比钢板宽度小)。

钢板和型钢表面允许有不妨碍检查表面缺陷的薄层氧化铁皮、铁锈、由于压入氧化铁皮脱落引起的不显著的粗糙和划痕、轧辊造成的网纹和其他局部缺陷，但凹凸度不得超过厚度负公差的一半。对低合金钢板和型钢的厚度还应保证不低于允许最小厚度。

钢板和型钢表面缺陷不允许采用焊补和堵塞处理，应用凿子或砂轮清理。清理处应平缓无棱角，清理深度不得超过钢板厚度负偏差的范围，对低合金钢还应保证不薄于其允许的最小厚度。

要求钢板在厚度方向有良好的抗层状撕裂性能，参见国家标准《厚度方向性能钢板》(GB5313—85)，行业标准《高层建筑结构用钢板》(YB4104—2000)中相关规定。

2. 现场安装的材料准备

(1) 根据施工图，测算各主耗材料(如焊条、焊丝等)的数量，做好订货安排，确定进厂时间。

(2) 各施工工序所需临时支撑、钢结构拼装平台、脚手架支撑、安全防护、环境保护器材数量确认后，安排进厂制作及搭设。

(3) 根据现场施工安排，编制钢结构件进厂计划，安排制作、运输计划。对于特殊构件的运输，如有放射性、腐蚀性的，要做好相应的措施，并到当地的公安、消防部门登记；如超重、超长、超宽的构件，还应规定好吊耳的设置，并标出重心位置。

3. 操作工艺

(1) 钢结构吊装顺序。

多层与高层钢结构吊装一般需划分吊装作业区域，钢结构吊装按划分的区域，平行顺序同时进行。当一片区吊装完毕后，即进行测量、校正、高强度螺栓初拧等工序，待几个片区安装完毕后，对整体再进行测量、校正、高强度螺栓终拧、焊接。焊后复测完，接着进行下一节钢柱的吊装。并根据现场实际情况进行本层压型钢板吊放和部分铺设工作等。

(2) 螺栓预埋。

螺栓预埋很关键，柱位置的准确性取决于预埋螺栓位置的准确性。预埋螺栓标高偏差控制在+5mm以内，定位轴线的偏差控制在±2mm。

(3) 钢柱安装工艺。

第一节钢柱吊装：吊点位置及吊点数，根据钢柱形状、断面、长度、起重机性能等具体情况确定。一般钢柱弹性和刚性都很好，吊点采用一点正吊。吊点设置在柱顶处，柱身竖直，吊点通过柱重心位置，易于起吊、对线、校正。

起吊方法如下。

① 多层与高层钢结构工程中，钢柱一般采用单机起吊，对于特殊或超重的构件，也可采取双机抬吊。双机抬吊应注意以下事项：尽量选用同类型起重机；根据起重机能力，对起吊点进行荷载分配；各起重机的荷载不宜超过其相应起重能力的 80%；在操作过程中，要互相配合，动作协调，如采用铁扁担起吊，尽量使铁扁担保持平衡，倾斜角度小，以防一台起重机失重而使另一台起重机超载，造成安全事故；信号指挥，分指挥必须听从总指挥。

② 起吊时钢柱必须垂直，尽量做到回转扶直，根部不拖。起吊回转过程中应注意避免同其他已吊好的构件相碰撞，吊索应有一定的有效高度。

③ 第一节钢柱是安装在柱基上的，钢柱安装前应将登高爬梯和挂篮等挂设在钢柱预定位置并绑扎牢固，起吊就位后临时固定地脚螺栓，校正垂直度。钢柱两侧装有临时固定用的连接板，上节钢柱对准下节钢柱柱顶中心线后，即用螺栓固定连接板做临时固定。

④ 钢柱安装到位，对准轴线，必须等地脚螺栓固定后才能松开吊索。

(4) 钢柱校正。

钢柱校正要做好 3 件工作：柱基标高调整，柱基轴线调整，柱身垂直度校正。

① 柱基标高调整。放上钢柱后，利用柱底板下的螺母或标高调整块控制钢柱的标高(因为有些钢柱过重，螺栓和螺母无法承受其重量，故柱底板下须加设标高调整块——钢板调整标高)，精度可达到 ±1mm 以内。柱底板下预留的空隙，可以用高强度、微膨胀、无收缩砂浆以捻浆法填实。当使用螺母作为调整柱底板标高时，应对地脚螺栓的强度和刚度进行计算。

② 第一节柱底轴线调整。对线方法：在起重机不松钩的情况下，将柱底板上的四个点与钢柱的控制轴线对齐缓慢降落至设计标高位置。如果这四个点与钢柱的控制轴线有微小偏差，可借线。

③ 第一节柱身垂直度校正。采用缆风绳校正方法。用两台呈 90° 的经纬仪找垂直。在校正过程中，不断微调柱底板下螺母，直至校正完毕，将柱底板上面的两个螺母拧上，缆风绳松开不受力，柱身呈自由状态，再用经纬仪复核，如有微小偏差，再重复上述过程，直至无误后将上螺母拧紧。地脚螺栓上螺母一般用双螺母，可在螺母拧紧后，将螺母与螺杆焊实。

9.3 钢结构的防火与防腐

钢结构的优点在于施工快、强度高、抗震性强、结构占用面积小、工业化程度高、资金投入少等方面，因此广泛地应用在建筑工程中。一般情况下，普通的建筑用钢由于暴露在空气或者是潮湿的环境中则易出现腐蚀的现象。这是由于覆盖在钢材表面上的铁原子，在空气中被氧化变成铁锈，尤其是空气中含有丰富的盐碱酸类物质时，就更易出现这种问题。

钢结构除了易出现腐蚀之外，还会出现抗活性下降的状况。一般情况下钢结构在处于全负荷的状态时，若温度升高到 250～450℃，其强度则会有所下降，温度升高到 500℃左右时，则会下降一半以上的强度。除此之外，钢结构的抗压强度、弹性模量、荷载能力、屈服点等方面的力学性能都会出现一定程度的下降。所以在施工过程中就要采取有效的防火处理，以保证钢结构防火性能，确保钢结构在火灾中不被破坏。

1. 耐火极限等级

钢结构构件的耐火极限等级，是根据它在耐火试验中能继续承受荷载作用的最短时间来分级的。耐火时间大于或等于 30min，则耐火极限等级为 F30，每一级都比前一级长 30min，所以耐火时间等级分为 F30，F60，F90，F120，F150，F180 等。

钢结构构件耐火极限等级的确定，依建筑物的耐火等级和构件种类而定；而建筑物的耐火等级又是根据火灾荷载确定的。火灾荷载是指建筑物内如结构部件、装饰构件、家具和其他物品等可燃材料燃烧时产生的热量。

与一般钢结构不同，高层建筑钢结构的耐火极限又与建筑物的高度相关，因为建筑物越高，重力荷载也越大。高层钢结构的耐火等级分为Ⅰ级和Ⅱ级，其构件的燃烧性能和耐火极限应不低于表 9-2 的规定。

表 9-2　高层建筑构件的燃烧性能和耐火极限

构件名称		Ⅰ级	Ⅱ级
墙体	防火墙	非燃烧体 3h	非燃烧体 3h
	承重墙、楼梯间隔、电梯及单元之间的墙	非燃烧体 2h	非燃烧体 2h
	非承重墙、疏散走道两侧的隔墙	非燃烧体 1h	非燃烧体 1h
	房间隔墙	非燃烧体 45min	非燃烧体 45min
柱子	从楼顶算起(不包括楼顶塔形小屋)15m 高度范围内的柱子	非燃烧体 2h	非燃烧体 2h
	从楼顶算起向下 15～55m 高度范围内的柱子	非燃烧体 2.5h	非燃烧体 2h
	从楼顶算起 55m 以下高度范围内的柱子	非燃烧体 3h	非燃烧体 2.5h
其他	梁	非燃烧体 2h	非燃烧体 1.5h
	楼板、疏散楼梯及屋顶承重构件	非燃烧体 1.5h	非燃烧体 1.0h
	抗剪支撑、钢板剪力墙	非燃烧体 2h	非燃烧体 1.5h
	吊顶(包括吊顶隔栅)	非燃烧体 15min	非燃烧体 15min

注：当房间可燃物超过 200kg/m^2 而又不设自动灭火设备时，则主要承重构件的耐火极限按本表的数据再提高 0.5h。

2. 防火材料

钢结构的防火保护材料，应选择绝热性好、具有一定抗冲击振动能力、能牢固地附着在钢构件上、不腐蚀钢材的防火涂料或不燃性板型材。选用的防火材料，应具有国家检测机构提供的理化、力学和耐火极限试验检测报告。

防火材料的种类主要有以下几种。

(1) 热绝缘材料。

(2) 能量吸收(烧蚀)材料。

(3) 膨胀涂料。

大多数最常用的防火材料实际上是前两类材料的混合物。使用最广的具有优良性能的热绝缘材料有矿物纤维和膨胀骨料(如蛭石和珍珠岩)。最常用的热能吸收材料有石膏和硅酸盐水泥，它们遇热后会释放出结晶水。

3. 防火工程施工方法

钢结构高层建筑的防火十分重要，它关系到居住人员的生命财产安全和结构的稳定。高层钢结构防火措施的费用一般占钢结构造价的 18%～20%，占结构造价的 9%～10%，占整个建筑物造价的 5%～6%。钢结构构件的防火措施见表 9-3。

表 9-3　钢结构构件的防火措施

方　法	内　容
外包层	在钢结构外表添加外包层，可以采用现浇成型或喷涂法。现浇成型的实体混凝土外包层通常用钢丝网或钢筋来加强，以限制收缩裂缝，并保证外壳的强度。喷涂法可在施工现场对钢结构表面涂抹砂泵以形成保护层，砂泵可以是石灰水泥或是石膏砂浆，也可以掺入珍珠岩或石棉。同时外包层也可以用珍珠岩、石棉、石膏或石棉水泥、轻混凝土做成预制板，采用胶粘剂、钉子、螺栓固定在钢结构上
充水(水套)	空心型钢结构内充水是抵御火灾最有效的防护措施，这种方法能使水在钢结构内循环，吸收材料本身受热的热量，从而使钢结构在火灾中保持较低的温度。受热的水经冷却后可以进行再循环或由管道引入凉水来取代受热的水
屏蔽	钢结构设置在耐火材料组成的墙体或顶棚内，或将构件包藏在两片墙之间的空隙里，只要增加少许耐火材料即能达到防火的目的。这是一种最为经济的防火方法
膨胀材料	采用钢结构防火涂料保护构件，这种方法具有防火隔热性能好、施工不受钢结构几何形体限制等优点，一般不需要添加辅助设施，且涂层质量轻，还有一定的美观装饰作用，属于现代的先进防火技术措施

4. 防腐工程

钢结构腐蚀的程度和速度，与相对大气温度以及大气中侵蚀性物质的含量密切有关。研究表明，当相对大气湿度小于 70%时，钢材的腐蚀并不严重。只有当相对大气湿度超过 70%时，才会产生值得重视的腐蚀。

1) 钢结构腐蚀的化学过程与防腐蚀方法

在潮湿环境中，主要是氧化腐蚀，即氧气与钢材表面的铁产生化学作用而引起锈蚀。防止氧化腐蚀的主要措施是把钢结构与大气隔绝。如在钢结构表面现浇一定厚度的混凝土覆面层或喷涂水泥砂浆层等，不但能防火，也能保护钢材免遭腐蚀。另外，在钢结构表面增加一层保护性的金属镀层，也是一种有效的防腐方法。

2) 钢结构的涂装防护

用涂油漆的方法对钢结构进行防腐是使用得最多的一种防腐方法。钢结构的涂装防护施工包括钢材表面处理、涂层设计、涂层施工等。

(1) 钢材表面处理。进行钢材表面处理首先要确定钢材表面的原始状态、除锈质量等级、除锈方法和表面粗糙度等。

(2) 涂层设计。涂层设计包括涂料品种选择、确定涂层结构和涂层厚度。

(3) 涂层施工。

3) 金属镀层防腐

锌是保护性镀层用得最多的金属。在钢结构高层建筑中亦有不少构件是采用镀锌来进行防腐的。镀锌防腐多用于较小的构件。

镀锌可用热浸镀法或喷镀法。热浸镀锌在镀槽中进行可用来浸镀大构件，所镀锌层厚度约为 80～100μm。

【小贴士】

喷镀法可用于车间或工地上，镀的锌层厚度为 80～150μm。在喷镀之前应先将钢构件表面适当打毛。钢结构防腐的费用，约占建筑总造价的 0.1%～0.2%。一个较好的防腐系统，在正常气候条件下的使用寿命可达 10～15 年。在到达使用年限的末期，只需重新油漆一遍即可。

【案例 9-2】 根据设计要求，本装置防火的单元涉及挤压造粒厂房及脱气仓框架、循环气压缩框架、原料精制框架、排放气回收单元、主管廊及 240-006#管廊，具体区域及范围参见表 9-4。

表 9-4 防火装置设计要求

序号	单元区域/编号	防火施工部位	防火材料要求	耐火极限	厚 度
1	挤压造粒厂房及脱气仓框架/240-05	34.55m 以下钢柱	厚型无机并能适用于烃类火灾	2.5h	23mm
		34.55m 以下支撑及框架梁、支撑设备的钢梁		1.5h	12mm
		34.55m 以下室内屋面次梁		1.0h	12mm
2	循环气压缩框架/240-03	图纸中标注有“F”字样的构件	厚型无机并能适用于烃类火灾	柱不低于 2.0h	不低于 16mm
				梁及柱间支撑不低于 1.5h	不低于 12mm
3	原料精制框架/240-01	10m 以下钢柱、鞍式设备支座及标注有“F”字样的构件	厚型无机并能适用于烃类火灾	不低于 1.5h	不低于 12mm
4	排放气回收单元(氢气、氮气压缩)/240-04	10m 以下框架梁、柱	厚型无机并能适用于烃类火灾	不低于 3h	不低于 27mm
5	240-001#管廊/240-08	115-138 轴 6m 以下钢结构	厚型无机并能适用于烃类火灾	不低于 1.5h	不低于 12mm
6	240-006#管廊/240-03	东西向 R6A-R6F 轴、南北向 603-609 轴 7m 以下钢结构	厚型无机并能适用于烃类火灾	不低于 1.5h	不低于 12mm

【分析】

工程特点：工期紧、工程量大。交叉作业和高处作业多。防火涂料施工工序较多，质量控制难度大。

1. 材料的质量要求

用于保护钢结构的防火涂料必须具有国家检测机构的耐火极限和理化性能检测报告及防火监督部门核发的生产许可证和厂家产品质量证明书、出厂合格证，其各项指标应满足设计和规范要求。

到场的材料其质量应符合有关标准的规定，并应附有品种名称、技术性能、制造批号、贮存期限和使用说明。材料到达现场后，在使用前应按规范要求，以每500t为一批对产品的黏结强度和抗压强度等进行复验，合格后方可用于工程施工，严禁使用不合格的防火材料。

防火材料在保管和使用时，必须遵守有关规定，应在施工现场搭设专用仓库，并做好防雨、防潮措施，同时做到通风良好。

(1) 松散度：适中，不结块。

(2) 和易性：将配置好的涂料涂刷在一块150mm×150mm的薄铁板上，涂层厚度为150mm，铁板翻转使涂层朝下，涂层不脱落为合格。

2. 现场施工

(1) 钢结构及其他相关构件安装完毕，经验收合格并办理工序交接后，方可进行防火涂料施工。

(2) 施工前，钢结构表面涂刷的中间漆已经验收合格并附有交接记录。

(3) 鉴于现场涉及高空作业，根据实际情况，将在需要的施工区域四周搭设内外双排脚手架，将在内部区域根据实际搭设操作平台。挤压造粒厂房外部区域防火将采用电动吊笼进行施工，内部搭设双排架配以操作平台进行，必要时可以采用活动架进行施工。

(4) 为防止涂料飞溅对周围环境和结构造成污染，涂装前对现场已完工的环境、设施及不涂装的金属构件，特别是对已安装就位的设备，用五彩布进行有效的遮盖保护，待全部涂装工作结束后予以清除。同时，对有碍施工作业的区域进行清理，对拌料区域及材料堆放点等有火灾隐患的区域实施必要的防火措施(配备一定数量的灭火器材)。

(5) 施工前，钢结构表面的杂物应清除干净，其连接处的缝隙应用防火涂料或其他防火材料填补堵平后方可施工。

(6) 地脚螺栓和螺母表面不应直接涂抹防火涂料，应先填塞其他保温材料(保温棉类材料)加以遮挡，然后再涂抹防火涂料。

3. 施工注意事项

(1) 被施工基材表面温度高于50℃时不宜施工。

(2) 刚施工完毕的防火涂料应做好防雨措施。

(3) 每次施工完毕，对所用设备及工具应及时清洗干净。

(4) 现场施工立体交叉作业较多，应多注意安全。

本 章 小 结

本章介绍了钢结构材料与构件、高层钢结构安装、钢结构防火与防腐等内容。章节首先介绍了钢结构材料与构件，内容包括钢的种类，钢材品种、钢结构构件以及钢结构的加工制造；接着介绍了高层钢结构安装的知识，包括高层钢结构安装的特点、高层钢结构安装前的准备工作、钢结构构件的连接、钢结构构件的安装工艺、高层钢框架的校正、楼面工程及墙面工程、安全施工措施；章节最后介绍了钢结构防火与防腐的相关知识。通过学习，读者对钢结构的概念及其在高层建筑中的作用要读者需要掌握钢结构在高层建筑中的重要性及其安装与施工注意事项。

思考与练习

1. 钢结构构件的连接方法和连接方式各有哪几种?
2. 如何划分平面上安装的流水段?
3. 钢柱就位后调整的顺序是什么?
4. 钢结构安装在立面上的焊接顺序是什么？柱与柱和梁柱接头的焊接有哪些技术要求?
5. 高强螺栓连接副由哪几部分组成？高强螺栓的种类都有哪些?
6. 高强螺栓安装与紧固有哪些技术要求?
7. 钢结构焊缝质量检验分为几级?

第 10 章

高层建筑大体积混凝土施工控制

学习目标

- 掌握高层建筑大体积混凝土施工控制概述。
- 了解大体积混凝土结构裂缝产生的机理。
- 掌握大体积混凝土温度裂缝控制。

本章导读

本章将对高层建筑大体积混凝土施工控制、大体积混凝土结构裂缝产生的机理、大体积混凝土温度裂缝控制等内容进行讲解。章节首先对高层建筑大体积混凝土施工控制进行概述；接着对大体积混凝土结构裂缝产生的机理进行分析，包括裂缝种类及成因、大体积混凝土温度裂缝的产生原理；然后对大体积混凝土温度裂缝控制进行介绍，包括控制混凝土温升、混凝土的保温和养护、混凝土的温度监测工作等。

项目案例导入

某市交行大厦主楼地下 3 层，钢筋混凝土筏形基础承台板厚 3.00m，平面 48.80m×48.80m，承台混凝土量为 6360m^3。商住楼地下 2 层，承台板厚 1.80m，混凝土量为 1817m^3。地下车库承台板厚 1.00m，混凝土量为 2319m^3，承台中段设后浇带 1 道。承台混凝土强度等级为 C30，抗渗等级 S6，总量 10496.00m^3。

案例分析

为保证相邻已有建筑安全，先施工商住楼、车库基础，后施工主楼基础，这样承台施工由浅入深，同时也降低了商住楼、车库的基坑降水费用。主楼承台分两层浇筑，每层厚 1.5m，埋设ϕ50 冷却循环散热水管，距承台底 300mm 至承台表面向上 100mm，埋没ϕ50 垂直散热水管，间隔 6000mm 双向均匀布置，择合适水泥，将水泥用量控制在 450kg/m^3。

掺外加剂，掺加水泥用量 4%的复合液，它同时具有防水剂、膨胀剂、减水剂、缓凝剂 4 种外加剂的功能。使用水量减少 20%左右，水灰比可控制在 0.55 以下，初凝延长到 5h 左右。

严格控制骨料级配和含泥量。选用ϕ40mm 连续级配碎石(其中ϕ30mm 级配含量 65%左右)，细度模数 2.80～3.00 的中砂(通过 0.315ϕ 凹筛孔的砂不少于 15%，砂率控制在 40%～45%)。砂、石含泥量控制在 1%以内，并不得混有有机质等杂物，杜绝使用海砂。

高层建筑大体积混凝土施工的强度和厚度都会对高层建筑的质量产生影响。施工者在施工时一定要严格按照设计图纸施工，确保混凝土浇灌的质量。本章我们就来学习高层建筑大体积混凝土施工控制的相关知识。

10.1 概　　述

工程结构中的大体积混凝土如箱形基础，施工期间混凝土水化热引起的温度作用和自身收缩等变形将产生较大的温度应力，若设计和施工不当就会产生危害性裂缝。过去，我国大都采用设置伸缩缝或后浇带的方法来解决这种问题，但由于结构的整体性、使用功能和建设工期等方面的原因，现对这类结构均提出了无缝施工的要求，即在施工中不设伸缩缝或后浇带，同样能够满足设计和施工质量的要求。

在建筑工程中，混凝土、钢筋混凝土是建筑结构的主要材料。由于经济建设规模的迅速扩大，建筑业向高、大、深和复杂结构的方向发展。工业建筑中的大型设备基础、大型构筑物的基础、高层、超高层和特殊功能建筑的箱型基础及转换层，有较高承载力的桩基厚大承台等都是体积较大的钢筋混凝土结构，大体积混凝土已大量地应用于工业与民用建筑之中。

对于什么是大体积混凝土，目前国内尚无统一的定义。只有《普通混凝土配合比设计规程》(JGJ 55—2011)认为“混凝土结构物中实体最小尺寸大于或等于 1m 的部位所用的混凝土简称大体积混凝土”。这种提法不够科学准确，因为很多独立基础的最小尺寸大于 1m，却不是大体积，也有很多结构最小尺寸小于 1m，但体积较大，水化热引起的变形也较大，应列入大体积混凝土之列。

美国混凝土学会认为，大体积混凝土是“现场浇筑的混凝土，尺寸大到需要采取措施降低水化热和水化热引起的体积变化。以最大限度地减少混凝土的开裂”。美国混凝土学会还认为应考虑水化热引起体积变化与开裂的问题。

国际预应力混凝土协会《海工混凝土设计与施工建议》规定“凡是混凝土一次浇筑最小尺寸大于 0.6m，特别是水泥用量大于 400kg/m^3 时，应考虑采用水化放热慢的水泥或采取其他降温散热措施”。

综上所述，国外对大体积混凝土的定义考虑了混凝土结构的几何尺寸，同时也考虑了水泥水化热引起体积变化与裂缝问题。参照国外的标准，结合实际的工作经验，笔者认为大体积混凝土的定义为：现场浇筑混凝土结构的几何尺寸较大，且必须采取技术措施以避免水泥水化热及体积变化引起的裂缝，这类结构称为大体积混凝土。

【知识拓展】

“大体积混凝土”最早出现在水利水电工程中。在水利水电工程建设应用中许多科研工作者对“大体积混凝土”已做了大量细致的研究，发展至今从理论到施工方法，施工方案及优化控制等方面已比较成熟，并相应制定了一系列规定。

但是，建筑大体积混凝土由于工程规模的大小、结构形式、混凝土特点、配筋构造及受荷情况都与水利水电类建筑物差异很大。建筑工程大体积混凝土相比于大体积混凝土一般块体较薄，体积较小；混凝土设计强度高，单方混凝土水泥用量较大；连续性整体浇筑要求较高；结构构筑物多属于地下、半地下或室内，受外界条件变化影响较小。此外，在混凝土温度及温度应力的计算方法和采取的措施上，两者也有很多差异。在建筑工程中，大体积混凝土与一般混凝土也是不同的。大体积混凝土具有结构厚大、浇筑量大，工程条件复杂，且多为现浇超静定结构混凝土，施工技术和质量要求高等特点。因此，建筑大体积混凝土除了必须具有足够的强度、刚度、稳定性以外，还应满足结构物的整体性和耐久性要求。

10.2 大体积混凝土结构裂缝产生的机理

混凝土是由水泥浆、砂子和石子组成的水泥浆体和骨料的两相复合型脆性材料。因此存在着两种裂缝：肉眼看不见的微观裂缝和肉眼看得见的宏观裂缝。微观裂缝是混凝土本身就有的，它的宽度仅 2～5pm，主要有 3 种形式的微观缝：砂浆与石子黏结面上的裂缝，称为黏着裂缝；穿越砂浆的微裂缝，称为水泥石裂缝；穿越骨料的微裂缝，称为骨料裂缝。微观裂缝在混凝土结构中的分布是不规则、不贯通的，并且肉眼看不见，因此有微观裂缝的混凝土可以承受拉力。宽度不小于 0.05mm 的裂缝称为宏观裂缝，宏观裂缝是由微观裂缝扩展而来。

混凝土结构的裂缝产生的原因主要有 3 种：一是由外荷载引起的；二是结构次应力引起的裂缝，这是由于结构的实际工作状态和计算假设模型之间存在着差异；三是变形应力引起的裂缝，这是由温度、收缩、膨胀、不均匀沉降等因素引起的结构变形，当变形受到约束时便产生应力，当此应力超过混凝土抗拉强度时就产生裂缝田。

10.2.1 混凝土的宏观裂缝种类及成因

混凝土的宏观裂缝按其成因有温度裂缝、干缩裂缝、地基变形等。下面我们来介绍一下这些裂缝的成因。

1. 温度裂缝

温度裂缝是造成墙体早期裂缝的主要原因，这些裂缝一般经过一个冬夏之后才逐渐稳定，不再继续发展。裂缝的宽度随着温度变化而略有变化。

这类裂缝常在建筑物(特别是那些纵向较长的)混凝土平屋盖顶层两端的内外纵墙上、门窗洞两边以及砌体女儿墙根部。温度裂缝形态呈“八”字形或直线型，且显对称性，但有时又仅一端有裂缝。由于房屋两端为“自由端”，水平约束力较小；当屋面向两端热胀时，致使下部砌体出现正“八”字形缝，当冷缩时，就出现倒“八”字形缝。当温度上升的时，由于混凝土的膨胀大于砌体，楼板的膨胀受砌体的约束，从而在女儿墙根部形成向外的剪应力；当气温下降时，对女儿墙根部形成向内的剪应力，周而复始，墙体根部水平裂缝就产生了。

剪应力在墙体内的分布呈两端附近较大、中间渐小、顶层大、下部小的状态，所以温度裂缝也有明显的规律性，即两端重中间轻、顶层重往下轻、阳面重阴面轻。

控制温度的措施如下。

(1) 采用改善骨料级配，用干硬性混凝土，掺混合料，加引气剂或塑化剂等措施以减少混凝土中的水泥用量。

(2) 拌和混凝土时对水或用水将碎石冷却以降低混凝土的浇筑温度。

(3) 热天浇筑混凝土时应减少浇筑厚度，利用浇筑层面散热。

(4) 在混凝土中埋设水管，通入冷水降温。

(5) 规定合理的拆模时间，气温骤降时进行表面保温，以免混凝土表面发生急剧的温度梯度。

(6) 对施工中长期暴露的混凝土浇筑块表面或薄壁结构，在寒冷季节采取保温措施。

2. 干缩裂缝

烧结黏土砖和其他材料的烧结制品一样，其干缩变形相对很小，但变形完成却较快。黏土砖随含水率的增加而膨胀，在含水率降低时砖不会收缩，即这种膨胀不会因为在大气温度中变干而收缩。砖中的含水量取决于原材料的种类和烧制温度范围，只要不使用新出窑的满足了龄期的砖，一般不考虑砌体本身的干缩变形引起的附加应力。当砖从窑中取出时尺寸最小，然后随着含水率的增加而膨胀，即在潮湿情况下会产生较大的湿胀，而且这种湿胀是不可逆的变形。对于砌块、灰砂砖、粉煤灰砖等砌体，随着含水量的降低，材料会产生较大的干缩变形。轻骨料块体砌体的干缩变形更大，其干缩变形的特征是早期发展比较快。当砌体暴露在潮湿的空气中它开始膨胀，在开始的几个星期内膨胀最大，膨胀会以很低的速率持续几年，以后逐步变慢，几年后材料才能停止干缩。但是干缩后的材料受湿后仍会发生膨胀，脱水后材料会再次发生干缩变形，但其干缩率有所减小。

收缩裂缝不是结构裂缝，但它们破坏了墙体外观。这类干缩变形引起的裂缝在建筑上分布广、数量多、裂缝的程度也比较严重。比如房屋内外纵墙中间对称分布的倒“八”字裂缝；在建筑底部 1～2 层窗台边出现的斜裂缝或竖向裂缝；在屋顶圈梁下出现的水平缝和水平包角裂缝；在大片墙面上出现的底部重、上部较轻的竖向裂缝。收缩裂缝一般多出现在建筑物的下部几层，有的砌块房屋山墙大墙面中间部位出现了由底层一直延伸至三四层的竖向裂缝。另外不同材料和构件的差异变形也会导致墙体开裂。比如楼板错层处或高低层连接处常出现的裂缝，框架填充墙或柱间墙因不同材料的差异变形出现的裂缝；空腔墙内外叶墙用不同材料或温度、湿度变化引起的墙体裂缝，这种情况一般外叶墙裂缝较内叶墙严重。此外，由于砌筑砂浆强度不高，灰缝不饱满，干缩引起的裂缝往往呈发丝状分散在灰缝缝隙中，清水墙时不易被发现，当有粉刷抹面时就显露出来。干缩引起的裂缝宽度不大，且裂缝宽度较均匀。

预防干缩裂缝产生的措施如下。

(1) 选用干缩较小的水泥品种。普通水泥的干缩要低于矿渣水泥。

(2) 合理调整混凝土的配合比。采用低水灰比，低单方水泥和低用水量，同时还宜降低砂率，尽量采用粗砂。

(3) 适当提高混凝土的抗拉强度。在水泥用量一定的条件下，缩小水灰比可使混凝土抗拉强度增高大于混凝土干缩应力的增加，有减少裂缝的趋势。使用早强剂可提高混凝土的早期强度，但干缩也随之加大。因此，应以提高抗裂安全为目的，综合考虑后采取措施。

(4) 施工时应掌握正确的振捣方法，确保混凝土的密实，同时也要避免过振捣。加强湿水养护，确保养护质量，尽量延迟干缩的发生。

(5) 采用合理的设计构造措施。合理设置伸缩缝，减轻约束作用，缩小约束范围。同时薄壁构件的配筋应采用小直径增加布筋密度的方式，可减少裂缝的发展趋势。

3. 地基变形

房屋的地基因承受整幢房屋的荷载而产生压缩变形，导致房屋随之沉降。当地基土层不一致或土层一致而上部荷载不均匀时，结构物刚度差别悬殊时，地基就产生不同的压缩变形而形成不均匀沉降，使房屋的墙体中产生弯曲和剪切引起的附加应力。当差异沉降较大时，墙体内产生的拉应力将超过砌体的抗拉强度，墙体中会出现裂缝。地基、基础、建筑物构成了一个共同工作的整体，其内力和变形形态与土的性质、建筑物与地基的刚度、基础与建筑物的尺寸形状、材料的弹塑性性质、徐变等影响因素有关。

【小贴士】

地基不均匀沉降裂缝的形态是多种多样的，有些裂缝随时间长期变化，裂缝宽度较宽，有时宽至数厘米。地基变形裂缝主要分为剪切裂缝和弯曲裂缝，常见的有“八”字裂缝和斜向裂缝，多出现在房屋中下部且发生于房屋中下部的裂缝较上部宽度大。

10.2.2　大体积混凝土温度裂缝的产生原理

由于高层建筑、高耸结构物和大型设备基础的出现，大体积混凝土也被广泛采用，大体积混凝土结构的温度裂缝日益成为建筑工程技术人员面临的技术难题。大体积混凝土的质量问题是混凝土结构产生裂缝。造成结构裂缝的原因是复杂的，综合性的。但是，大体积混凝土从浇筑时起，到达设计强度止，即施工期间产生的结构裂缝主要是水泥水化热引起的温度变化造成的。

温度，作为一种变形作用，在混凝土结构中引起的裂缝有表面裂缝和贯穿裂缝两种。这两种裂缝在不同程度上都属于有害裂缝。大体积混凝土产生温度裂缝，是其内部矛盾发展的结果。矛盾的一方面是混凝土由于内外温差而产生的应力和应变，另一方面是外部约束和混凝土各质点间的约束，要阻止这种应变。一旦温度应力超过混凝土能承受的抗拉强度时，即会出现裂缝。这是导致混凝土温度裂缝产生的主要原因，具体如下。

1. 水泥水化热

水泥水化过程中要放出一定的热量。而大体积混凝土结构物一般断面较厚，水泥放出的热量聚集在结构物内部不易散发。通过实测，水泥水化热引起的温升，在水利工程中一般为 15～25℃，而在建筑工程中一般为 20～30℃，甚至更高。水泥水化热引起的绝热温升，是与混凝土单位体积中水泥用量和水泥品种有关，并随混凝土的龄期(时间)按指数关系增长，一般在10～12天接近于最终绝热温升。但由于结构物有一个自然散热条件，实际上混凝土内部的最高温度，多数发生在混凝土浇筑后的最初3～5天。由于混凝土的导热性能差，浇筑初期混凝土的强度和弹性模量都很低，对水化热引起的急剧温升约束不大，相应的温度应力也较小。随着混凝土龄期的增长，弹性模量的增高，对混凝土内部降温收缩的约束也就愈来愈大，以至产生很大的拉应力。当混凝土的抗拉强度不足以抵抗这种拉应力时，便开始出现温度裂缝。

2. 外界气温变化

大体积混凝土在施工阶段，外界气温对其变化影响是显而易见的，外界气温愈高，混凝土的浇筑温度也愈高；外界气温下降，混凝土的温度也降低，特别是气温骤降，会大大增加外层混凝土与内部混凝土的温度梯度，这对大体积混凝土是极为不利的。混凝土内部的温度是水化熟的绝热温度，浇注温度和结构物的散热降温等各种温度叠加，而温度应力则是由温差引起的温度变形造成的；温差愈大，温度应力也愈大。同时，在高温条件下，大体积混凝土不易散热，混凝土内部的最高温度一般在 60～65℃，并且有较大的连续时间(与结构尺寸和浇筑块体厚度有关)。在这种情况下，研究合理的温度控制措施，防止混凝土内外温差引起的过大温度应力，就显得更为重要。

3. 约束条件

各种结构物在变形变化过程中，必然会受到一定的“约束”或“抑制”而阻碍变形，这指的就是约束条件。约束条件一般可概括为两类：即外约束和内约束(亦称自约束)。外约束指结构物的边界条件，一般指支座或其他外界因素对结构物变形的约束。内约束指较大断面的结构，由于内部非均匀的温度及收缩分布，各质点变形不均匀而产生的相互约束。具有大断面的结构，其变形还可能受到其他物体的宏观约束。大体积混凝土由于温度变化会产生变形，而这种变形又受到约束，便产生了应力，这就是温度变化引起的应力状态。当应力超过某一数值时，便引起裂缝产生。

4. 混凝土的收缩变形

混凝土中 80%的水分要蒸发，约 20%的水分是水泥硬化所必需的。混凝土水化作用产生的体积变形，称为“自身体积变形”，该变形主要取决于胶凝材料的性质，对于普通水泥混凝土来说，大多数为收缩变形，少数为膨胀变形，一般在-50×10^{-6}～$+50\times10^{-6}$的范围内。如果以混凝土温度线膨胀系数为10^{-6}/℃计，当混凝土的自身体积变形从-0×10^{-6}激变至50×10^{-6}时，即相当于温度变化 10℃引起的变形，这一数值是相当可观的。

目前，补偿收缩混凝土的研究和发展逐渐认识到，如果有意识地控制和利用混凝土的自身体积膨胀，有可能大大改善某些混凝土的抗裂性。但对于普通水泥混凝土，由于大部分属于收缩的自身体积变形，数量级较小，一般在计算中可忽略不计。

【小贴士】

在混凝土中尚有 80%的游离水分需要蒸发。多余水分的蒸发会引起混凝土体积的收缩(干缩)，这种收缩变形不受约束条件的影响。若有约束，即可引起混凝土的开裂，并随龄期的增长而发展。混凝土的收缩机理比较复杂，其最大的原因可能是内部孔隙水蒸发变化时引起的毛细管引力。收缩在很大程度上是有可逆现象的。如果混凝土收缩后，再处于水饱和状态，还可以恢复膨胀并几乎达到原有的体积。干湿交替将引起混凝土体积的交替变化，这对混凝土是很不利的。此外，影响混凝土收缩的因素很多，主要是水泥品种和混合材、混凝土的配合成分，化学外加剂以及施工工艺，特别是养护条件等。

10.3　大体积混凝土温度裂缝的控制

由于高层建筑、高耸结构物和大型设备基础大量的出现，大体积混凝土也被广泛采用，大体积混凝土结构的温度裂缝控制日益成为建筑工程技术人员面临的技术难题。

10.3.1　控制大体积混凝土升温

大体积混凝土结构在降温阶段，由于降温和水分蒸发等原因产生收缩，再加上存在外约束不能自由变形而产生温度应力。因此，控制水泥水化热引起的温升，即减小降温温差，这对降低温度应力、防止产生温度裂缝能起釜底抽薪的作用。为控制大体积混凝土结构因水泥水化热而产生的温升，须采取以下相应的施工措施。

1. 选用中低热的水泥品种

混凝土升温的热源是水泥水化热，在施工中应选用水化热较低的水泥以及尽量降低单位水泥用量。为此，施工大体积混凝土结构多用 325#、425#矿渣硅酸盐水泥。

2. 掺加外加剂

为了满足送到现场的混凝土具有一定坍落度，如单纯增加单位水泥用量，不仅多用水泥，加剧混凝土收缩，而且会使水化热增大，容易引起开裂。因此应选择适当的外加剂。

1) 减水剂

目前国际上通用的高效减水剂主要有两类：一类是以磺酸盐甲醛缩合物为代表的磺化煤焦油系减水剂；另一类是以三聚氰胺磺酸盐甲醛缩合物为代表的树脂系减水剂。高效减水剂属阴离子表面活性剂，在其很长的碳氢链上含有大量的极性基，当它吸附于水泥颗粒表面时，在水泥颗粒周围形成了扩散双电位层，使水泥颗粒相互排斥而保持较好的分散状态，并使水的表面张力降低，从而大大提高了水泥浆体的流动性。与未掺高效减水剂的混凝土相比，采用同样的坍落度，掺高效减水剂的混凝土可大大减小水灰比。高效减水剂使用后，不仅能降低水灰比，而且能使混凝土拌和物中的水泥更为分散，从而使硬化后的空隙率及孔隙分布情况得到进一步改善。

通过试验，在同样水灰比情况下，掺高效成水剂的混凝土强度比不掺高效成水剂的混凝土要多，且坍落度增加很大。在保证相同坍落度条件下，掺高效减水剂的混凝土3天和7天内强度能提高50%～70%，28天后强度提高40%以上。木质素磺酸钙属阴离子表面活性剂，对水泥颗粒有明显的分散效应，并能使水的表面张力降低而引起加气作用。因此，在混凝土中掺入水泥重量0.25%的木钙减水剂(即木质素磺酸钙)，不仅能使混凝土和易性有明显的改善，同时又减少了 10%左右的拌和水，节约了 10%左右的水泥，从而降低了水化热。近年来，开发出一些新型“减低收缩剂”，常用的有UEA(United Expanding Agent), AEA(Aluninate Expansion Agent)，是掺入后可使混凝土空隙中水分表面张力下降从而减少收缩的新材料，它可减少收缩 40%～60%，但是能否起到有效地控制收缩裂缝的作用，还应注重其适用条件和后期收缩。

因此，要提高混凝土的强度，掺高效减水剂是很有效的措施。但是，掺高效减水剂的混凝土拌和物凝结时间可稍许提前并且坍落度损失较快。因此，大体积混凝土施工时易使用缓凝型高效减水剂。掺入缓凝高效减水剂既可减少混凝土的单位用水量，满足稠度的要求，又能提高混凝土的和易性，延缓混凝土的凝结时间，降低水化热。

2) 膨胀剂

膨胀混凝土的膨胀性能主要来源于膨胀水泥或掺加膨胀剂的水化作用。目前应用较多的是UEA混凝土膨胀剂，它是一种特制的硫铝酸盐膨胀剂，主要由无水硫铝酸钙组成。膨胀混凝土的强度分自由膨胀强度和约束膨胀强度。自由强度常随膨胀值增加而下降，而约束强度则有所提高。一定的膨胀结晶能使混凝土更加致密，毛细孔减小，界面结构得到改善，从而使强度提高。在混凝土中掺入膨胀剂，混凝土在硬化过程中产生的体积膨胀可以部分或全部补偿硬化过程中冷缩和干缩，减少或避免混凝土的开裂。

3) 粉煤灰

粉煤灰是从烧煤粉的锅炉烟气中收集的粉状灰粒，国外把它叫作“飞灰”或者“磨细燃料灰”。把粉煤灰掺入混凝土中，就制成粉煤灰混凝土，因为这种混凝土能够节约矿物资源和能源，减少环境污染，改善混凝土性能，因此它是一种经济的改性混凝土，开发利用粉煤灰混凝土技术已引起国内外工程界人士的高度重视。粉煤灰的矿物组成相当复杂。目前在混凝土中应用较多的低钙粉煤灰主要有 6 种矿物成分，即玻璃微珠、海绵状玻璃体、石英、氧化铁、碳粒，硫酸盐。这 6 种矿物的含量较多，对粉煤灰的影响也较大。由于，粉煤灰具有火山灰活性效应，在混凝土中掺入粉煤灰可以提高混凝土的密实性。龄期越长，反应越完全，混凝土越密实，混凝土的强度也越高。

同时，优质粉煤灰具有胶凝作用和减水作用。在混凝土中掺加粉煤灰，可改善混凝土的和易性，降低水灰比，减少多余水分蒸发后形成的孔隙。粉煤灰取代部分水泥后，早期水化热明显降低，对于大体积混凝土工程掺粉煤灰的混凝土能使温度峰值显著降低，出现峰值温度的时间也能推迟。但是，掺入粉煤灰后增加了混凝土的干缩，并且早期强度有所降低，这在实际工程中应予以注意。

综上所述，在大体积混凝土中掺入 U 型膨胀剂能使混凝土产生适度微膨胀来补偿收缩。在有约束的条件下，在混凝土中建立自应力，混凝土凝固后，仍存在微弱的膨胀和内应力，可补偿混凝土的收缩；掺入粉煤灰，改善了混凝土的和易性，增加了胶凝物质，降低了混凝土的水灰比，减少了多余水分蒸发后形成的孔隙。粉煤灰替代水泥，使水化热明显降低，对于大体积混凝土工程，可降低混凝土内部温度；掺入高效减水剂和缓凝剂可减少混凝土单位用水量，满足稠度要求，提高混凝土和易性，满足泵送要求，并能延长凝结时间，降低水化热。

3. 粗细骨料选择

为了达到预定的要求，同时又要发挥水泥最有效的作用，粗骨料应达到最佳的最大粒径。对于大体积钢筋混凝土，粗骨料的规格往往与结构物的配筋间距、模板形状以及混凝土浇筑工艺等因素有关。宜优先采用以自然连续级配的粗骨料配制混凝土。因为用连续级配粗骨料配制的混凝土具有较好的和易性、较少的用水量和水泥用量以及较高的抗压强度。在石子规格上可根据施工条件，尽量选用粒径较大、级配良好的石子。因为增大骨料粒径，可减少用水量，而使混凝土的收缩和泌水随之减少。同时亦可减少水泥用量，从而使水泥水化热减小，最终降低了混凝土的温升。当然骨料粒径增大后，容易引起混凝土的离析，因此必须优化级配设计，施工时加强搅拌、浇筑和振捣工作。根据有关试验结果表明，采用 5～25mm 石子，每立方米混凝土可减少用水量 15kg 左右，在相同水灰比的情况下，水泥用量可减少 20kg 左右。

粗骨料颗粒的形状对混凝土的和易性和用水量也有较大的影响。因此，粗骨料中的针、片状颗粒按重量计应不大于 15%。细骨料以采用中、粗砂为宜。根据有关试验资料表明，当采用细度模数为 2.79、平均粒径为 0.38 的中、粗砂，它比采用细度模数为 2.12、平均粒径为 0.336 的细砂每立方米混凝土可减少用水量 20～25kg，水泥用量可相应减少 28～35kg。这样就降低了混凝土的温升和减小了混凝土的收缩。

泵送混凝土的输送管道除直管外，还有锥形管、弯管和软管等。当混凝土通过锥形管和弯管时，混凝土颗粒间的相对位置就会发生变化，此时若混凝土的砂浆量不足，便会产生堵管现象。所以在级配设计时适当提高一些砂率是完全必要的，但是砂率过大，将对混凝土的强度产生不利影响。因此在满足可泵性的前提下，应尽可能使砂率降低。

【小贴士】

砂、石的含泥量必须严格控制。根据国内经验，砂、石的含泥量超过规定不仅会增加混凝土的收缩，同时也会引起混凝土抗拉强度的降低，对混凝土的抗裂是十分不利的。因此在大体积混凝土施工中，建议将石子的含泥量控制在小于 1%，砂的含泥量控制在小于 2%。

4. 控制温度应力

由于大体积混凝土体积较大，如果完全不能散热，混凝土处于绝热状态，上层覆盖新混凝土后，受到新混凝土中水化热的影响，老混凝土中的温度还会略有回升，过了第二个温度高峰以后，温度继续下降，最后降低到最终稳定温度，该点温度在持续下降过程中，受到外界气温变化的影响还会随着时间而有一定的波动。

1) 混凝土温度应力的发展过程

由于混凝土弹性模量随着龄期而变化，在大体积混凝土结构中，温度应力发展过程分3个阶段。

(1) 早期应力：自浇筑混凝土开始至水泥放热作用基本结束时止，一般为 1 个月左右。这个阶段有两个特点：一是水化作用而放出大量的水化热，引起温度场的急剧变化；二是混凝土弹性模量随着时间而急剧变化。

(2) 中期应力：自水泥放热作用基本结束时至混凝土冷却到最终稳定温度时。这个时期中温度应力是由于混凝土的冷却及外界温度变化所引起的，这些应力与早期产生的温度应力相叠加。在此期间混凝土的弹性模量还有一些变化，但变化幅度较小。

(3) 晚期应力：混凝土完全冷却以后的运行时期，温度应力主要是由外界气温变化所引起。这些应力与早期和中期的残余应力相叠加形成了混凝土晚期应力。

2) 混凝土温度应力的类型

(1) 自生应力。边界上没有受到任何约束或者完全静定的结构，如果结构内部温度是线性分布的，即不产生应力；如果结构内部温度是非线性分布的，由于结构本身的互相约束而产生的应力，称为自生应力。例如，混凝土冷却时，表面温度较低，内部较高，表面的温度收缩变形受到内部的约束，在表面出现拉应力，在内部出现压应力。

(2) 约束应力。结构的全部或部分边界受到外界约束，温度变化时不能自由变形而引起的应力。例如，混凝土浇筑块冷却时受到基础的约束而产生的应力，在静定结构内只会出现自生应力，但在超静定结构内可能同时出现自生应力和约束应力，而且两种应力互相叠加。

3) 混凝土温度应力的分析

大体积混凝土的变形主要是由于温度变化产生变形，变形产生应力。所以分析混凝土温度应力的发展过程和分布规律，首先要分析温度场。根据当地气候条件，施工方法以及混凝土的热学特性，按照传导原理进行计算。

大体积混凝土温度应力的研究包括两个方面的内容：一是结构的温度场；二是结构的应力场。目前结构的温度场问题已解决，而应力场问题尚处于研究阶段，许多理论计算方法都很复杂。

【知识拓展】

大体积混凝土温度场既可通过计算得到，也可通过实际测量测出，但测试的应力场不稳定。目前比较先进的方法是用冶金部建筑研究总院开发的混凝土温度应力传感器测试温度应力。

4)　降低混凝土的绝热升温

(1)　减少水泥用量。水泥水化放热是混凝土升温的内热源，降低水泥用量，就减少了水化热。一般方法有：减小坍落度、掺大块石、减小砂率、使用减水剂、缓凝剂、掺混合材(如粉煤灰) 、采用先进的搅拌工艺。

(2)　使用低热水泥。选用水化热低的水泥，优先选用大坝水泥、矿渣硅酸盐水泥、粉煤灰硅酸盐水泥、火山炭质硅酸盐水泥，可减少水化热引起的绝热温升。

(3)　降低浇筑温度。浇筑温度低可以降低最高温升。尽量避免在夏季炎热的中午浇筑，对原材料实行预冷却等，尽可能降低浇筑温度。

(4)　降低当量温差。当量温差是由于干缩引起的，应减小干缩率。影响干缩率的主要因素有骨料，养护条件，水灰比，掺和料等。

(5)　强制降温。在混凝土内部预埋水管，通入冷却水，降低混凝土内部的最高温度。

5)　减小约束

(1)　减小外部约束。大体积混凝土一般是厚实体重的整浇结构物，地基对其约束十分明显，这是引起约束收缩，产生裂缝的一个主要因素。减小地基约束的方法是设置滑动层，即在块体与地基之间设置砂垫层或沥青油毡层，允许块体自由变形，避免开裂。

(2)　减小内部约束。内部约束主要因内外温差过大造成，解决的方法是加强保温养护，控制内外温差、降温速率，保证湿度。保温法有覆盖法、暖棚法、蓄水法。覆盖法就是在混凝土浇筑完毕，用保温材料(如油布、锯末、草袋、塑料布等)覆盖在混凝土上面；暖棚法是在块体上面搭设大棚，通过人工加热使棚内空气满足温控条件。蓄水法就是在混凝土终凝后，在块体表面蓄一定高度的水，利用水的导热系数低，达到隔热降温效果。

综上所述，控制大体积混凝土裂缝的方法很多，而且各种方法之间是相互关联相互制约的。

5. 控制混凝土的出机温度和浇筑温度

为了降低大体积混凝土总温升和减少结构的内外温差，需要先控制混凝土的出机温度和浇筑温度。混凝土的原材料中石子的比热较小，但其在每立方米混凝土中所占的重量较大；水的比热最大，但它的重量在每立方米混凝土中只占一小部分。因此对混凝土出机温度影响最大的是石子及水的温度，砂的温度次之，水泥的温度影响很小。为了进一步降低混凝土的出机温度，最有效的办法就是降低石子的温度。

在气温较高时，为防止太阳的直接照射，可在砂、石堆场搭设简易遮阳装置，必要时须向骨料喷射水雾或使用前用冷水冲洗骨料。混凝土从搅拌机出料后，经搅拌装车运输、卸料、泵送、浇筑、振捣、平仓等工序后的混凝土温度称为浇筑温度。

【知识拓展】

关于浇筑温度的控制，我国有些规范提出不得超过 25℃，否则必须争取特殊的技术措施的规定。美国在ACI(American Certification Institute)施工手册中规定不得超过32℃；日本土木学会在施工规程中规定不得超过 30℃；日本建筑学会在钢筋混凝土施工规程中规定不得超过 35℃。在土建工程的大体积钢筋混凝土施工中，浇筑温度对结构物的内外温差影响不大，因此对主要受早期温度应力影响的结构物，没有必要对浇筑温度控制过严。但是考虑到温度过高会引起较大的干缩以及给混凝土的浇筑带来不利影响，适当限制浇筑温度是合理的。建议最高浇筑温度控制在 40℃以下为宜，这就要求在常规施工情况下合理选择浇筑时间，完善浇筑工艺以及加强养护工作。

【案例 10-1】 本工程为金融街 F1 大厦，总建筑面积 122458m^2，位于金融街 F1 地段，四周邻近城市道路。基础部分最大厚度为 2400mm，独立基础部分最大厚度为 1200mm，混凝土采用 C40S8 防水混凝土，底板划分为 6 个施工段区域，混凝土量最大区域 4162m^3。大体积混凝土工程全部采用商品混凝土，根据结构特点及混凝土工程量分布，结合拖式泵的输送能力，混凝土浇筑主要采用拖式泵和汽车泵配合完成，泵管用架子管顶牢并加固，并由塔吊配合找平。

【分析】 因现场场地狭小，混凝土罐车在现场内不能错车及停滞时间过长，所以，在混凝土浇筑施工时，必须合理安排，派专人负责疏导车辆进出场，保证混凝土连续浇筑。

施工中从商品混凝土的原材料、配合比、水灰比、和易性、坍落度、运输、浇筑、振捣、养护到施工缝处理等各个程序入手，严格按照施工规范要求操作，以确保混凝土施工质量。

混凝土施工采取散热、保温及温度监测等相应措施以控制混凝土温升和温降速度，避免底板出现温度裂缝和较强温度应力。

根据施工工序及工期安排，混凝土浇筑应尽量安排在不扰民，方便施工及交通状况较好的地方，并且各专业有关领导及施工人员须跟班作业，同时做好各方协调工作。

10.3.2 加强混凝土的保温和养护

刚浇筑的混凝土强度低、抵抗变形能力小，如遇到不利的温湿度条件，其表面容易发生有害的冷缩和干缩裂缝。保温的目的是减小混凝土表面与内部温差及表面混凝土温度梯度，防止表面裂缝的发生。无论在常温还是在负温下施工，混凝土表面都须覆盖保温层。常温保温层，可以对混凝土表面因受大气温度变化或雨水袭击的温度影响起到缓冲作用；负温保温层则根据工程项目地点、气温以及控制混凝土内外温差等条件进行设计。但负温保温层必须设置不透风材料覆盖层，否则效果不够理想。保温层兼有保湿的作用，如果用湿砂层，湿锯末层或积水保湿，效果尤为突出，可以提高混凝土的表面抗裂能力。

1. 大体积混凝土的养护要求

在大体积混凝土保温养护过程中，应对混凝土浇筑块体的里外温差和降温速度进行监测，现场实测是控制大体积混凝土施工中的一个重要环节：根据现场实测结果可随时掌握与温控施工控制数据有关的数据(里外温差、最高温升及降温速度等)，可根据这些实测结果调整保温养护措施以满足温控指标的要求。

保温养护的时间，应根据温度应力(包括混凝土收缩产生的应力)加以控制确定。

目前施工单位大都在混凝土表层终凝后就开始覆盖保温层，这无疑偏早。合理的保温时间应从混凝土降温时开始，这是因为：混凝土在升温阶段基本上处于受压状态(表面拉应力非常小)，混凝土出现裂缝的机会非常小；如果在升温阶段开始保温，这实际上是在给混凝土蓄热，势必会提高混凝土的最高温升。根据多年经验，混凝土保温开始至少要在混凝土浇筑 3d 以后进行；大体积混凝土的养护期不得少于 28d，保温层覆盖层的拆除应分层逐步进行。

保温养护过程中，应保持混凝土表面湿润。保湿可以提高混凝土的表面抗裂能力。有资料表明，潮湿养护时，混凝土极限拉伸值比干燥养护时要大 20%～50%。

具有保温性能良好的材料可以用于混凝土的保温养护中。在大体积混凝土施工中可因地制宜地采用保温性能好，又便宜的材料作为大体积混凝土的保温养护，如塑料薄膜、草袋等。

在大体积混凝土养护过程中，不得采用强制、不均匀的降温措施。否则，易使大体积混凝土产生裂缝。

【小贴士】

在大体积混凝土拆模后，应采取预防寒潮袭击、突然降温和剧烈干燥等措施。当采用木模板，而且木模板又作为保温养护措施的一部分时，木模板的拆除时间应根据保温养护的要求确定。

2. 大体积混凝土的养护措施

大体积混凝土的养护措施包括蓄水养护、表面保温层养护和尽快回填土保护。

(1)　蓄水养护。混凝土终凝后，在其表面蓄存一定深度的水，是一种较好的养护方法。水的导热系数为 0.58W/(m • K)，具有一定的隔热保温作用，可以延缓混凝土内部水化热的降温速率，缩小混凝土中心和表面的温度差值，从而可防止混凝土的裂缝开展。我国许多工程曾经采用这种方法取得了良好的效果。

(2)　表面保温层养护。在混凝土的表面铺设各种保温材料，可以有效地防止混凝土表面的热量散失，降低新浇筑混凝土的表面与内部之间的温差，延缓混凝土的降温速率。

(3)　尽快回填土。在大体积混凝土结构拆模后，宜尽快回填土，用土体保温避免气温骤变时产生有害影响，亦可延缓降温速率，避免产生裂缝。我国有的大体积混凝土结构工程就因为拆模后未回填土而长期暴露在外，结果引起裂缝。

10.3.3　监测混凝土内部的温度

温度控制是大体积混凝土施工中的一个重要环节，也是防止温度裂缝的关键。加强施工监测工作对在大体积混凝土的凝结硬化过程中及时摸清大体积混凝土在不同深度温度场升降的变化规律，随时监测混凝土内部的温度情况，以便有的放矢地采取相应的技术措施，确保混凝土不产生过大的温度应力，避免温度裂缝的发生，具有非常重要的作用。

监测混凝土内部的温度，可采用在混凝土内部不同部位埋设铜热传感器，用混凝土温度测定记录仪进行施工全过程的跟踪监测，做到全面、及时、均匀地控制大体积混凝土温度的变化情况。

为了准确地了解混凝土内部温度场的分布情况，除需要按设计要求布置一定数量的传感器外，还要确保埋入混凝土中的每个传感器具有较高的可靠性。因此，必须对传感器进行封装，封装的工序一般包括初筛、热老化处理、绝缘试验、馈线焊接和密封。

【知识拓展】

目前在工程上所用的混凝土测定记录仪，不仅可显示读数，而且还自动记录各测点的温度，能及时绘制出混凝土内部温度变化曲线，随时可对照理论计算值，可有的放矢地采取相应的技术措施。这对大体积混凝土内部的温度变化进行跟踪监测，实现信息化施工，确保施工质量十分有利。

铜热传感器应在混凝土浇筑前埋置于基础内，一般按结构的厚度分上、中、下三层设置。测温的时间，应在混凝土浇筑完毕 12h 后开始，前 5d 每隔 2h 测 1 次；以后可延长到 4h 测一次；10d 后可延长到 6h 测 1 次。当混凝土表面温度与大气温度接近，大气温度与混凝土中心温度的温差不大于 25℃时，可以解除保温，停止测温工作。

本 章 小 结

本章对高层建筑大体积混凝土施工控制、大体积混凝土结构裂缝产生的机理、大体积混凝土温度裂缝控制等内容进行了讲解。章节首先对高层建筑大体积混凝土施工控制进行了概述；接着对大体积混凝土结构裂缝产生的机理进行了分析，包括裂缝种类及成因、大体积混凝土温度裂缝的产生原理；然后对大体积混凝土温度裂缝控制进行了介绍，包括控制混凝土温升、混凝土的保温和养护、混凝土的温度监测工作等。通过讲解，读者要掌握高层建筑大体积混凝土施工工艺及注意事项。

思考与练习

1. 论述高层建筑大体积混凝土防止裂缝产生的方法。
2. 简述高层建筑大体积混凝土在施工中产生裂缝的原因。

第 11 章

现浇混凝土结构高层建筑的施工

学习目标

- 掌握高层建筑模板工程施工概念及施工方法。
- 掌握高层建筑粗钢筋连接技术。
- 掌握高层建筑围护结构施工。

本章导读

本章主要介绍高层建筑模板工程、粗钢筋连接技术、围护结构施工等内容。首先介绍高层建筑模板工程，包括大模板施工、滑模施工、爬模施工、台模施工、永久模板施工、无框木胶合板模板等内容；接着介绍粗钢筋连接技术，包括钢筋的焊接、钢筋机械连接等内容；然后介绍围护结构施工、外墙围护工程保温工程、隔墙工程等内容。通过学习，读者要掌握高层模板工程不同类型的施工方法，掌握钢筋的焊接以及钢筋机械连接，掌握外墙围护工程保温工程、隔墙工程、填充墙砌体工程等施工技术。

项目案例导入

某大厦工程总建筑面积20000m^2，地下共2层，地上共17层，现浇混凝土结构，框架-剪力墙结构，平面几何形状不规则，施工难度大。该工程的中部的第2层设有局部结构转换层。

该转换层有5根大梁，跨度大，截面大，配筋也大。以KL1梁为例，截面为1.2m×3.95m，梁长17.90m，净跨13.80m；内配底筋采用ϕ25Ⅱ级钢筋，面筋3排ϕ25Ⅱ级钢筋，两端负弯矩筋ϕ25Ⅱ级钢筋，箍筋ϕ14×100Ⅱ级钢筋(八肢箍)，腰筋梁两侧各25根ϕ20Ⅱ级钢筋，拉筋ϕ12梁中400、梁端200。

案例分析

本工程的施工流程：二层楼面施工完毕后，测量放线→二层剪力墙、柱钢筋绑扎二层剪力墙、柱模板安装→转换大梁满堂红支撑系统搭设→大梁底模安装→转大梁钢筋绑扎大梁侧模及其他梁板模→剪力墙、柱混凝土浇筑→其他梁板钢。

转换层施工中有以下重点和难点：模板支撑系统、钢筋的连接与绑扎、混凝土浇筑及裂缝控制。因转换梁截面尺寸大，转换层的混凝土与钢筋自重以及施工荷载非常大，因此如何确定转换层梁板模板的支撑系统是转换层施工的重点之一，必须保证支撑系统的承载力和整体稳定性。转换梁的配筋量大、主筋长、布置密，在梁柱节点区钢筋更是纵横交错，因此，如何正确地翻样和下料，保证钢筋位置和数量的正确是钢筋施工的关键；转换梁的截面较大，梁柱交叉的核心区钢筋纵横交错，钢筋间距小，混凝土自由下落困难，且易产生温度及收缩裂缝；因此，如何保证混凝土顺利浇筑和防止裂缝的产生是保证混凝土施工质量的关键。本章我们就来学习现浇混凝土结构高层建筑施工的相关知识。

11.1　高层建筑模板工程的施工

模板是在施工中使混凝土构件按设计的几何尺寸浇铸成型的模型，是钢筋混凝土工程的重要组成部分，现浇钢筋混凝土结构用模板的造价约占钢筋混凝土总造价的30%，总用工量的50%。因此，采用先进的模板技术，对于提高工程质量、加快施工速度、提高劳动生产率、降低工程成本和实现文明施工都具有十分重要的意义。

模板系统由模板和支撑两部分组成。对模板系统的基本要求如下。

(1) 保证结构和构件各部分的尺寸和相互位置的正确。

(2) 具有足够的强度、刚度和稳定性，能可靠地承受新浇混凝土的重量和侧压力以及在施工过程中所产生的荷载。

(3) 构造简单，装拆方便，并便于钢筋的绑扎与安装，符合混凝土的浇筑及养护等工艺要求。

(4) 模板接缝严密，不得漏浆。

【知识拓展】

目前，在我国高层建筑的现浇钢筋混凝土工程施工中，为简化模板安装、拆除，节省模板材料，加快施工进度，使用的模板除了定型组合钢模板以外，也使用了一些大型工具式模板，如大模板、滑模、爬模、台模等，更有一些工程使用了永久式模板。随着建设事业的飞速发展，模板技术已经迅速向工具化、定型化、多样化、体系化方向发展，并除木模外，已形成组合式、工具化、永久化三大系列工业化模板系统体系。

11.1.1　大模板施工方案

在高层建筑结构施工中，混凝土量大，模板的工程量亦大，为了提高混凝土的成型质量，加快施工速度，减轻工人的劳动强度，大模板施工方案应运而生。

1. 大模板施工概述

大模板是一种大尺寸的工具式模板，一般是一块墙面用一块大模板。大模板由面板、加劲肋、支撑桁架、稳定机构等组成。面板多为钢板或胶合板，亦可用小钢模组拼；加劲肋多用槽钢或角钢；支撑桁架用槽钢和角钢组成。其特征见表 11-1。

大模板之间的连接：内墙相对的两块平模是用穿墙螺栓拉紧，顶部用卡具固定。外墙的内外模板，多是在外模板的竖向加劲肋上焊一槽钢横梁，用其将外模板悬挂在内模板上。

表 11-1　钢模板及配件的容许挠度

部件名称	容许挠度/mm
钢模板的面积	1.5
单块钢模板	1.5
钢楞	$L/500$
柱箍	$B/500$
桁架	$L/1000$
支撑系统累计	4.0

注：L 为计算跨度，B 为柱宽。

为更好地发挥大模板的作用，最好能应用在两三幢建筑进行流水施工的高层建筑群中。例如在单幢的高层建筑中使用，则该建筑宜划分流水段，进行流水施工。否则，每块大模板拆除后都要吊至地面，待该层楼板施工完毕后再吊至上一楼层进行组装，这样将大大影响施工速度。大模板宜用在 20 层以下的剪力墙高层建筑中。否则在高空作业中，由于大模板迎风面大，模板在吊运和就位时较困难。

大模板以建筑物的开间、进深、层高的标准化为基础，以大型工业化模板为主要施工手段，以现浇钢筋混凝土墙体为主导工序，组织有节奏的均衡施工。通常将承重剪力墙或全部内外墙体混凝土的模板制成片状的大模板，根据需要，每道墙面可制成一块或数块，由起重机进行装、拆和吊运。采用这种施工技术，其优点是工艺简单、施工速度快；墙体模板的整体装拆和吊运使操作工序减少，技术简单，适应性强；机械化施工程度高。大模板工艺和组合钢模板施工相比，由于模板总是在固定地位，其工效可提高 40%左右。而且由起重机械整体吊运，现场机械化程度提高，能有效地降低工人的劳动强度；工程质量好。混凝土表面平整，结构整体性好、抗震性能强、装修湿作业少。

但是大模板工艺也有其不足之处，例如制作钢模的钢材一次性消耗量大；大模板的面积受到起重机械起重量的限制；大模板的迎风面较大，易受风的影响，在超高层建筑中使用受到限制；板的通用性较差等，这些都需要在施工中设法克服。

【知识拓展】

目前，大模板施工工艺已成为高层和超高层建筑(剪力墙结构、框架-剪力墙结构、筒体结构和框架-筒体结构)主要的工业化施工方法之一，尤其是在高层住宅剪力墙结构中应用广泛。例如北京昆仑饭店(剪力墙结构，地上共 26 层，总高度 100m)、上海扬子江大酒店(框剪结构，地上共 36 层，总高为 124m)、天津和平商业城(筒体结构，地上共 45 层，总高为 159m)、深圳特区报业大厦(框筒结构，地上共 48 层，总高为 189m)等都采用了大模板施工工艺。

2. 大模板的构造与类型

1) 大模板的构造

大模板由面板系统、支撑系统、操作平台和附件组成，如图 11-1 所示。

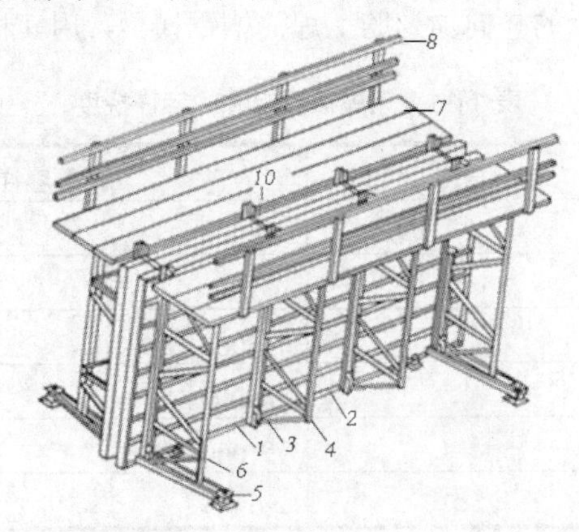

图 11-1　大模板构造示意图

1—面板；2—横肋；3—竖肋；4—支撑桁架；5—螺旋千斤顶(调整水平用)；
6—螺旋千斤顶(调整垂直用)；7—脚手板；8—防护栏杆；9—穿墙螺栓；10—固定卡具

面板系统包括面板、横肋、竖肋等。面板要求平整、刚度好，使混凝土具有平整的外观，它可以采用钢板、玻璃钢板、胶合板、木材等制作。国内目前常用的面板材料为钢板和胶合板，均可多次重复使用。横肋和竖肋的作用是固定面板，并把混凝土侧压力传递给支撑系统，可采用型钢或冷弯薄壁型钢制作，一般采用腰厚为 11.5mm 的槽钢或厚度为 8mm 的角钢。肋的间距根据面板的大小、厚度、构造方式和墙体厚度的不同而定，一般为 300～500mm。

支撑系统包括支撑架和地脚螺栓。每块大模板采用 2～4 榀桁架作为支撑机构，并用螺栓或焊接将其与竖肋连接在一起，主要承受风荷载等水平力，以加强模板的刚度，防止模板倾覆，也可作为操作平台的支座，以承受施工荷载。支撑架横杆下部由与垂直调节螺旋水平的千斤顶组成，在施工时，它能把作用力传递给地面或楼板，以调节模板的垂直度。

操作平台包括平台架、脚手板和防护栏杆。操作平台是施工人员操作的场所和运输的通道，平台架插放在焊于竖肋上的平台套管内，脚手板铺在平台架上。每块大模板还设有铁爬梯，供操作人员上下使用。

附件主要包括穿墙螺栓和上口铁卡子。穿墙螺栓主要作用是加强模板刚度，承受新浇混凝土的侧压力，控制墙板的厚度。穿墙螺栓一般采用ϕ30mm 的 45 号圆钢制作，一端制成螺纹，长为 100mm，用以调节墙体厚度，另一端采用钢销和键槽固定。为了能使穿墙螺栓重复使用，螺栓应套以与墙厚相同的塑料套管。拆模后，将塑料套管剔出周转使用。上口铁卡子主要用于固定模板上部，控制墙体厚度和承受部分混凝侧压力。

2)　大模板的类型

大模板按形状划分有平模、小角模、大角模、筒形模等。

(1)　平模。平模是以一个整面墙面制作成一块模板，能较好地保证墙面的平整度。当房间四面墙体都采用平模布置时，横墙与纵墙混凝土一般分两次浇筑，即在一个流水段范围内，先支横墙模板，待拆模后再支纵墙模板。由于所有模板接缝均在纵横墙交接的阴角处，因此便于接缝处理，减少修理用工，模板加工量较少，周转次数多，适用性强，模板组装和拆卸方便。

其缺点是由于纵横墙须分开浇筑，故平模竖向施工时会产生很多缝隙，从而影响房屋的整体性。

【小贴士】

为了解决通用性差的缺点，可以采用拆装式平模。拆装式平模是将板面、骨架等部件之间的连接全都采用螺栓组装，比组合式大模板更便于拆改，也可减少因焊接而产生的模板变形。

(2)　小角模。小角模是为适应纵横墙一起浇筑而在纵横墙相交处附加的一种模板，通常用∟100mm×10mm 的角钢制成。小角模设置在平模转角处，可使内模形成封闭的支撑体系，模板整体性好，组拆方便，墙面平整。一种小角模可以将扁钢焊在角钢内，拆模后会在墙面形成突出的棱，如图 11-2(a)所示；另一种是将扁钢焊在角钢外面，拆模后会在墙面留下扁钢的凹印，如图 11-2(b)所示。

(3)　大角模。大角模(见图 11-3)是由上下 4 个大合页连接起来的两块平模，并由 3 道活动支承和地脚螺栓等组成。采用大角模布置时，房间的纵横墙体混凝土可以同时浇筑，房屋的整体性好，且还具有稳定、拆装方便、墙体阴角方整、施工质量好等特点；但是，大角模也存在加工要求精细、运转麻烦、墙面平整度差、接缝在墙的中部等缺点。

(4)　筒形模。筒形模有平模、角模和紧伸器(脱模器)等组成，是将一个房间的 3 面或 4 面现浇墙体的大模板通过挂轴悬挂在同一钢架上，墙角用小角模封闭而形成一个筒形单元体。筒形模主要用于电梯井和管道井内模的支设。采用筒形模布置时，纵横墙体混凝土能同时浇筑，故结构整体性好，施工简单快速，减少了模板的吊装次数，操作安全，劳动效率高。其缺点是模板每次都要落地，且模板自重大，需要大吨位的起重设备，模板加工精度要求高，灵活性差，安装时必须按房间弹出十字中线就位。

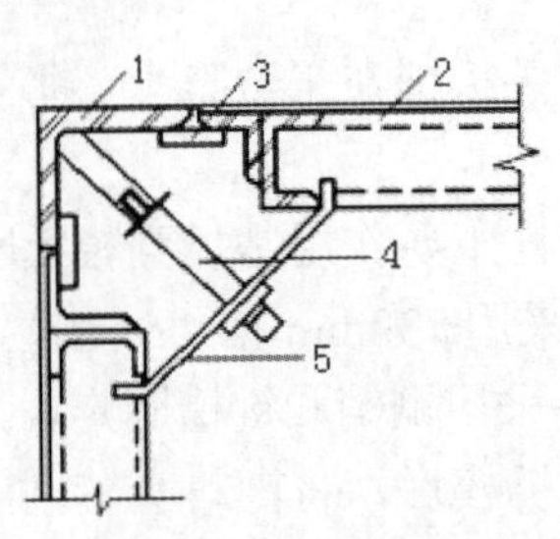

(a) 扁钢焊在角钢内侧

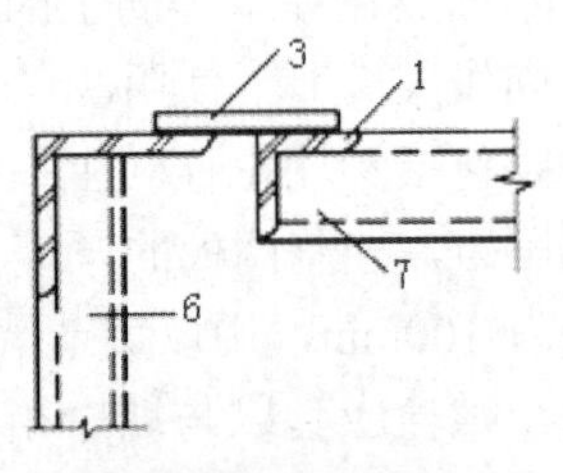

(b) 扁钢焊在角钢外侧

图 11-2　小角模

1—小角模；2—平模；3—扁钢；4—转动拉杆；5—压板；6—横墙平模；7—纵墙平模

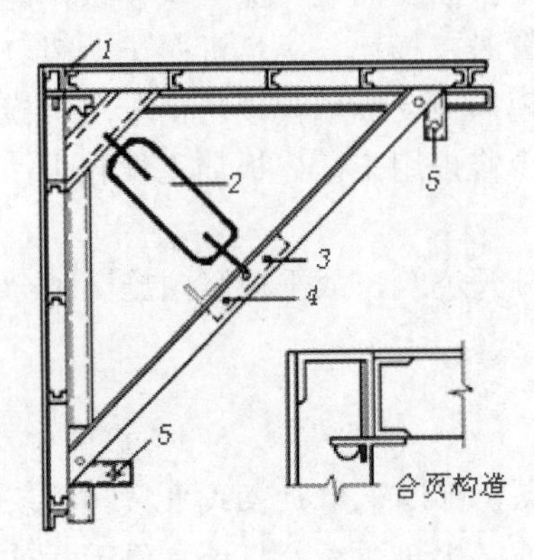

图 11-3　大角模

1—合页；2—花篮螺栓；3—固定销子；4—活动销子；5—调整螺栓

筒形模的平模采用大型钢模板或钢框胶合板模板拼装而成。角模有固定角模和活动角模两种，固定角模即为一般的阴角钢模板，活动角模是铰链角模。紧伸器有集中操作式和分散操作式等多种形式，如图 11-4 所示。

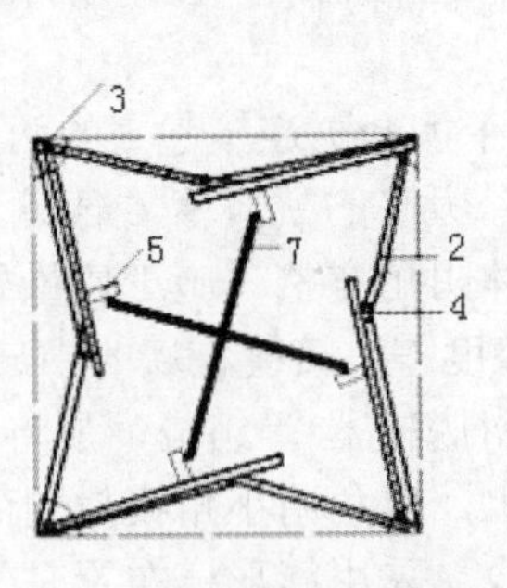

(a) 分散式紧伸器筒形模

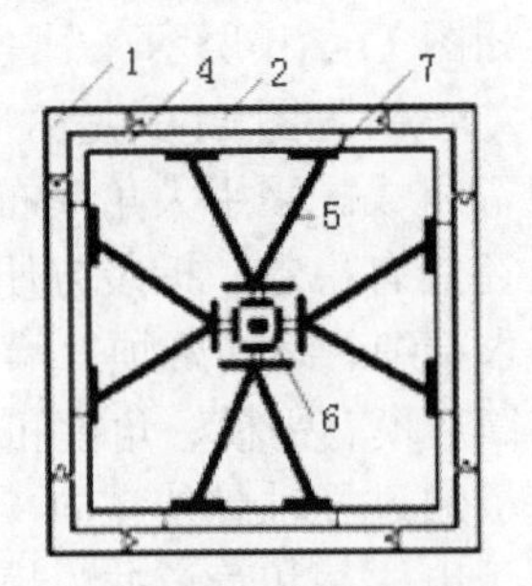

(b) 集中式紧伸器筒形模

图 11-4　筒形模构造示意图

1—固定角模；2—平面模板；3—活动角模；

4—肋板；5—紧伸器；6—调节螺杆；7—连接板

3. 大模板的设计、制作加工与维修

模板设计必须和高层建筑的建筑、结构设计密切配合。往往在建筑或结构上的改动，如楼板形式、门窗位置、走道挑梁的设置等都会影响模板设计。

1)　大模板的设计

大模板的设计要满足刚度、强度要求，确保在堆放、组装、拆除时的自身稳定性，以增加其周转的次数；采用合理的结构构造和恰当的钢材规格，以减少一次投资量；大模板的规格型号要少，通用性要强，能满足不同平面组合的要求；力求构造简单合理，便于拆装，模板组合应做到尽量能同时浇筑纵、横墙的混凝土。

2)　大模板的制作加工

大模板加工的工艺流程是：放样→材料整平调直→划线下料→冲孔→再次局部调直→工夹具设置→拼装、焊接→质量检验→刷防锈漆→堆放待用。大模板的加工质量应该满足以下要求。

(1)　加工制作模板所用的各种材料和焊条要符合设计要求。面板可选用厚度为 4mm 以上的冷轧钢板或厚度为 18mm 以上的胶合板。使用厚度为 4～6mm 的冷轧钢板作大模板的面板时，钢板必须表面平整，不允许板上有局部的凹陷。不得选用热轧卷板。选用胶合板时，要求胶合板的面上要有高分子的覆膜，这样既能有效地阻止因混凝土中水分的渗入而脱胶，又能在拆模时减少撬动造成的损坏，从而延长模板的使用寿命，增加其周转次数。在大模板框架制作中，竖肋应使用槽钢或方钢，边框用角钢或异型钢材(胶合板面板模板用)，下料长度误差不大于 1mm，冲孔孔位误差不超过±0.2mm。除整张钢板外，凡须切割补缺的钢板，划线后由剪板机下料；凡出现边角翘曲者，应冷作校平，用砂轮打磨毛刺后再使用。

(2)　各部位须焊接牢固，焊缝长度符合设计要求，避免焊接缺陷。钢面板与竖肋采用跳焊连接，每段焊缝不超过 80mm，各段焊缝之间距离为 100～150mm，焊缝高度为 4～6mm，且在肋的两边相间进行焊接。钢面板与边框要求满焊，目的是防止混凝土中的水泥浆从缝隙中溢出，既影响混凝土成型质量，又不利于模板的拆除。焊接的方法是先进行点焊，然后跳焊，再逐一补平。大模板上宜四角同时对称进行焊接，至少需两人从对角同时进行。以上的焊接均要求竖肋和边框焊好校正后，仍固定在制作平台的靠模内进行。靠模是加工大模板框架的工夹具，工夹具零件分别固定在大模板边框架外包和内净尺寸线两侧。一般距四侧转角 150～200mm 处，各边固定模具一对。模具可用 75mm×8mm 的角钢制成。在竖肋的焊接处，外侧固定模具一只。其他无焊接处的模具，每隔 800mm 固定一对模具。靠模可在与边框孔相应的位置设孔，这样可使已冲好的孔可与靠模上的孔用销销住，便于后续工作。

(3)　毛刺、焊渣要清除干净，防锈漆涂刷均匀。面板安装后，须整体进行检查，如发现局部焊点变形，须进行砂轮打磨，达到质量标准后方准清除油污、焊渣，然后正反两面刷红丹防锈漆两道，准备出厂。

(4)　大模板的几何尺寸及加工制作偏差要符合质量允许偏差的规定，见表 11-2。

表 11-2　大模板加工质量允许偏差表

项　目	面板(钢、胶合板)	大模板框架	支撑桁架	操作平台
边长误差	±2mm	±2mm	±5mm	±5mm
边长垂直度	±2mm	±2mm	—	—
对角线误差	±3mm	±2mm	—	—
相邻钢板拼缝处高差	±0.5mm	±0.5mm	—	—
板面平整度	±2mm	±2mm	—	—
焊缝高度	—	6mm	6mm	6mm

3)　大模板的维修保养

大模板一次性的消耗比较大，用钢量较多，所以周转次数越多越能节约成本，一般大模板周转次数在 400 次以上。因此大模板的日常管理和维修保养很重要。

大模板在使用过程中应尽量避免碰撞，拆模时不得任意撬砸，堆放时要防止倾覆。每次拆模后要及时清理，涂刷脱模剂。对模板零件要妥善保管，防止丢失和锈蚀。零件要入库保存，残缺丢件一次补齐。易损件要准备充足的备件。

大模板在使用过程中，经常会出现板面翘曲、凹凸不平、焊缝开焊、地脚螺栓折断以及护身栏杆弯折等情况。对于损坏不严重的，可现场进行修理。例如：板面翘曲，可将两块翘曲的模板板面相对放置，四周用卡具卡紧，在不平整的部位打入钢楔，达到调平的目的。对于板面凹凸不平的大模板，修理时可将模板板面向上放置，用磨石机将板面打磨干净。

对于焊缝开裂的大模板，可先将焊缝中的砂浆清理干净，整平后再在横肋上多加几个焊点即可。对于角部变形的大模板，修理时先用气焊烘烤，边烤边砸，使其恢复原状。对于局部破损的胶合板面可用扁铲将破损处剔凿整齐，然后刷胶，补上一块同样大小的胶合板，再涂以覆面剂。如果大模板损坏严重，则需在工厂进行大修。

4. 模板系统的施工

全大模板现浇结构体系的施工工艺流程如下：抄平放线→墙体扎筋→组装内模→组装外模→浇筑墙体混凝土→养护拆模(拆下模板清理后周转使用)→安装预制室内分隔板→吊入门窗、卫生设备等配件→楼板施工，如图 11-5 所示。

1)　内外墙全现浇结构体系

在内外墙全现浇结构体系的施工中，重点是要做好外模的支模工作，它关系到工程质量与施工安全。内墙模板和外墙内模板支撑在楼板上。外墙外模板根据形式不同，可分为悬挑式外模和外承式外模。

悬挑式外模的施工工艺流程如下：抄平放线→安装内墙一侧的模板→绑扎钢筋→安装内墙门窗口或假口→安装预埋件→支内墙另一侧模板→完成内墙模板的安装后，再安装外墙内模→把外模板通过内模上端的悬臂梁直接悬挂在内模板上。悬臂梁可采用一根 8 号槽钢焊在外侧模板的上口横肋上，内外墙模板之间用对销螺栓拉紧，下部靠在下层的混凝土墙壁上。

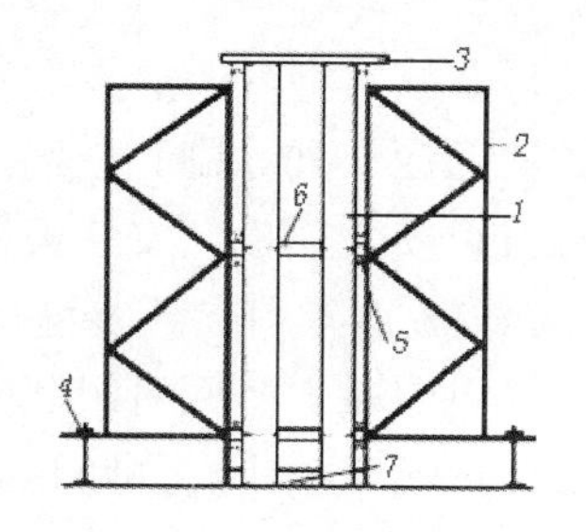

图 11-5　内墙大模板安装

1—内墙模板；2—桁架；3—上夹具；4—校正螺栓；
5—穿墙螺栓；6—套管；7—混凝土导墙

外承式外模施工时，可先将外墙外模板安装在下层混凝土外墙面挑出的三角形支承架上，用 L 形螺栓通过下一层外墙预留口挂在外墙上，如图 11-6 所示。为了保证安全，要设好防护栏和安全网，安装好外墙外模板后，再装内墙模板和外墙内模板。

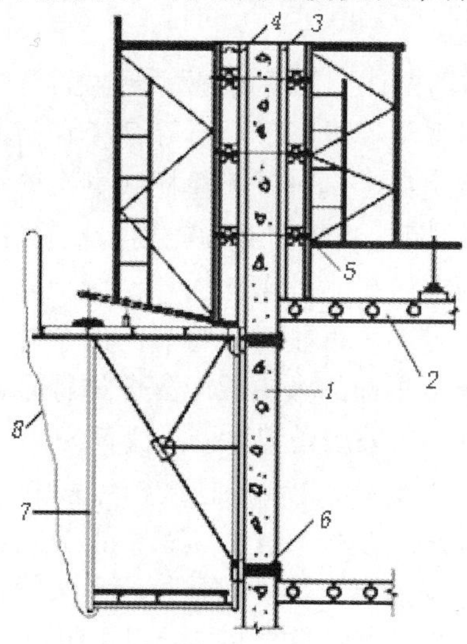

图 11-6　外承式外模

1—现浇外墙；2—楼板；3—外墙内模；4—外墙外模；5—穿墙螺栓；
6—脚手架固定螺栓；7—外挂脚手架；8—安全网

2)　内浇外挂结构体系

(1)　施工程序。内浇外挂结构体系施工工艺流程与内外墙全现浇结构体系相比，增加了外挂墙板的工序，其余相同。内浇外板大模板高层建筑的施工程序是：抄平放线→绑扎钢筋→支门窗洞口模板→安装大模板→安装外墙板→浇筑混凝土→拆模、修整混凝土墙面、养护→安装预制楼板→浇筑圈梁、板缝。

(2)　抄平放线操作要点。抄平放线包括弹轴线、墙身线、模板就位线及门口、隔墙、阳台位置线和抄平水准线等。

(3)　钢筋敷设施工要点。墙体钢筋应尽量预先在加工厂按图样点焊成网片再运至现场。在运输、堆放和吊装过程中，要采取措施防止钢筋网片产生变形或焊点脱开。

(4) 模板安装。大模板进场后要核对型号，清点数量，清除表面锈蚀，用醒目的字体在模板背面注明标号。模板就位前还应认真涂刷脱模剂，将安装处的楼面清理干净，检查墙体中心线及边线，准确无误后方可安装模板。安装模板时，应按顺序吊装，按墙身线就位，反复检查校正模板的垂直度。模板合模前，还要进行隐蔽工程验收。

(5) 混凝土的浇筑与养护。浇筑混凝土前应对组装的大模板及预埋件、节点钢筋等进行一次全面的检查，如发现问题，应及时校正。为防止底部出现质量缺陷，确保新浇混凝土与下层混凝土结合良好，宜先浇一层 5～10cm 厚的与原混凝土内砂浆成分相同的砂浆。

【小贴士】

混凝土应分层连续浇筑。第一层不能超过 60cm，这层混凝土振实后才可再倒入混凝土，此层以上边振边浇，要振捣密实，最后一层混凝土宜用人工倒入并振实整平。墙体的施工缝一般宜设在门、窗洞口上，连梁跨中 1/3 区段。当采用组合平模时，可留在内纵墙与内横墙的交接处，接槎处混凝土应加强振捣，保证接槎严密。模板内混凝土浇筑后，应由粉刷工立即将上口粉平使大模上口平直。

(6) 拆模与养护。在常温条件下，墙体混凝土强度超过 1.2N/mm^2 时方准拆模。拆模顺序为先拆内纵墙模板，再拆横墙模板，最后拆除角模和门洞口模板。单片模板的拆除顺序为：拆除穿墙螺栓、拉杆及上口卡具→升起模板底脚螺栓→升起支撑架底脚螺栓→使模板自动倾斜脱离墙面并将模板吊起。拆模时必须先用撬棍轻轻将模板移出 20～30mm，然后用塔机吊出。吊拆大模板时应严防撞击外墙挂板和混凝土墙体，因此，吊拆大模板时要注意使吊钩位置倾向于移出模板方向。拆模时应将每间的全部零件集中放在零件箱内，可防止丢失并提高工效，保障安全。拆卸的大模板应立即进行敲铲清理。此时混凝土强度不高，清理既方便又不损伤大模板。清理后还应涂刷隔离剂。

(7) 外墙挂板与大模板的连接。内浇外挂结构体系中，外墙板的施工是很重要的工序。当内墙大模板固定校正后，再安装外墙挂板。吊装前先将挂板两侧的锚环整理好，吊装时将锚环套入下层伸出的小柱钢筋上，使外墙挂板紧靠大模板边，上部用装在大模板上的夹具将外墙挂板夹住，这样外墙墙板就临时固定在大模板上。对外墙挂板的轴线位置、板底标高、垂直缝宽，水平缝宽均进行精密测量无误后，方可固定外墙挂板。

现浇混凝土内墙和外墙的结合部存在接缝，使其结合紧密是保证施工质量的要害。外墙挂板与大模板之间的接缝处理，通常在与外挂板接缝处大模板边放一条 3mm 厚的通常卷边的橡皮条，并紧贴外挂板，如图 11-7 所示。卷边橡皮条具有一定的弹性伸缩能力，可以消除外挂板与大模板安装误差造成的空隙，防止漏浆。

(8) 外墙挂板的板缝施工。混凝土墙与外挂板之间的垂直接缝如果不处理会造成浇筑混凝土时混凝土阻塞空腔，影响防水效果。可以用一条通长的充气车胎紧贴外挂板放置，类似一条模板，充气后车胎会塞在垂直缝中。浇筑混凝土时要注意控制力度，以免将车胎振出。在浇筑完混凝土 1h 后须拆除车胎，拆得过早混凝土会坍塌，拆得过晚车胎不易拆除，因此把握好拆除时间很关键。外挂板之间的空腔可以阻止水的毛细管渗透作用，所以要保证空腔内不得有污渍和垃圾。竖向空腔可以用 2mm 厚的塑料片或泡沫塑料棒封口，如图 11-8 所示。外挂板之间的水平缝可以用泡沫塑料棒充填，泡沫塑料棒的直径可根据板缝设计宽度来选择。

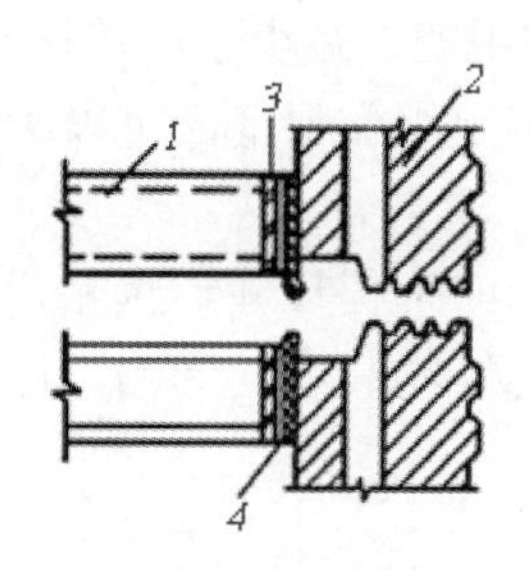

图 11-7　外墙挂板与大模板的连接

1—大模板；2—外墙挂板；
3—压板；4—橡皮条

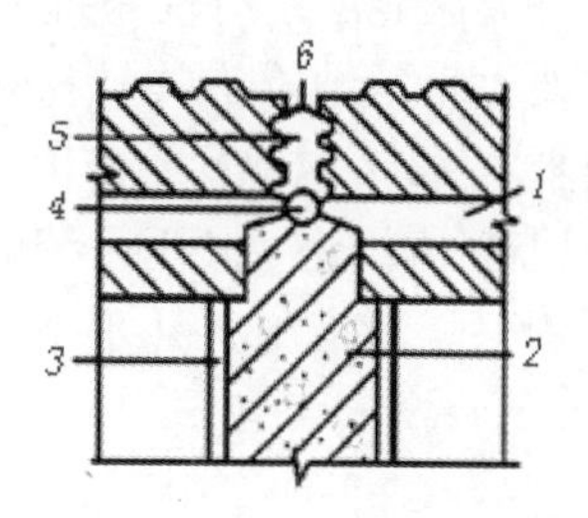

图 11-8　混凝土墙与墙挂垂直缝构造

1—外墙挂板；2—现浇混凝土墙；3—大模板；
4—充气车胎；5—空腔；
6—塑料片(也可以用泡沫塑料棒)

5. 大模板安装的质量要求

大模板安装必须垂直角模方正，位置标高正确；模板之间的拼缝及模板和结构之间的拼缝必须严密，不得漏浆；门窗洞口位置尺寸必须准确。大模板安装的允许偏差详见表 11-3。

表 11-3　大模板安装允许偏差

项　目	允许偏差	检查方法
位置	±5mm	拉钢尺检查
标高	±10mm	水准测量或拉线尺量
上口宽度	±2mm	拉钢尺检查
垂直度	±5mm	吊线锤检查
混凝土墙面平整度	±4mm	修正后直尺检查

11.1.2　滑模施工

滑模施工具有速度快，混凝土连续性好，表面光滑，无施工缝，材料消耗少，能节省大量的拉筋、架子管及钢模板和一些周转材料，施工安全等优点。滑模是由模板、围圈、支承杆(俗称爬杆、顶杆)、千斤顶、顶架、操作平台和吊架等组成。目前使用较多的是液压滑升模板和人工提升滑动模板两种模式。

1. 液压滑升模板概述

液压滑升模板施工方法的特点如下。

(1)　机械化程度高，劳动强度低：在施工过程中在地面预先组装好模板系统，其后整套滑模采用机械提升，整个施工过程实现机械化操作，减轻了劳动强度。

(2)　施工速度快：滑模施工模板组装一次成型，减少了模板装拆工序，连续作业，使竖向结构的施工速度大大加快。

(3)　结构整体性好，施工简单：滑模系统的装置都是事先组装，在混凝土的施工过程中只进行模板的持续提升和混凝土的浇筑，施工简单，并且容易保证质量。

(4) 经济效益显著：滑模系统的施工节约模板和脚手架，减少了周转材料的大量占用，现场也不需要大量场地堆放周转材料。若有良好的施工组织作保证，可以大大缩短工期，减少施工成本。

(5) 应用范围广泛：滑模系统的组装可以根据不同的工程尺寸形状配置，外形是弧形的建筑也不例外。滑模施工几乎不受风力影响，不受建筑物高度的影响，适合超高层建筑的施工。

【小贴士】

滑模施工是一项比较先进的工业化施工方法，为了更好地发挥它的作用，需要设计有一定的配合。因为施工模板是整体提升的，一般不宜在空中重新组装、改装模板和操作平台。同时模板的提升有一定连续性，不宜过多停歇，这就要求建筑的平面布置和立面处理，在不影响设计效果的前提下，力求简洁整齐，尽量避免影响滑升的突出结构。

2. 液压滑升模板的组成

滑模的装置由模板系统、操作平台系统和液压提升系统以及施工精度控制系统等组成，如图 11-9 所示。

1) 模板系统

模板系统由模板、围圈、提升架及其附属配件组成。其作用是根据滑模工程的结构特点组成成型结构，使混凝土能按照设计的几何形状及尺寸准确成型，并保证表面质量符合要求；其在滑升施工过程中，主要承受浇筑混凝土时的侧压力以及滑动时的摩阻力和模板滑空、纠偏等情况下的外加荷载。

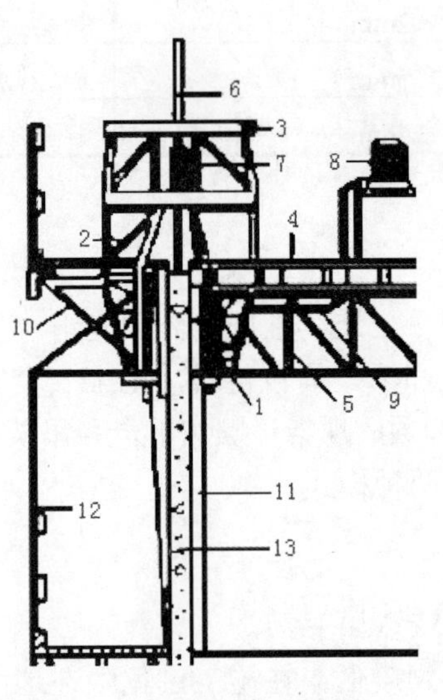

图 11-9 滑模系统示意图

1—模板；2—围圈；3—提升架；4—操作平台；5—操作平台桁架；6—支承杆；7—液压千斤顶；8—高压油泵；9—油管；10—外挑三脚架；11—内吊脚手架；12—外吊脚手架；13—混凝土墙体

(1) 模板。模板又称围板，可用钢材、木材或钢木混合以及其他材料制成，目前国内使用以钢模板居多。常用钢模板制作有薄钢板冷弯成型和用薄钢板加焊角钢、扁钢组合成型两种。如采用定型组合钢模板时，则需在边框增加与围圈固定相适应的连接孔。模板之间的连接，可采用螺栓(M8)或 U 形卡。

(2) 围圈。围圈又称围檩，用于固定模板，保证模板所构成的几何形状及尺寸，承受模板传来的水平与垂直荷载，所以要具有足够的强度和刚度。围圈横向布置在模板外侧，一般上下各布置一道，分别支承在提升架的立柱上，并把模板与提升架联系成整体。

(3) 提升架。提升架又称千斤顶架或门架，其作用是约束固定围圈的位置，防止模板的侧向变形，并将模板系统和操作平台系统连成一体，使其将全部荷载传递给千斤顶和支承杆。

目前常见的是钢提升架，常采用的形式有单横梁的“Π”形架和双横梁的“开”字形架。提升架一般用 12 号槽钢制作横梁，立柱可用 12～16 号槽钢做成单肢式、格构式或桁架式；横梁与立柱的拼装连接，可采用焊接连接，也可采用螺栓拼装。提升架立柱的高度，应使模板上口到提升架横梁下皮间的净空能满足施工要求。

2) 操作平台系统

操作平台系统主要包括操作平台、外挑脚手架、外吊脚手架、内吊脚手架，如果施工需要，还可架设辅助平台，以供材料、工具、设备的堆放。

(1) 操作平台。操作平台又称工作平台，既是绑扎钢筋、浇筑混凝土的操作场所，也是油路、控制系统的安置台，有时还利用操作平台架设起重设备。操作平台所受的荷载比较大，必须有足够的强度和刚度。

【小贴士】

操作平台的设计应根据施工对象采用的滑模工艺和现场实际情况而定。在采用逐层空滑模板(也称“滑一浇一”)施工工艺时，要求操作平台板采用活动式平台，以便楼板施工时运输支模材料以及运输和浇筑混凝土。活动式平台板宜用型钢作框架，上铺多层胶合板或木板，再铺设铁板增加耐磨性和减少吸水率。常用的操作平台形式有分块式、整体式和活动式。

(2) 外挑脚手架、外吊脚手架。外挑脚手架一般由三脚挑架、楞木、铺板等组成，其外挑宽度为 0.8～1.0m，外侧一般需设安全护栏，三脚挑架可支承在立柱上或挂在围圈上。

3) 液压提升系统

液压提升系统包括支承杆、液压千斤顶、液压控制系统和油路等，是液压滑模系统的重要组成部分，也是整套滑模施工装置中的提升动力和荷载传递系统。提升系统的工作原理是由电动机带动高压油泵，将高压油液通过电磁换向阀、分油器、截止阀及管路输送到液压千斤顶，液压千斤顶在油压作用下带动滑升模板和操作平台沿着支承杆向上爬升；当控制台使电磁换向阀换向回油时，油液由千斤顶排出并回到油泵的油箱内。在不断供油、回流的过程中，使千斤顶的活塞不断地压缩、复位，将全部滑升模板装置向上提升到需要的高度。

(1) 千斤顶。液压滑动模板施工所用的千斤顶为专用穿心式千斤顶，按其卡头形式的不同可分为钢珠式和楔块式两种，其工作重量分别为3t、3.5t和10t，其中3.5t应用较广。

(2) 支承杆。支承杆又称爬杆，它既是千斤顶向上爬升的轨道，又是滑动模板装置的承重支柱，承受着施工过程中的全部荷载。支承杆一般采用直径为25mm的圆钢筋，其连接方法有丝扣连接、榫接、焊接3种，也可使用25～28mm的螺纹钢筋连接。用作支承杆的钢筋，在下料加工前要进行冷拉调直，冷拉时的延伸率应控制在2%～3%。支承杆的长度一般为3～5m。当支承杆接长时，其相邻的接头要互相错开，并使同一断面上的接头根数不超过总根数的25%。

(3) 液压控制系统。液压控制系统是提升系统的心脏，主要由能量转换装置(电动机、高压齿轮泵等)、能量控制和调节装置(如电磁换向阀、调压阀、针形阀、分油器等)以及辅助装置(压力表、油箱、滤油器、油管、管接头等)3个部分组成。

齿轮泵的选择根据滑模千斤顶油缸的用油量、布置的数量及齿轮泵的送油能力而确定。在滑升过程中，浇注混凝土和滑升是交替进行的，千斤顶提升一个行程所用的时间越短、滑升的速度越快，泵和油管的流量越大，千斤顶完成一次进油、回油的时间就越短。通常千斤顶的一次循环控制在3～5min，其中进油时间控制在1min以内。齿轮泵的流量计算公式为

$$Q \geqslant \frac{VK}{t_1} \tag{11-1}$$

式中：Q——齿轮泵最大工作流量，L/min；

V——千斤顶油缸的总容积，L(若有多台千斤顶为其容积之和)；

K——超容系数，取1.1～1.3；

t_1——每个行程要求送油时间，min。

电动机的选用一般根据油泵所需的压力和流量确定，其计算公式为

$$N = \frac{FQ}{612\eta} \tag{11-2}$$

式中：N——电动机功率，kW；

F——油泵的工作压力，MPa；

Q——油泵流量，L/min；

η——总效率，齿轮泵效率取0.6～0.8。

4) 施工精度控制系统

滑模施工的精度控制系统由水平度、垂直度观测与控制装置以及通信联络设施组成，主要起到控制滑模施工的水平度和垂直度的作用。

(1) 滑模施工水平度的控制。在模板滑升过程中，由于千斤顶的不同步，数值的累积就会使模板系统产生很大的升差，如不及时加以控制，不仅建筑物的垂直度难以保证，也会使模板结构产生变形，影响工程质量。水平度的观测，可采用水准仪、自动安平激光测量仪等设备，精度不应低于1/10000。对千斤顶升差的控制，可以根据不同的控制方法选择不同的水平度控制系统。常用的方法有用激光控制仪控制的自动调平控制法、用限位仪控制的限位调平法、限位阀控制法、截止阀控制法等。

(2) 滑模施工垂直度的控制。在滑模施工中，影响建筑物垂直度的因素很多，如千斤顶的升差、滑模装置变形、操作平台荷载、混凝土的浇筑方向以及风力、日照的影响等。

为了解决上述问题，除采取一些有针对性的预防措施外，在施工中还应经常加强观测，并及时采取纠偏、纠扭措施，以使建筑物的垂直度始终得到控制。

【知识拓展】

垂直度的观测主要采用经纬仪、激光铅直仪和导电线锤等设备来进行。垂直度调整控制方法主要有平台倾斜法、顶轮纠偏控制法、双千斤顶法、变位纠偏器纠正法等。常用的垂直度控制系统有顶轮纠偏装置、变位纠偏器等。

3. 液压滑升模板施工的准备工作

由于滑模施工有连续施工的特点，为了充分发挥施工效率，材料、设备、劳动力在施工前都要做好充分的准备。

1)　技术准备

由于滑模施工的特点，要求设计中必须有与之相适用的措施，所以施工前要认真审查施工图。重点审查结构平面布置是否与各层构件沿模板滑动方向投影重合、竖向结构断面是否上下一致等。

2)　现场准备

施工用水、用电必须接好，施工临时道路和排水系统必须畅通。所需要的钢筋、构件、预埋件、混凝土用砂、石、水泥、外加剂等，应按计划运送到场并保持供应不断。滑升模板系统需要的模板、爬杆、内外吊脚手架设备和安全网应准备充足。垂直运输设备应在滑模系统进场前就位。

4. 墙体滑模的一般施工工艺

滑升模板的施工由滑模设备的组装、钢筋绑扎、混凝土浇捣、模板滑升、楼面施工和模板设备的拆除等部分组成。

1)　模板的组装

滑升模板的组装是一个重要环节，直接影响到施工进度和质量，因此要合理组织、严格施工。在组装前，要做好拼装场地的平整工作，检查起滑线以下已经施工好的基础或结构的标高和平面尺寸，并标出建筑物的结构轴线、墙体边线和提升架的位置线等。

滑模组装完毕后，应按规范要求的质量标准进行检查。滑模组装的允许偏差如表 11-4 所示。

表 11-4　滑模组装的允许偏差

项　目		允许偏差/mm	检查方法
模板轴线与相应结构轴线位置		±3	钢尺检查
围圈位置	水平方向	±3	钢尺检查
	垂直方向	±3	钢尺检查
提升架垂直度	平面内	±3	2m 托线板检查
	平面外	±2	2m 托线板检查
提升架横梁相对标高		±5	水准仪或拉线、尺量
模板尺寸	上口	−1	钢尺检查
	下口	+2	钢尺检查

续表

项　目		允许偏差/mm	检查方法
千斤顶安置位置	平面内	±5	钢尺检查
	平面外	±5	钢尺检查
圆模直径、方模边长尺寸		±5	钢尺检查
相邻模板板面平整		±2	钢尺检查

2) 钢筋绑扎和预埋件埋设

钢筋绑扎应与混凝土浇筑速度、模板的滑升速度相配合。应根据每个浇筑层的混凝土浇筑量、浇筑时间以及钢筋量的大小，合理安排绑扎人员、划分操作区段，保证钢筋的绑扎速度。在绑扎过程中，应随时检查以免发生错误。

【小贴士】

预埋件的留设位置与型号必须准确。滑模施工前，应有专人负责绘制预埋件平面图，详细注明预埋件的标高、位置、型号及数量，施工中要加强检查以防遗漏。预埋件一般可采用短钢筋与结构主筋焊接或绑扎等方法连接牢固，且不得突出模板表面。模板滑过预埋件后，应立即清除预埋件表面的混凝土，使其外露，其位置偏差不应大于20mm。

3) 混凝土施工

滑模施工的混凝土，除必须满足设计强度外，还必须满足滑模施工的特殊要求，例如出模强度、凝结时间、和易性等。混凝土配比的设计，应该根据滑升速度、气候条件和材料品种等因素试配出不同的级配，以便施工中根据实际情况选用。

【小贴士】

混凝土必须分层均匀交圈浇筑，每一浇筑层的混凝土厚度以200～300mm为宜，表面应在同一水平面上，并有计划地变换浇筑方向，以保证模板各处的摩擦阻力相近，防止模板产生扭转和结构倾斜。各层浇筑的间隔时间应不大于混凝土的凝结时间，当间隔时间超过凝结时间时，对接槎处应按施工缝的要求处理。每个浇筑区段中混凝土的布料，一般从中间部分开始，各层浇筑方向要交错进行，并经常交换方向，尽量使布料均匀。混凝土浇筑宜用人工均匀倒入，不得用料斗直接向模板倾倒，以免对模板造成过大的侧压力。预留孔洞、门窗口等两侧的混凝土应对称均衡浇筑，以免门窗模移位。

4) 滑升工艺

(1) 初滑阶段是指工程开始时进行的初次提升模板阶段，主要对滑模装置和混凝土凝结状态进行检查。初滑的基本操作是当混凝土分层浇筑到模板高度的2/3，且第一层混凝土的强度达到出模强度时，进行试探性的提升，即将模板提升1～2个千斤顶行程，观察混凝土的出模情况。滑升过程要求缓慢平稳，用手按混凝土表面，若出现轻微指印，砂浆又不粘手的情况，说明时间恰到好处。全面检查液压系统和模板系统的工作情况，可进入正常滑升阶段。

(2) 正常滑升阶段可连续一次提升一个浇筑层高度，等到混凝土浇筑至模板顶面时再提升一个浇筑层高度，也可以随升随浇。模板的滑升速度，取决于混凝土的凝结时间、劳动力的配备、垂直运输的能力、浇筑混凝土的速度以及气温等因素。在正常条件下，滑升速度一般控制在 150～300mm/h 范围内，两次滑升的间隔停歇时间，一般不超过 1.5h，在气温较高的情况下，应增加 1～2 次中间提升。中间提升的高度为 1～2 个千斤顶行程，主要是为防止混凝土与模板黏结。

【小贴士】

在滑升中必须严格按计划的滑升速度执行，并随时检查模板、支承杆、液压泵、千斤顶等各部分的情况，如有异常，应及时加以调整、修理或加固。

为保证结构的垂直度，在滑升过程中，操作平台应保持水平。各千斤顶的相对高差不得大于 40mm，相邻两个千斤顶的升差不得大于 2mm。在滑升过程中，应检查和记录结构垂直度、扭转及结构截面尺寸等偏差数值，同时采取调平措施及时纠正出现的水平升差，以保持操作平台的水平度。

(3) 末滑阶段是指当模板升至距建筑物顶部标高 1m 左右时的阶段。此时应放慢滑升速度，进行准确的抄平和找正工作。整个抄平和找正工作应在模板滑升至距离顶部标高 20mm 以前做好，以便使最后一层混凝土能均匀交圈。混凝土浇结束后，模板仍应继续滑升，直至与混凝土脱离为止。

(4) 停滑。若由于气候、施工需要或其他原因而不能连续滑升时，应采取可靠的停滑措施：停滑前，混凝土应浇筑到同一水平面上；停滑过程中，模板应每隔 0.5～1h 提升一个千斤顶行程，确保模板与混凝土不黏结；当支承杆的套管不带锥度时，应于次日将千斤顶顶升一个行程；对于因停滑造成的水平施工缝，应认真处理混凝土表面，保证后浇混凝土与已硬化的混凝土之间良好的黏结；继续施工前，应对液压系统进行全面检查。

(5) 门窗及孔洞的留设。门、窗洞及其他孔洞的留设，可采用以下几种方法。

① 框模法：事先按照设计要求的尺寸制成孔洞框模，框模可用钢材、木材或钢筋混凝土预制件制作。其尺寸宜比设计尺寸大 20～30mm，厚度应比内外模板的上口尺寸小 5～10mm。框模应按设计要求位置与标高留设，安装时应同墙体中的钢筋或支承杆连接固定。也可利用门、窗框直接作为框模使用，在滑升的同时埋在设计要求的位置上。但需在两侧边框上加设挡条。挡条可以用钢材和木材制成工具式，以螺钉和门、窗框连接。加设挡条后，门、窗口的总厚度应比内外模板上口尺寸小 10～20mm。当模板滑升后，工具式挡条可拆下周转使用。

② 堵头模板法：当预留孔洞尺寸较大或孔洞处不设门框时，在孔洞两侧的内外模板之间设置堵头模板，并通过活动角钢与内外模连接，与模板一起滑升。

③ 孔洞胎模法：对于较小的预留孔洞及接线盒等，可事先按孔洞具体形状制作空心或实心的孔洞胎模，尺寸应比设计要求大 50～100mm，厚度应比内外模上口小 10～20mm，四边应稍有倾斜，便于模板滑过后取出胎模。其材料可以用钢材、木材及聚苯乙烯泡沫塑料制成。

(6) 模板的拆除。滑模装置拆除应制定可靠的措施，拆除前要进行技术交底，确保操作安全。提升系统的拆除可在操作平台上进行，千斤顶留待与模板系统同时拆除。滑模系统的拆除顺序是：拆除油路系统及控制台→拆除操作平台→拆除内模板→拆除安全网和脚

手架→用木块垫死内圈模板桁架→拆外模板桁架系统→拆除内模板桁架的支撑→拆除内模板桁架。

5. 滑框倒模的施工方法

滑框倒模施工工艺是在滑模施工工艺的基础上发展而成的一种施工方法。这种方法兼有滑模和倒模的优点，因此，易于保证工程质量。但由于操作上多了模板拆除上运的过程，所以人工消耗大，速度略低于滑模。

滑框倒模装置的提升设备和模板系统与一般滑模基本相同，它由液压控制台、油路、千斤顶及支承杆和操作平台、围圈、提升架、模板等组成。

滑框倒模的模板不与围圈直接挂钩，模板与围圈之间增设竖向滑道，模板与围圈之间通过竖向滑道连接，滑道固定于围圈内侧，可随围圈滑升。滑道的作用相当于模板的支承系统，既能抵抗混凝土的侧压力，又可约束模板位移，且便于模板的安装。滑道的间距按模板的材质和厚度决定，一般为 300～400mm；长度为 1～1.5m，可采用外径 30mm 左右的钢管。

6. 逐层空滑楼板并进法

逐层空滑楼板并进施工工艺就是墙体用滑模施工、楼板用支模现浇，在滑模浇筑一层墙体后，模板滑空，紧跟着支模现浇一层楼板混凝土的施工方法。所以逐层空滑楼板并进又称“逐层封闭”或“滑一浇一”。

一般滑模施工，墙体由滑模连续施工，楼板采用在墙体上留孔或留槽，插筋后浇楼板(或安装预制楼板)，由于混凝土两次浇筑，结合处不易密实，削弱了节点的整体性。而逐层空滑楼板并进法的工艺特点是每一层的墙体和楼板是连续施工，因此墙体与楼板连接可靠，结构整体性好。同时每个楼层逐层封闭，保证了施工阶段的墙体稳定。楼板施工的完成也为立体施工创造了条件，装饰工程可以提前插入施工。该工艺是近年来高层建筑采用滑模施工时，楼板结构施工应用较多的一种方法。

7. 逐层空滑预制楼板施工

逐层空滑预制楼板施工的做法是：当墙体模板向上空滑高度大于预制楼板厚度的一倍左右时，在模板下口与墙体混凝土之间的空当，插入预制楼板。安装预制楼板时，先利用起重设备将操作平台的活动平台板揭开，然后顺房间的进深方向吊入楼板，当其下放到模板下口与墙体上口之间的空位时，作 90° 的转向，进行就位。安装楼板时的墙体混凝土强度，一般不应低于 2.5MPa。如果提早安装，应采取硬架支模等相应的技术措施。

8. 先滑墙体楼板跟进法

先滑墙体楼板跟进法是指当墙体连续滑动数层后，即可自下而上地进行逐层楼板的施工。即在楼板施工时，先将操作平台的活动平台板揭开，由活动平台的洞口吊入楼板的模板、钢筋和混凝土等材料或安装预制楼板。对于现浇楼板施工，也可由设置在外墙窗口处的受料挑台将所需材料吊入房间，再用手推车运至施工地点。

该工艺在墙体滑升阶段可间隔数层进行楼板施工，墙体滑升速度快，楼板施工与墙体施工互不影响，但需要解决好墙体与楼板连接及墙体在施工阶段的稳定性问题。现浇楼板与墙体的连接方式主要有钢筋混凝土键连接和钢筋销凹槽连接两种。

钢筋混凝土键连接大多用于楼板主要受力方向的支座节点。当墙体滑升至每层楼板标高时，沿墙体间隔一定的间距(大于 500mm)预留孔洞，孔洞的尺寸按设计要求确定。一般情况下，预留孔洞的宽度可取 200～400mm，孔洞的高度为楼板的厚度或按板厚上下各加大 50mm，以便操作。相邻两间楼板的主筋，可由孔洞穿过，并与楼板的钢筋连成一体。在端头一间，楼板钢筋应在端墙预留孔洞处与墙板钢筋加以连接。然后同楼板一起浇筑混凝土，孔洞处即构成钢筋混凝土键，如图 11-10(a)所示。

采用钢筋销凹槽连接，楼板的配筋可均匀分布，整体性较好。但预留插筋及凹槽均比较麻烦，扳直钢筋时，容易损坏墙体混凝土，因此一般只用于一侧有楼板的墙体工程。当墙体滑升至每层楼板标高时，可沿墙体间隔一定的距离，预埋插筋及留设通长的水平嵌固凹槽，如图 11-10(b)所示。待预留插筋及凹槽脱模后，扳直钢筋，修整凹槽，并与楼板钢筋连成一体，再浇筑楼板混凝土。预留插筋的直径不宜过大，一般应小于 10mm，否则不易扳直。预埋钢筋的间距，取决于楼板的配筋。

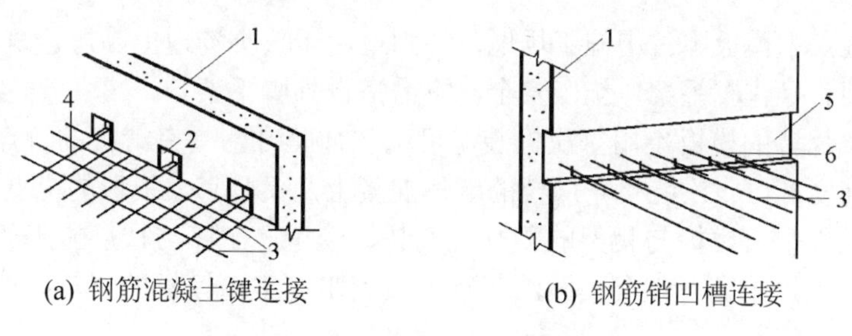

(a) 钢筋混凝土键连接　　(b) 钢筋销凹槽连接

图 11-10　现浇楼板与墙体连接方式

1—混凝土墙；2—预留洞；3—楼板钢筋；4—穿洞钢筋；5—凹槽；6—预留插筋

9. 楼板降模法

先滑墙体楼板降模施工，是针对现浇楼板结构而采用的一种施工工艺。其具体做法是：当墙体连续滑升到顶或滑升至 8～10 层高度后，将事先在底层按每个房间组装好的模板用卷扬机或其他提升机具，提升到要求的高度，再用吊杆悬吊在墙体预留的孔洞中，然后进行该层楼板的施工。当该层楼板的混凝土达到拆模强度要求时(不得低于 15MPa)，可将模板降至下一层楼板的位置，进行下一层楼板的施工。此时，悬吊模板的吊杆也随之接长。这样，施工完一层楼板，模板降下一层，直到完成全部楼板的施工，降至底层为止。

10. 体外滑模施工

滑模施工中的支承杆钢材消耗比较多，如果不采取滑后抽出的措施，则施工后会被全部埋入混凝土中，如果能代替部分受力钢筋使用，尚可降低消耗，否则成本过高。另外，用钢筋作为支承杆，承载能力有限，也不能发挥大吨位千斤顶的作用。体外滑模打破了过去的常规做法，其方法是不把滑模支承杆布置在墙体内，而是布置在墙体外。体外滑模施工直接降低了施工成本，能更好地适应更大规模滑模工程的需求，是现代滑模技术发展的新趋势、新成果。

11.1.3 爬模施工

爬模是爬升模板的简称，国外也叫作跳模。它由爬升模板、爬架(有的爬模没有爬架)和爬升设备 3 个部分组成，在施工剪力墙体系、筒体体系和桥墩等高耸结构中是一种有效的工具。由于爬模具备自爬的能力，因此不需起重机械的吊运，这减少了施工中运输机械的吊运工作量。在自爬的模板上悬挂脚手架可省去施工过程中的外脚手架。

1. 爬模施工的工艺特点

爬模施工工艺具有以下特点。

(1) 爬升模板施工时，模板的爬升依靠自身系统设备，不需塔吊或其他垂直运输机械，减少了起重机吊运工程量，避免了塔机施工常受大风影响的弊端。

(2) 爬模施工时模板是逐层分块安装的，其垂直度和平整度易于调整和控制，施工精度较高。

(3) 爬模施工中模板不占用施工场地，特别适用于狭小场地上高层建筑的施工。

(4) 爬模装有操作脚手架，施工安全，不需搭设外脚手架。

(5) 对于一片墙的模板不用每次拆装，可以整体爬升，具有滑模的特点；一次可以爬升一个楼层的高度，可一次浇筑一层楼的墙体混凝土，又具有大模板的优点。

(6) 施工过程中，模板与爬架的爬升、安装、校正等工序与楼层施工的其他工序可平行作业，有利于缩短工期。但爬模无法实行分段流水施工，模板的周转率低，因此模板配制量要大于大模板施工。

爬模施工工艺分为模板与爬架互爬、模板与模板互爬、爬架与爬架互爬及整体爬模等类型。

2. 模板与爬架互爬

模板与爬架互爬，是以建筑物的钢筋混凝土墙体为支承主体，通过附着于已完成的钢筋混凝土墙体上的爬升支架或大模板，利用连接爬升支架与大模板的爬升设备，使一方固定，另一方做相对运动，交替向上爬升，以完成模板的爬升、下降、就位和校正等工作。该技术是最早采用并广泛应用的一种爬模工艺。

1) 构造与组成

爬升模板由模板、爬升支架、爬升设备、油路和电路 4 个部分组成。

(1) 模板。爬模的模板与一般大模板构造相同，由面板、横肋、竖向大肋、对销螺栓等组成。面板一般采用薄钢板，也可用木(竹)胶合板。横肋和竖向大肋常采用槽钢，其间距通常根据有关规范计算确定。新浇混凝土对墙两侧模板的侧压力由对销螺栓承受。

模板的高度一般为建筑标准层高度加 100～300mm，所增加的高度是模板与下层已浇筑墙体的搭接高度，用于模板下端的定位和固定。模板下端需增加橡胶衬垫，使模板与已结硬的钢筋混凝土墙贴紧，以防止漏浆。模板的宽度可根据一片墙的宽度和施工段的划分来确定。它可以是一个开间、一片墙或一个施工段的宽度，其分块要与爬升设备能力相适应。在条件允许的情况下，模板越宽越好，可以减少各块模板间的拼接和拆卸，提高模板安装精度，提高混凝土墙面的平整度。

(2) 爬升支架。爬升支架由支承架、附墙架、吊模扁担和千斤顶架等组成。爬升支架是承重结构，主要依靠支承架固定在下层已达规定强度的钢筋混凝土墙体上，并随施工层的上升而升高。其下部有水平拆模支承横梁，中部有千斤顶座，上部有挑梁和吊模扁担，主要起悬挂模板、爬升模板和固定模板的作用。因此，要求其具有一定的强度、刚度和稳定性。

支承架用作悬挂和提升模板，一般由型钢焊成格构柱。为便于运输和装拆，一般做成两个标准桁架节，使用时将标准节拼起来，并用法兰盘连接。为方便施工人员上下，支承架尺寸不应小于 650mm×650mm。

(3) 爬升设备。爬升动力设备可以根据实际施工情况而定，常用的爬升设备有环链手拉葫芦、电动葫芦、单作用液压千斤顶、双作用液压千斤顶、爬模千斤顶等，其起重能力一般要求为计算值的 2 倍以上。

环链手拉葫芦是一种手动的起重机具，其起升高度取决于起重链的长度。起重能力应比设计计算值大 1 倍，起升高度比实际需要起升高度大 0.5～1m，以便于模板或爬升支架爬升到就位高度时，尚有一定长度的起重链可以摆动，便于就位和校正固定。

(4) 油路和电路。与滑模施工一次提升整个施工段比较，爬模一次只提升一片墙的模板，所需的油泵和油箱都较小，但是爬模爬升一个楼层高度需要千斤顶连续进行多个冲程，因此对液压泵车的速度有较高的要求，选择液压油源时要注意爬升模板的特点。

由于爬升一个楼层的高度，千斤顶需进、排油 100 多次，为了使每个千斤顶(特别是负荷最大、线路最远处的千斤顶)进油时的冲程和排油的回程时间最短，以及减少千斤顶的升差，在爬模所用电路中需要安装一套自动控制线路。

2) 施工工艺

模板与爬架互爬的工艺流程如下：弹线找平→安装爬架→安装爬升设备→安装外模板→绑扎钢筋→安装内模板→浇筑混凝土→拆除内模板→施工楼板→爬升外模板→绑扎上一层钢筋并安装内模板→浇筑上一层墙体→爬升爬架。这种流程可使模板与爬架形成互爬，直至完成整幢建筑的施工。

(1) 爬升模板的安装。配置爬升模板时，要根据制作、运输和吊装的条件，尽量做到内、外墙均做成每间一整块大模板，以便于一次安装、脱模、爬升。内墙大模板可按流水施工段配置一个施工段的用量，外墙内、外侧模板应配足一层的全部用量。外墙外侧模板的穿墙螺栓孔和爬升支架的附墙连接螺栓孔应与外墙内侧模板的螺栓孔对齐。各分块模板间的拼接要牢固，以免多次施工后变形。

(2) 爬架的爬升。当墙体的混凝土已经浇筑并具有一定强度后，方可进行爬升。爬架爬升时，爬架的支承点是模板，此时模板需与现浇的钢筋混凝土墙保证良好的连接。爬升前，首先要仔细检查爬升设备的位置、牢固程度、吊钩及连接杆件等，在确认符合要求后方可正式爬升。

【小贴士】

要注意不要使爬升模板被其他构件卡住。若发现此现象，应立即停止爬升，待故障排除后方可继续爬升。爬升过程中有关人员不得站在爬架内，应站在模板外附脚手架上操作。

爬升接近就位标高时应切断自动线路，改用手动方式将爬架升到规定标高。爬升完毕后应先插好附墙和附墙相对的架孔的螺栓，其余的墙面通过逐步调节爬架将其与架孔对齐后插入螺栓。检查爬架的垂直度并用千斤顶调整，然后及时固定。遇六级以上大风应停止作业。

(3) 模板爬升。当混凝土强度达到脱模强度(1.2～3.0N/mm)，爬架已经爬升并安装在上层墙上，且爬升设备已拆除，爬架附墙处的混凝土强度已达到 10N/mm 时，就可以进行下一层墙面的模板爬升了。

模板爬升的施工顺序是：在楼面上进行弹线找平→安装模板爬升设备→拆除模板对拉螺栓、固定支撑、与其他相邻模板的连接件→起模→开始爬升。先试爬升 50～100mm，检查爬升情况，确认正常后再快速爬升。爬升过程中随时检查，如有异常应停下来检查，解决问题后再继续爬升。

(4) 爬架拆除。拆除爬升模板的设备可利用施工用的起重机，也可在屋面上装设人字形拔杆或台灵架进行拆除。拆除前要先清除脚手架上的垃圾杂物，拆除连接杆件，经检查安全可靠后方可大面积拆除。

拆除爬架的施工顺序是：拆除悬挂脚手架、大模板→拆除爬升设备→拆除附墙螺栓→拆除爬升支架。

(5) 模板拆除。拆除模板的施工顺序是：自下而上拆除悬挂脚手架、安全设施→拆除分块模板间的连接件→起重机吊住模板并收紧绳索→拆除模板爬升设备、脱开模板和爬架→将模板吊至地面。

3. 模板与模板互爬

模板与模板互爬，是一种无架液压爬模工艺，是将外墙外侧模板分成甲、乙两种类型，甲型与乙型模板交替布置，互为支承，由爬升设备和爬杆使相邻模板互相爬升。

1) 构造与组成

(1) 模板。无爬架爬模分为两种，甲型模板为窄板，高度要大于两个层高；乙型模板要按建筑物外墙尺寸配制，高度均略大于层高，与下层外墙稍有搭接，避免漏浆。两种模板交替布置，甲型模板布置在外墙与内墙交接处，或大开间外墙的中部，乙型模板布置在甲型模板中间。

(2) 爬升装置。爬升装置由三脚爬架、爬杆、卡座和液压千斤顶组成。

三脚爬架插在模板上口的两端，插入双层套筒内，套筒用 U 形螺栓与竖向背楞连接。三脚爬架的作用是支承卡座和爬杆，可以自由回转。爬杆采用ϕ25mm 的圆钢制成，上端用卡座固定，支承在三脚爬架上，爬升时处于受拉状态。

(3) 操作平台挑架。操作平台用三脚挑架作支撑，安装在乙型模板竖向背楞和它下面的生根背楞上，上下放置三道。上面铺脚手板，外侧设护身栏和安全网。上、中层平台供安装、拆除模板时使用，并在中层平台上加设模板支撑一道，使模板、挑架和支撑形成稳固的整体，并用来调整模板的角度，也便于拆模时松动模板；下层平台供修理墙面用。

2) 施工工艺

在地面将模板、三脚爬架、千斤顶等组装好，组装好的模板用 2m 靠尺检查，其板面平整度不得超过 2mm，对角线偏差不得超过 3mm，要求各部位的螺栓连接紧固。采用大模板常规施工方法须完成首层结构后再安装爬升模板，以便于乙型模板支设在“生根”背楞和连接板上。

甲、乙型模板按要求交替布置。先安设乙型模板下部的“生根”背楞和连接板。“生根”背楞用ϕ22mm 的穿墙螺栓与首层已浇筑墙体拉结，再安装中间一道平台挑架，加设支撑，铺好平台板，然后吊运乙型模板，置于连接板上，并用螺栓连接。同时利用中间一道平台挑梁设临时支撑，校正稳固模板。

首次安装甲型模板时，由于模板下端无“生根”背楞和连接板，可用临时支撑校正稳固后再涂刷脱模剂和绑扎钢筋，安装门、窗口模板。

外墙内侧模板吊运就位后，即用穿墙螺栓将内、外侧模板紧固，并校正其垂直度。最后安装上、下两道平台挑架、铺放平台板，挂好安全网。

模板安装就位校正后，装设穿墙螺栓，浇筑混凝土。待混凝土达到拆模强度，即可开始准备爬升甲型模板。爬升前，先松开穿墙螺栓，拆除内模板，并使外墙外侧甲、乙型模板与混凝土墙体脱离。然后将乙型模板上口的穿墙螺栓重新装入并紧固。调整乙型模板三脚爬架的角度，装上爬杆，用卡座卡紧。爬杆的下端穿入甲型模板中部的千斤顶中。拆除甲型模板底部的穿墙螺栓，利用乙型模板作支承，将甲型模板爬升至预定高度，随即用穿墙螺栓与墙体固定。甲型模板爬升后，再将甲型模板作为支承爬升乙型模板至预定高度并加以固定。校正甲、乙型两种模板，安装内模板，装好穿墙螺栓并紧固，即可浇筑混凝土。如此反复，交替爬升，直至完成工程。

4. 爬架与爬架互爬

爬架与爬架互爬系统由爬架、平台、传动装置和模板等部件组成。该工艺以固定在混凝土外表面的爬升挂靴为支点，以摆线针轮减速机为动力，通过内外爬架的相对运动，使外墙外侧大模板随同外爬架相应爬升。当大模板达到规定高度时，就可借助滑轮滑动就位。在爬架与爬架互爬过程中内外架互为支承，交替爬升。

5. 整体爬模施工

整体爬模施工工艺是近几年在高层建筑施工中形成的一种爬模技术。用内、外墙整体爬模技术可以同时对内外墙体施工，外墙内模和内墙模板需与外墙外模同时爬升，所以除了外爬架外，还要设置内爬架。

整体爬模系统的主要组成部分有内、外爬架和内、外模板。内爬架设置在纵、横墙的交接处，通过楼板孔洞立在短横扁担上，并用穿墙螺栓将力传给下层的混凝土墙体，其高度略大于两个楼层高，采用格构式钢构件，截面较小。外爬架将力传给下层混凝土外墙体。内、外爬架与内、外模板相互依靠、交替爬升。

6. 爬模的安全要求

不同组合和不同功能的爬升模板，其安全要求也不相同，因此应分别制定安全措施，一般应满足下列要求。

(1)　施工中所有的设备必须按照施工组织设计的要求配置。爬升设备起重量应与爬模系统相匹配，不许选用过大的爬升设备，操作中禁止超过爬模系统的爬升力进行爬升。

(2)　施工中要统一指挥，爬升前要通过专职安全员签证后方允许进行爬升，要做好原

始记录。

(3) 爬升时要设置警戒区，设明显标志。

(4) 爬模时操作人员站立的位置一定要安全，不准站在爬升件上，应该站在固定件上。

(5) 拆下的穿墙螺栓要及时放入专用箱，严禁随手乱放，防止物件坠落伤人。

(6) 爬升设备每次使用前要检查，液压设备要专人负责。穿墙螺栓一般每爬升一次应全数检查一次。

(7) 外部脚手架和悬挂脚手架应满铺安全网，脚手架外侧设防护栏杆。脚手架上不应堆放材料，脚手架上的垃圾要及时清除。如临时堆放少量材料或机具，必须及时取走，且不得超过设计荷载的规定。

(8) 爬升前必须拆尽相互间的连接件，使爬升时各单元能独立爬升，以免相碰。爬升完毕应及时安装好连接件，保证爬升模板固定后的整体性。

(9) 在作业中要随时检查，出现障碍时应立即查清原因，在排除障碍后方可继续作业。

(10) 拆除模板和爬架要有严密的安全措施并事前交底，拆除要有人专门指挥，保持通信畅通。

11.1.4 台模施工

台模是一种由平台板、支撑系统和其他配件组成的一种大型的工具式模板，适用于大柱网、大空间的现浇钢筋混凝土楼盖施工，尤其适用于无梁楼盖施工。台模一次组装，整支整拆，可多次重复利用，节约支、拆用工加快施工速度；台模在楼层或施工段之间的周转依靠起重机进行，机械化效率高；台模随拆随转随用，不需临时堆放场地，特别适用于在场地狭窄的工程使用。

台模的选型要因地制宜，综合考虑施工项目的规模大小以及是否适宜台模施工，在充分利用现有的资源条件的基础上，组装成所需的台模，以降低施工成本。

1. 立柱式台模

立柱式台模是由传统的满堂支模形式演变而来，由面板、次梁、主梁和立柱组成，立柱上有可调支撑，立柱之间设支撑增强稳定性。

1) 钢管组合式台模

钢管组合式台模是利用组合钢模板及其配件、钢管脚手架等按结构柱网尺寸组装而成的一种台模。其材料来源容易、结构简单，一般施工企业均具备制作、组装的能力，应用非常广泛。

(1) 构造。面板全部用定型钢模板制作，钢模板之间由U形卡和L形插销连接。次梁采用60mm×40mm×2.5mm的矩形钢管，次梁和面板间用钩头螺栓和蝶形扣件连接。主梁采用70mm×50mm×3.5mm的矩形钢管，主梁和次梁之间用紧固螺栓和蝶形扣件连接。立柱用ϕ48mm×3.5mm的钢管制作，下面安装有可调式伸缩脚，伸缩脚下焊钢板。每个台模用6～9根支撑，最大荷载为20kN/m^2，立柱之间支撑也用ϕ48×3.5mm钢管制作。四角梁端头设4只吊环，以便于吊装。

(2) 组装。钢管组合式台模一般在现场安装，有正装法和倒装法两种。正装法是先组装支架，再组装模板；倒装法是在铺好的平台上先组装面板，然后组装支架，最后将模板翻转 180° 使用。钢管组合式模板支设时，先安装楼层中部，再向四周扩展，就位后用千斤顶调整标高至整个楼层标高一致，最后用 U 形卡连接。梁侧模可以挂在台模边缘上，梁底模可以直接用可调支撑支承。

(3) 拆除。模板拆除时，用千斤顶顶住台模，撤掉垫块后随即装上车轮，再撤掉千斤顶，然后将台模逐个推到楼层外搭设的临时平台上，再用起重机械吊至上层使用。台模推出也可以采用装有万向导轮的台模转运车。该车可以在平面内自由移动，并且有垂直升降部件。当脱模时，将台模转运车推入被拆台模的底部，转动该车调节丝杆，使该车上方的支撑槽钢托住台模后，把台模 4 个支承腿收缩至规定的高度固定。然后由转运车把台模转移到临时平台上，用塔机吊至上一楼层。

2) 门架式台模

门架式台模是用多功能门架作为支承架，用组合钢模板、钢框木(竹)胶合板模板、薄钢板或多层胶合板作为面板，根据建筑结构的开间、进深尺寸以及起重机的吊装能力拼装而成。由于采用门架作为受力构件，与钢管组合式脚手架相比，具有用料少、重量轻、施工连接量小等特点。

【知识拓展】

台模的推出，可以采用地滚轮直接将台模推出建筑物。门架式台模升层时，先拆除护栏，在每榀台膜下留 4 个底托，其他底托全部松开并升起挂住。在留下的底托处装 4 个起落架，挂 4 个手拉葫芦。手拉葫芦与台模钩紧，松开 4 个底托，使台模离开楼面。在台模下放置钢管，放松葫芦使台模落在钢管上，再将台模放到地滚轮上推出至起重设备吊钩处，将台模飞至上层。

2. 桁架式台模

桁架式台模主要由桁架、主梁、搁栅(龙骨)及辅助承力支腿构件组成，适合于大开间、大进深、无柱帽的现浇无梁楼盖结构。由于受荷面积较大，为减轻台模的质量，各部件宜用铝合金材料。

当浇筑的混凝土强度达到标准强度的 80%时，方可拆模。拆模前，先用 4 个液压千斤顶在支腿附近支托桁架下弦杆，并向上微微顶紧，然后将支腿的螺旋千斤顶旋松，使其不再承力，并将其推入外套之中。

【小贴士】

为使台模顺利脱模和推出楼面，台模的下部应安装滚轮。台模降落设备采用液压千斤顶车，当滚轮与楼面接触时，才能移去液压千斤顶车。当台模整体下降到滚轮上后，即可水平外移。靠外墙的滚轮为摆动滚轮，靠内墙的滚轮为单滚轮。台模滚出时，因前后滚轮有高差，故应使桁架稍稍向后倾斜，以防止台模意外地向外滚出。

3. 悬架式台模

悬架式台模的特点是不设立柱，台模支承在柱子或墙体托架上，由桁架(主梁)、次梁、面板、翻转翼板、支承等组成。这种台模的支设不需要考虑楼面结构的强度，也可以不受建筑层高不同的影响，只需按开间和进深设计即可。

台模的安装应在柱的模板拆除后、混凝土强度达到施工的承载要求时才能进行，在台模安装前，先将钢牛腿与预埋螺栓相连接，然后在牛腿顶面安放木梁，再用起重机将台模吊装就位放在 4 个牛腿上，同时支起翻转翼板，并处理好柱、板、梁等处的节点。

台模下降前，在承接台模的楼面上放置 6 只地滚轮，通过操纵 4 台手拉葫芦将台模平稳下降至地滚轮上，随即将台模外移，待部分台模移至楼层口外时，就将 4 根吊索与台模吊耳扣牢，然后用起重机将台模全部吊出楼层，并吊至上一层楼再安装就位。

11.1.5 永久模板施工

永久性模板亦称一次性模板，因其在结构构件混凝土浇筑完后不拆除，从而成为构件受力或非受力的组成部分，一般广泛应用于房屋建筑的现浇钢筋混凝土楼板工程。由于永久式模板无须拆出周转，大大简化了施工程序，加快了施工速度。不过，如果不能利用模板起到参与受力的作用，模板的投入成本会比较高。

目前，我国常用的永久性模板的材料一般有压型钢板模板和各种配筋的预制混凝土薄板。预制薄板分为预应力钢筋混凝土薄板、双钢筋混凝土薄板和冷轧扭钢筋混凝土薄板，其中较常用的是预应力钢筋混凝土薄板。

1. 压型钢板模板

压型钢板模板是采用镀锌或经防腐处理的薄钢板，经过成型机冷轧成为具有梯波形截面的槽型钢板或方盒状钢壳的一种工程模板材料。根据压型钢板断面形式的不同，可以分为开口式和闭口式。压型钢板模板多用于现浇密肋楼板工程中。

当压型钢板安装后，在底内面铺设受拉钢筋，在肋的顶面焊接横向钢筋或在其上部受压区铺设网状钢筋，待楼板混凝土浇筑后，压型钢板不再拆除，并成为密肋楼板结构的组成部分。为确保压型钢板与混凝土能共同作用，应做好叠合面的处理。

2. 预应力薄板模板

预应力钢筋混凝土薄板一般在构件预制工厂的台座上生产，制作时施加预应力配筋，使之成为预应力钢筋混凝土构件。预应力薄板作为永久性模板，特别适用于高层建筑和大开间房屋的现浇楼板施工。一般将正弯矩钢筋设置在预制薄板内，预应力筋通常采用高强度钢丝或冷拔低碳钢丝，支座负弯矩筋设置在现浇钢筋混凝土叠合层内。预制薄板与楼板的现浇混凝土叠合后，形成预应力薄板叠合楼板，构成楼板的受力结构部分。

预应力薄板叠合楼板具有较好的整体性，此种结构可以减小板的厚度，有效地提供更多的建筑空间；减轻板的自重，有利于建筑的抗震性能。板底平整，减少了现场混凝土的浇筑量，顶棚可不做抹灰，也减少了装修工程的湿作业量。不用支模，节省了大量的模板和支模的人工。预应力薄板的钢丝保护层较厚，有较好的防火性能。

预应力混凝土薄板与现浇混凝土之间的叠合面处理构造有以下 3 种方式。

(1) 在薄板混凝土振捣密实刮平后，及时在混凝土表面进行划毛处理，其划毛深度在 4mm 左右，间距为 100mm。

(2) 凡厚度大于 100mm 的预制薄板，在垂直于主筋方向的薄板两端各预留 3 道凹槽，槽深为 10mm，槽宽为 80mm；对于较薄的预制薄板，待混凝土振捣密实刮平后，在混凝土表面呈梅花形分布插入小钉，钉长和宽各约 40mm，深为 10～20mm，间距为 100mm。

(3) 在预制薄板上预留结合钢筋。

11.1.6 无框木胶合板模板

早在 20 世纪 30 年代，欧美等国家就已经开始了木胶合板模板的应用。多年来，世界各国都很重视发展建筑用木模板，其理由是木材不仅在资源上是一种可再生的物质，而且在能源上也是一种节能型材料。随着木胶合板模板的胶合性能和表面覆膜处理等技术的不断进步，这种模板已成为国外许多国家应用最广泛，使用量最多的模板形式。这种模板的优点是表面平整光滑，容易脱模；耐磨性强；防水性好；模板强度和刚度较好，能多次周转使用；材质轻，适宜加工大面积模板，能满足清水混凝土施工的要求，可适用于墙体、楼板等各种结构的施工。

20 世纪 80 年代初，我国开始从国外引进胶合板模板，在上海宝钢及深圳、广州、北京等一些建筑工程中应用，取得了较好的效果。1987 年，青岛华林胶合板有限公司引进芬兰劳特公司的生产设备和技术，生产了酚醛覆膜木胶合板模板，青岛瑞达模板公司利用这种胶合板为面板，开发了钢框胶合板模板。这种新型模板在国内许多建设工程中得到应用，也受到有关领导部门的重视，当时曾大力宣传这种第三代模板，将全面替代组合钢模板。但由于木材资源的短缺，且木胶合板模板的成本较高，最终造成施工企业难以接受，结果没有得到广泛应用。

20 世纪 90 年代以来，我国建筑结构体系又有了新的发展，高层建筑和超高层建筑大量兴建，大规模的基础设施建设工程以及城市交通、高速公路迅速发展，这些现代化的大型建筑体系，对模板技术提出了新的要求。组合钢模板由于面积小、拼缝多，已不能满足清水混凝土施工的要求。为此，我国不断引进国外先进模板体系。20 世纪 90 年代初，我国经济建设的迅猛发展带动胶合板的需求量猛增。自 1998 年以来，木胶合板模板在国内一些建筑工程中开始大量使用，发展十分迅速。

目前市场上常见的木胶合板尺寸一般为 2440mm×1220mm×12mm，但是有些厂家由于生产线不同，生产的产品尺寸也不限于此。较好的木胶合板应进行覆面处理，这样可以大大增加胶合板的周转次数。贴面胶合板能够多次使用，但在浇注混凝土前，必须使用一种带化学活性的剥离剂，使剥离更方便，并增强混凝土凝固后的表面光洁度。胶合板使用前，在其边缘应使用封边剂密封。这种密封有助于防止水分在混凝土凝固时进入胶合板的边缘使其减少周转次数。

【知识拓展】

目前我国的木胶合板在发展中存在一些问题。当前国内木胶合板生产厂家很多，但是能生产覆膜木胶合板模板的厂家很少。国外木胶合板模板一般可周转使用 30～50 次，如果采用 400g/m^2 覆膜纸，则可使用 100 次以上；国内大部分厂家生产素面脲醛胶的胶合板模板，质量差、档次低、使用次数少，一般只能用 3～5 次。国内厂家应从提高产品档次、实现机械化生产、扩大生产规模等方面着手，提高木胶合板的质量，使无框木胶合板在工程中得到更广泛的应用。目前，已有一些人造板厂商利用国内的生产条件，开发出高质量的酚醛覆面木胶合板模板，其表面平整度、厚薄均匀度和使用寿命都有较好的表现，是应该重点推广应用的一种模板。

目前我国以丰富的竹材资源为基础，利用其一次成林、合理砍伐、可永续利用和生物量大、成材周期短的资源优势，特别是利用竹材的强度大、刚度好的特点，已经加工成各种类型的竹胶合板用作混凝土模板。竹胶合板的物理力学性能也较好，它的强度、刚度和硬度都比木材高，而其收缩率、膨胀率和吸水率都低于木材，能多次周转使用。如能从产品结构、热压工艺、胶粘剂等方面改善产品厚度偏差和板面色差大的缺陷，竹胶合板会在建筑业有更大的利用空间。目前我国推广的十大建筑新技术中的清水混凝土模板技术、早拆模板成套技术，都推荐使用竹(木)胶合板模板。

11.2 粗钢筋连接技术

高层建筑现浇钢筋混凝土结构工程中，粗钢筋连接的工作量比较大，采用合适的施工方法可以大大提高劳动效率。传统的连接方式一般是采用对焊、电弧焊等，近些年来推广了很多新的钢筋连接工艺，如钢筋机械连接、电渣压力焊、气压焊等，大大地提高了生产效率，改善了钢筋接头的质量。

11.2.1 钢筋的焊接

钢筋的焊接不仅要采用正确的焊接类型，还要采用正确的焊接方法。

1. 钢筋焊接的类型及一般规定

1) 焊接的类型

钢筋焊接的类型分为熔焊和压焊两种。

(1) 熔焊。熔焊过程实质上是利用热源产生的热量，把母材和填充金属熔化，形成焊接熔池。当电源离开后，由于周围冷金属的导热及其介质的散热作用，焊接熔池温度迅速下降，并凝固结晶形成焊缝。如电弧焊、电渣焊、热剂焊。

(2) 压焊。压焊过程实质上是利用热源，包括外加热源和电流通过母材所产生的热量，使母材加热达到局部熔化，随即施加压力，形成焊接接头。如电阻点焊、闪光对焊、电渣压力焊、气压焊、埋弧压力焊等。

2) 焊接的一般规定

钢筋焊接的一般规定如下。

(1) 在工程开工或每批钢筋正式焊接之前，必须进行现场条件下钢筋焊接性能试验。合格后，方能正式生产。

(2) 钢筋焊接生产之前，必须清除钢筋、钢丝或钢板焊接部位的铁锈、熔渣、油污等；钢筋端部的扭曲应予以矫直或切除。

(3) 进行钢筋电阻点焊、闪光对焊、电渣压力焊或埋弧压力焊时，班前应试焊两个接头。经外观检查合格后，方可按选择的焊接参数进行生产。

(4) 在点焊机、对焊机、电渣压力焊机或埋弧压力焊机的电源开关箱内装设电压表，以便观察电压波动情况。电阻点焊或闪光对焊时，如果电源电压降大于 5%，则应适当提高变压器的级数；如果电源电压降达 8%时，应停止焊接。在使用电渣压力焊或埋弧压力焊时，如果电源电压降大于 5%，则不宜进行焊接。

(5) 焊机经常维修保养和定期检修，确保正常使用。

2. 钢筋闪光对焊

钢筋闪光对焊是将需对焊的钢筋分别固定在对焊机的两个电极上，通以低电压的强电流，利用焊接电流通过钢筋接触点产生的电阻热，使金属熔化、蒸发、爆破，产生强烈飞溅、闪光，钢筋端部产生塑性区及均匀的液态金属层，迅速施加顶锻力使两钢筋连为一体。闪光对焊工艺生产效率高，操作简单、接头受力性能好，适用范围广，主要用于钢筋接长及预应力钢筋与螺丝端杆的连接。

1) 闪光对焊机具

对焊机有手动式、半自动式和全自动式。手动杠杆式有 75 型、100 型和 150 型，可以焊接ϕ40mm 的钢筋。当钢筋直径大于 32mm 时，最好使用 UN150-2 型电动凸轮半自动电焊机或 UN17-150 型全自动对焊机。

2) 闪光对焊工艺

闪光对焊工艺可以分为连续闪光焊、预热闪光焊、闪光—预热—闪光焊。钢筋直径较大时，多采用后两种施工工艺。若钢筋端面比较平整则使用预热闪光焊，预热闪光焊是在连续闪光焊前增加一次预热过程，使钢筋受热均匀以保证焊接接头的质量。若钢筋端面不太平整则使用闪光—预热—闪光焊，即在预热闪光焊前增加一次闪光，把端部不平部分熔化掉。施工者需要根据钢筋情况和焊接工艺选用对焊参数，对焊参数包括调伸长度、预热留量、烧化流量、顶锻留量、烧化速度、顶锻速度等。

施工操作要领是预热要充分、闪光要强烈、顶锻要快而有力。

3) 钢筋对焊接头质量检查与验收

(1) 外观检查。外观检查时，每批抽查 10%的闪光对焊接头，并不少于 10 个。每次以不大于 200 个同类型、同工艺、同焊工的焊接接头为一批，且时间不超过一周。钢筋对焊接头外观检查的质量要求表面不能有横向裂纹；钢筋表面不得有烧伤缺陷；接头处的弯折角不得大于 4°；接头处的轴线偏移不得大于钢筋直径的 0.1 倍，且不得大于 2mm。

(2) 力学性能试验。力学性能试验，原则上是应从成品中每批随机抽取 6 个接头进行试验，其中 3 个做拉力试验，3 个做弯曲试验。

钢筋对焊接头拉力试验结果应符合以下要求：3 个试件的抗拉强度均不得小于该级别钢筋规定的抗拉强度；3 个试件中至少有 2 个试件断于焊接影响区外，并呈延性断裂。若试验结果中有 1 个试件的抗拉强度小于规定值，或有 2 个试件断裂于焊缝附近时，应再取 6 个试件进行复验。当复验结果仍有不符合要求的现象出现时，可确认该批接头为不合格品。

3. 钢筋电弧焊

钢筋电弧焊是以焊条作为一极，钢筋为另一极，利用焊接电流通过产生的电弧热进行焊接的一种熔焊方法。其中电弧是指焊条与焊件金属之间的空气介质中出现的强烈持久的放电现象。电弧焊的特点是轻便灵活，可用于平、立、横、仰全位置焊接，适用性强。电弧焊接适用于各种形状的钢材焊接，是金属焊接中使用较广泛的工艺。钢筋工程中的电弧焊，主要指预制构件中的钢筋与预埋铁件的搭接接头电弧焊，以及现浇构件钢筋安装中的帮条接头电弧焊或搭接接头电弧焊。

1) 电弧焊的机具

(1) 电弧焊设备。电弧焊的主要设备是电弧焊机。弧焊机可分为交流和直流两类。

① 交流弧焊机。交流弧焊机(焊接变压器)具有结构简单、价格低廉、保养维护方便等优点。在建筑施工中常用的机型有 BX3-120-1、BX3-300-2、BX3-500-2、BX2-1000 等。

② 直流弧焊机。直流弧焊机有旋转式直流弧焊机和焊接整流器两种类型。旋转式直流弧焊机为焊接发电机，电动机或原动机带动弧焊发电机整流发电；焊接整流器是一种将交流电变为直流电的手弧焊接电源。

(2) 电弧焊焊条。电焊条由焊芯和药皮组成。适用于钢筋工程的焊条叫结构钢焊条。其表示方法为“结×××”或“T×××”。在 3 个数字中第 1 个数字和第 2 个数字表示焊缝能达到的抗拉强度，其单位为 N/mm；第 3 个数字表示药皮类型。

药皮的作用是在电弧周围形成保护性气体，起脱氧作用，使氧化物形成熔渣浮于焊缝金属表面，使焊缝不受有害气体的影响和稳定电弧燃烧。通常焊条以直径大小可分为 2.0mm、2.5mm、3.2mm、4.0mm、5.0mm、11.0mm 的焊条 6 种。

钢筋焊接常用焊条的牌号、药皮牌号和主要用途见表 11-5。

表 11-5 常用电焊条牌号及主要用途

焊条牌号	药皮牌号	电流种类	主要用途
结 421	钛型	交直流	焊接低碳钢薄钢板
结 422	钛钙型	交直流	焊接低碳钢和同强度等级的普通低合金钢
结 423	钛铁矿型	交直流	焊接低碳钢结构和同强度等级的普通低合金钢
结 424	氧化铁型	交直流	焊接低碳钢结构
结 426	低氢型	交直流	焊接重要的低碳钢及某些普通低合金钢结构
结 427	低氢型	直流	同上
结 502	钛钙型	交直流	焊接 16 锰钢及同强度等级普通低合金钢的一般钢结构
结 503	钛铁矿型	交直流	同上
结 506	低氢型	交直流	焊接中碳钢及 16 锰钢等重要的普通低合金钢结构
结 507	低氢型	直流	同上
结 557	低氢型	交直流	焊接中碳钢及相应强度的普通低合金钢结构
结 606	低氢型	交直流	同上
结 707	低氢型	直流	同上

2) 电弧焊接接头的主要形式

钢筋电弧焊的接头形式主要有搭接焊、帮条焊、坡口焊。

(1) 搭接电弧焊接头。搭接接头主要用于焊接ϕ10～ϕ40mm 的钢筋。此种接头应优先采用双面焊缝形式。焊缝的高度≥0.3d，且≥4mm；焊缝宽度≥0.7d，且≥10mm。

焊接前，钢筋最好预弯，以保证两条钢筋的轴线在一直线上。搭接焊接时，用两点固定；定位焊缝应离搭接端部 20mm 以上。

(2) 帮条电弧焊接头。帮条接头主要用于焊接ϕ10～ϕ40mm 级别的钢筋。帮条适宜选用与焊接筋同直径、同级别的钢筋制作，最好采用双面焊缝形式。焊缝高度、宽度要求同搭接焊。

(3) 坡口焊。坡口焊分平焊和立焊两种，适用于焊接ϕ10～ϕ40mm 的钢筋。平焊时，V 形坡口角度为 55°～65°；立焊时，V 形坡口角度为 45°～55°，其中上钢筋为 35°～45°，下钢筋为 0°～10°。

(4) 铜模窄间隙电弧焊。若在现浇混凝土结构中，可采用铜模窄间隙电弧焊，适用钢筋直径为 16～40mm，铜模拆卸后可以重复使用。为了固定钢筋和铜模，可采用铜模卡具。

3) 电弧焊操作要点

(1) 焊接前应将钢材的焊接区域进行清理，去油污、除浮锈、露水和黏着物等。

(2) 焊接前应对制作物件进行如下检查。

① 是否与图纸相符。

② 在搬运过程中有无变形。

③ 搭接区是否已进行预弯等。

(3) 在一般情况下，搭接接头均应采用双面焊接。只有在操作位置受阻不能采用双面焊时，才允许采用单面焊。

(4) 焊接地线均应与钢筋接触良好，防止因起弧而烧伤钢筋。

(5) 带有垫板或帮条的接头，引弧应在钢板或帮条上进行。无钢板或帮条的接头，引弧应在形焊部位，防止烧伤主筋。

(6) 引弧应在帮条或搭接钢筋的一端开始，收弧时应在帮条或搭接钢筋的端头上。第一层应有足够的熔深，主焊缝与定位缝结合应良好，焊缝表面应平顺。弧坑应填满。

(7) 采用帮条焊接时，帮条钢种及直径应与主筋相同。

(8) 在使用 HRB335、HRB400 级钢筋电弧焊接头进行多层施焊时，应采用“回火焊道施焊法”，即最后回火道的长度比前层焊道在两端各缩短 4～6mm，以减少或消除前层焊道及过热区的淬硬组织，改善接头的性能。

(9) 焊接开始时应有助手扶正焊件，无助手时应先用铁丝帮扎定位，再在焊区先作两点定位焊。如果钢筋变形，应先行纠正，不宜采用定位焊强行组装。

(10) 焊接操作应注意调节电流。焊接电流过大容易咬肉、飞溅、焊条发红；电流过小则电弧不稳定、夹渣或未焊透。立焊时，电流要比平焊时低 10%～15%；仰焊时，电流要比平焊时低 15%～20%。

4) 电弧焊使用与安全

(1) 在焊机周围，严禁停放易燃物品，预防火灾。焊接操作现场场地应有消防设施。

(2) 焊接工人在操作时必须穿戴好劳保用品。

(3) 在室内进行手工电弧焊，必须有排气通风装置；在焊接工人操作处应设置挡板，防止弧光伤害眼睛或皮肤。

(4) 焊机必须专人操作、管理，非专机人员不得擅自操作，也不允许两台焊机使用同一闸刀开关电源。

(5) 焊机必须装设接地线，地线电阻不应大于 4Ω。手柄、焊钳把手应绝缘。

(6) 不允许将焊机电源开关、变压器等电器部分的外罩拆除，防止钢材与电源或变压器接触。

5) 钢筋电弧焊接头的质量检查与验收

(1) 外观检查。钢筋电弧焊接头外观缺陷对接头强度影响较大，而且比较明显，容易检查，因此要求在接头清渣后逐个进行目测或量测。目测可以借助 5～10 倍的低倍放大镜进行，焊缝尺寸的量测可以采用米尺、卡尺等工具。检查标准可依据国家标准《钢筋焊接及验收规程》(JSJ 18—96)规定的钢筋电弧焊接头外观检查的质量要求进行：表面平整不能有较大的凹陷、焊瘤；接头处不允许有裂纹；咬边深度、气孔、夹渣及焊缝的厚度宽度允许偏差不得超过有关规定。

(2) 力学性能试验。力学性能试验，原则上是切取试件进行拉伸试验。在一般建筑物中，应从成品中每批随机切取 3 个接头进行拉伸试验；对于不便切取试件的装配式结构，应模拟现场最不利的生产条件(如施焊位置、钢筋间距等)制作模拟试件。一般以 300 个同接头形式、同钢筋级别的接头为一批，同一批中有几个不同钢筋直径时，应抽取直径较大的钢筋接头。

4. 钢筋电渣压力焊

电渣压力焊是利用电流通过渣池产生的电阻热将钢筋混凝土中的竖向钢筋的端部熔化，待达到一定程度后，施加压力使钢筋焊合。这种焊接方法是一种立焊方法，能避免当钢筋采用搭接或帮条电弧焊时，所造成的错位大和焊接时间长的不足，比电弧焊工效高，容易掌握。它更适用于施工现场竖向焊接钢筋，不适用于水平钢筋的连接及倾斜度超过 4∶1 范围的斜筋的连接。

1) 电渣压力焊的机具

(1) 自动电渣压力焊。自动电渣压力焊设备包括焊接电源、控制箱、操作箱、焊接机头等。焊接机头由电动机、减速器、凸轮、夹具、提升杆、焊剂盒等部件组成。焊接电源有多种型号，如 BX1-500 型、BX3-500 型、BX3-630 型、BX2-700 型、BX2-1000 型等，可根据不同钢筋直径选择。例如，当钢筋直径为 25mm 时，可采用 500 型焊接电源；当钢筋直径为 32mm 时，可采用 630 型、700 型；当钢筋直径为 36mm 或 40mm 时，宜采 1000 型。

【小贴士】

自动焊机工作时由焊工揿电钮自动接通电源。自动焊机通过电动机使上钢筋移动，引燃电弧，接着自动完成电弧、电渣及顶压过程，最后自动切断焊接电源。使用这种焊机可以减轻焊工的劳动强度，提高生产效率。

(2) 手工电渣压力焊。手工电渣压力焊设备包括焊接电源、控制箱、焊接夹具、焊剂盒等。焊接电源与自动电渣压力焊相同。焊接夹具应具有一定的刚度，使用灵巧，坚固耐用，上、下钳同心。焊剂盒内径为 90～100mm，与所焊接钢筋的直径大小相适应。

手动式焊机可分为杠杆式和摇臂式，焊接过程由焊工手动完成，劳动强度较大。手动式焊机比较结实耐用，且易于维修。

2)　电渣压力焊焊接工艺

竖向钢筋电渣压力焊工艺流程包括引弧、电弧、电渣和预压过程。根据渣池形成的不同，电渣压力焊工艺可分为以下 3 种。

(1)　导电焊剂法。当上钢筋较长而直径较大时，宜采用“导电焊剂法”施工。此时，要求钢筋端面预先平整，并选用粒度为 8～10mm 的导电焊剂 1～2 块，放入两钢筋端面之间。施焊时接通焊接电路，使导电焊剂及钢筋端部相继熔化形成渣池。

(2)　电弧引燃法。当上钢筋直径较小而焊机功率较大时，宜采用“电弧引燃法”施工。此时钢筋断面无须加工平整。施焊前先将钢筋端面互相接触，装满焊剂。施焊时接通电路瞬间，立即操纵压杆使两钢筋之间形成 2～3mm 的空隙而产生电弧，借助操纵杆使上钢筋缓缓上升，进行电弧过程(焊接直径为 25mm 的钢筋时提升高度约为 8mm)之后再进行电渣过程和顶压过程。

(3)　铅丝球引燃法。当钢筋端面较平整而焊机功率又较小时，宜采用“铅丝球引燃法”施工。此时将铅丝球(用 22 号铅丝绕成直径为 10～15mm 的紧密小球)放入两钢筋端面之间，之后装满焊剂，进行焊接。

3)　电渣压力焊的操作要点

在钢筋电渣压力焊中，必须采用合适的焊剂，一般选用 HJ431 型焊剂。焊剂要妥善保管，防止受潮。

施焊前，应根据钢筋直径确定焊接参数。电渣压力焊的参数主要包括渣池电压、焊接电流、接通时间等，详见表 11-6。

表 11-6　电渣压力焊焊接参数

钢筋直径/mm	焊接电流/A	焊接电压/V		焊接通电时间/mm	
		电弧过程	电渣过程	电弧过程	电渣过程
16	200～250	35～45	22～27	14	4
18	250～300			15	5
20	300～350			17	5
22	350～450			18	6
25	400～450			21	6
28	500～550			24	6
32	600～650			27	7
36	700～750			30	8
40	850～900			33	9

首先，将钢筋直径端部 120mm 范围内铁锈杂质刷净，用电极上的夹具夹紧钢筋(当上部钢筋较长时，搭设架子稳定钢筋)。钢筋端头应在焊剂盒中部，待上、下钢筋轴线对中后，在上、下钢筋间放入一个由 22 号铅丝绕成的直径为 10～15mm 的铅丝小球或放入导电剂(当钢筋直径较大时)。在焊剂盒底部垫好石棉垫、合上焊剂盒，放满焊剂。施焊时接通电路，使导电剂、钢筋端部及焊剂熔化，形成导电的渣池。维持数秒后，借助操纵杆将上钢筋缓缓下送，且使焊接电压稳定在 20～25V 范围内。钢筋下送速度不能过快或过慢，以防止造

成电流短路或断路，要维持好电渣形成过程。待熔化量达到一定数值时，即切断电源，并迅速用力顶锻钢筋，挤出全部熔渣和熔化金属，使其形成坚实接头。经过 1～3min 冷却后，可打开焊剂盒收回焊剂，卸下夹具，敲去熔渣，即完成焊接过程。

【小贴士】

钢筋电渣压力焊时，焊接夹具的上、下钳口应夹紧上、下钢筋的合适位置，严防晃动，以免上、下钢筋错位和夹具变形；引弧宜采用导电焊剂或铅丝球引弧法，也可直接引弧；接头完毕应停歇适当时间，方可回收焊剂和卸下夹具，以免接头与空气接触氧化；当两钢筋直径不同时，应采取措施确保上、下两钢筋同轴，并按直径较小的钢筋选用焊接电流，且焊接通电时间应稍微延长一些。

4) 钢筋电渣压力焊接头质量检查与验收

(1) 外观检查。电渣压力焊接头应逐个进行外观检查。外观检查结果应符合下列要求：四周焊包凸出钢筋表面的高度应大于 4mm；钢筋与电极接触处，应无烧伤缺陷；接头处的弯折角不得大于 4°；接头处的轴线偏移不得大于钢筋直径的 10%，且不得大于 2mm。

外观检查不合格的接头应切除重焊，或采取补强焊接措施。

(2) 力学性能试验。在进行力学性能试验时，每个楼层或施工区段中应以 300 个同级别钢筋接头作为一批(不足 300 个也一批算)，每批随机切取 3 个接头进行拉伸试验。同一批中有几个不同钢筋直径时，应抽取直径较大的钢筋接头。电渣压力焊接头拉伸试验的合格标准为：3 个试件的抗拉强度均不得小于该级别钢筋规定的抗拉强度。当试验结果有 1 个试件的抗拉强度低于规定值时，应再取 6 个试件进行复验。当复验结果中仍有 1 个试件的抗拉强度小于规定值，应确认该批接头为不合格产品。

5. 钢筋气压焊

钢筋气压焊是采用氧-燃料气体火焰将两根钢筋的对接处进行加热，使其达到一定温度然后加压完成的一种压焊方法。钢筋气压焊可以用于钢筋在垂直位置、水平位置或倾斜位置的对接焊接。当两根钢筋直径不同，二者直径之差不得大于 7mm 时，才可以使用该焊法。

1) 气压焊机具

钢筋气压焊机主要包括多嘴环管加热器、加压器、焊接夹具 3 个部分，另加氧气瓶、乙炔气瓶等供气装置。加压器有手动和电动两种。当采用手动式时，需要一名焊工、一名辅助工加压，合作施工；当采用电动式时，只需一名焊工。

2) 钢筋气压焊施工工艺

钢筋气压焊有熔化压力焊和固态气压焊两种。

熔化压力焊是将两根钢筋的端面稍加离开，加热到熔化温度后再加压完成的一种方法。加压前应将钢筋端面上的熔化金属吹流出来。

固态气压焊是将两根钢筋的端面紧密闭合，其局部间隙不大于 3mm，加热至 1200～1250℃左右并加压完成焊接的方法。施工过程宜多次加压，其顺序如下：第一次加压(预压)→碳化焰对准钢筋接缝处集中加热→二次加压使接缝密合→中性焰反复宽帽加热→三次加压，镦粗成型。

3)　钢筋气压焊接头质量检查与验收

(1)　外观检查。气压焊接头应逐个进行外观检查，外观检查结果应符合下列要求：偏心量不得大于钢筋直径的 15%，且不得大于 4mm，超过规定值应切除重焊；两钢筋轴线的弯折角不得大于 4°，超过该值应重新加热矫正；镦粗直径应≥1.4d，小于该值应重新加热镦粗；镦粗长度应≥1.2d，且凸起部分平缓圆滑，小于该值应重新加热镦长；压焊面偏移不得大于钢筋直径的 0.2 倍。外观检查不合格的接头应切除重焊，或采取补强焊接措施。

(2)　力学性能试验。在进行力学性能试验时，各楼层或施工区段中以 300 个同级别钢筋接头作为一批(不足 300 个亦按一批算)，每批随机切取 3 个接头进行拉伸试验。同一批中有几个不同钢筋直径时，应抽取直径较大的钢筋接头。气压焊接头拉伸试验结果的合格标准为：3 个试件的抗拉强度均不得小于该级别钢筋规定的抗拉强度，并应断于压焊面之外，呈延性断裂。在梁、板的水平钢筋接头中，应另切取 3 个接头作弯曲试验，要求弯至 90°，且 3 个试件均不得在压焊面发生破断。

11.2.2　钢筋的机械连接

钢筋的机械连接形式有带肋钢筋套筒挤压连接、钢筋锥螺纹套筒连接、镦粗直螺纹套筒连接、滚压直螺纹连接等数种。其中钢筋锥螺纹套筒连接因其连接可靠性存在缺陷，目前已不常使用。

1. 带肋钢筋套筒挤压连接

带肋钢筋套筒挤压连接是将两根待接钢筋插入优质钢套筒中，用挤压连接设备沿径向或轴向挤压钢套筒，使之产生塑性变形，依靠变形后的钢套筒与被连钢筋纵、横肋产生的机械咬合实现钢筋的连接。挤压连接分径向挤压连接和轴向挤压连接。径向挤压连接是采用挤压机，在常温下沿套筒直径方向从套筒中间依次向两端挤压套筒，使之产生塑性变形，把插在套筒里的两根钢筋紧固成一体。轴向挤压连接是沿钢筋轴线在常温下挤压金属套筒，把插入金属套筒里的两根待连接热轧钢筋紧固一体形成机械接头。

1)　冷压连接

冷压连接工艺是利用金属材料在外界压力作用下发生冷态塑性变形原理而成，不存在焊接工艺中的高温熔化过程，从而避免了因焊接加热而引起的金属内部组织变化，如晶粒增粗，出现氧化组织，材料变脆及接头夹渣、气孔等缺陷，故冷压连接具有工艺简单、可靠程度高、不受气候及焊工技术水平的影响、连接速度快、安全节能、对钢筋化学成分要求不如焊接时那样严格等优点。冷压连接可连接ϕ12～ϕ40mm 的 HRB335 级和 HRB400 级的同径、异径钢筋(直径相差不大于 5mm)，也可连接可焊性差的钢筋。其缺点是价格较为昂贵。

2)　径向挤压连接

(1)　径向挤压设备。

钢筋挤压设备由压接钳、高压泵及高压胶管等配件组成。挤压设备有多种型号，可以提供不同的挤压力，如 YJ650 型可以提供的最大挤压力为 650kN，可根据不同的钢筋直径选用不同型号的机械。挤压接头所用套筒的材料宜选用强度适中、延性较好的优质钢材，其设计屈服强度和极限强度均应比钢筋相应强度高 10%以上。不同直径钢筋的挤压参数参见表 11-7。

表 11-7 不同直径钢筋的挤压参数

钢筋直径/mm	$\phi 20$	$\phi 22$	$\phi 25$	$\phi 28$	$\phi 32$	$\phi 36$	$\phi 40$
钢套筒外径×长度(mm×mm)	36×120	40×132	45×150	50×168	56×192	63×216	70×240
挤压道数/每侧	3	3	3	4	5	6	7
挤压力/kN	450	500	600	600	650	750	800

注：挤压力根据钢筋材质及尺寸公差可做适当调整。

(2) 径向挤压工艺。

挤压前，钢筋端头的锈、泥沙、油污等杂物应清理干净；钢筋与套筒应进行试套，对不同直径钢筋的套筒不得串用；钢筋端部应划出定位标记与检查标记；检查挤压设备情况，并进行试压。钢筋挤压连接通常在施工场地附近预先将套筒的一侧与钢筋的一端挤压连接，另一侧随钢筋就位后在施工区插入待接钢筋后再挤压完成。压接钳就位时，应对正钢套筒压痕位置的标记，并应与钢筋轴线保持垂直；压接钳施压顺序由钢套筒中部顺序向端部进行。每次施压时，主要应控制好压痕深度。

(3) 质量检验。

在工程中应用带肋钢筋套筒挤压接头时，应由技术提供单位提交有效的形式检验报告与套筒出厂合格证。现场检验，一般只进行接头外观检验和单向拉伸试验。

现场验收以 500 个同规格、同制作条件的接头为一个检验批，不足 500 时也按一个验收批次记。对每一验收批次，应随机抽取 10%的挤压接头做外观检验；抽取 3 个试件做单向拉伸试验。在现场检验合格的基础上，若连续 10 个验收批单向拉伸试验合格率为 100%，则可以扩大验收所代表的接头数量的一倍。

① 外观检查。挤压接头的外观检查，应符合下列要求：挤压后套筒长度应为 1.10～1.15 倍原套筒长度，或压痕处套筒的外径为原套筒外径的 0.8～0.9 倍；挤压接头的压痕道数应符合型式检验确定的道数，接头处弯折不得大于 4°，挤压后的套筒不得有肉眼可见的裂缝。

如果外观质量合格数大于等于抽检数的 90%，则该批为合格产品。如果不合格数超过抽检数的 10%，则应逐个进行复验。在外观不合格的接头中抽取 6 个试件作单向拉伸试验再判别。

② 单向拉伸试验。挤压接头试件的钢筋母材应进行抗拉强度试验。3 个接头试件的抗拉强度均应满足 A 级或 B 级抗拉强度的要求；对 A 级接头，试样抗拉强度应大于等于 0.9 倍钢筋母材的实际抗拉强度(计算实际抗拉强度时，应采用钢筋的实际横截面面积)。如果有 1 个试件的抗拉强度不符合要求，则应进行加倍抽样复验。

2. 钢筋锥螺纹套筒连接

钢筋锥螺纹套筒连接是一种利用钢筋端头加工成的准星螺纹与内壁带有相同螺纹(锥形)

的连接套筒，相互拧紧后产生的钢筋的拉力或压力连接的方式。它适用于ϕ16～ϕ40mm 的 HRB335 级和 HRB400 级钢筋的连接，也可用于异径钢筋的连接。

一般锥螺纹接头锥坡为 1∶5，仅能满足 B 级接头要求；加强锥螺纹接头锥坡为 1∶10，能满足 A 级接头要求。连接套是在工厂由专用机床加工而成的定型产品，规格有ϕ16～ϕ40mm 钢筋的同径连接套、异径连接套等。钢筋连接端的锥螺纹需在钢筋套丝机上加工，一般在施工现场进行，为保证连接质量，每个锥螺纹丝头都需要用牙形规和卡规逐个检查，不合格者须切掉重新加工，合格的丝头需拧上塑料保护帽，以避免丝头受损。一般一根钢筋只需一头拧上保护帽，另一头直接采用扭力扳手按规定的力矩值将锥螺纹连接套预先拧上即可，这样既能保护钢筋丝头又能提高工作效率。

【小贴士】

锥螺纹的加工水平和现场丝头加工水平是控制锥螺纹连接质量的重要环节，要求锥度准确、牙形饱满，光洁度好。如果没有可靠的锥螺纹套筒生产厂家和过硬的施工队伍，极易造成锥螺纹连接质量的不稳定。

3. 镦粗直螺纹钢筋套筒连接

镦粗直螺纹钢筋连接是通过对钢筋端部冷镦扩粗、切削螺纹，再用连接套筒对接钢筋的连接方式。它适用于ϕ16～ϕ40mm 的 HRB335 级和 HRB400 级钢筋在各个方向和各个位置的连接。这种接头综合了套筒挤压接头和锥螺纹接头的优点，具有接头强度高、质量稳定、施工方便、连接速度快、应用范围广等优点，能满足 SA 级接头性能的要求。

钢筋端部经局部冷镦扩粗后，不仅横截面扩大而且强度也有所提高，此时在镦粗段上切削螺纹不会造成钢筋母材横截面的削弱，反而能充分发挥钢筋母材的强度。其工艺分为以下 3 个步骤：钢筋端部冷镦扩粗→在镦粗端切削直螺纹→用连接套筒对接钢筋。

为充分发挥钢筋母材强度，连接套筒的设计强度应大于等于钢筋抗拉强度标准值的 1.2 倍。直螺纹标准套筒的标准型接头是最常用的，套筒长度均为 2 倍钢筋直径，以ϕ25mm 钢筋为例，套筒长度为 50mm，钢筋丝头长度为 25mm。套筒拧入一端钢筋并用扳手拧紧后，丝头端面即在套筒中央，再将另一端钢筋丝头拧入并用普通扳手拧紧，利用两端丝头的相互对顶力锁定套筒位置。

4. 滚压直螺纹连接

滚压直螺纹连接技术包括挤压肋滚压直螺纹连接和等强度剥肋滚压直螺纹连接。

挤压肋滚压直螺纹连接技术是用直螺纹滚压机把钢筋端部滚压成直螺纹，然后用直螺纹套筒将两根待对接的钢筋连在一起的方法。由于钢筋端部经滚压成型，钢筋材质经冷作处理，故螺纹及钢筋强度都有所提高，弥补了螺纹底径小于钢筋母材基圆直径对强度削弱带来的影响，实现了钢筋等强度连接。该项技术加工工序少、连接强度高、施工方便，但是由于钢筋本身轧制公差较大，丝头加工质量控制难度大，滚丝轮受力条件恶劣、工作寿命低等缺点而较少被采用。

等强度剥肋滚压直螺纹连接技术是在一台专用设备上将钢筋丝头通过剥肋、滚压螺纹自动一次成型，再利用套筒连接。由于螺纹底部钢筋原材没有被切削掉，而是被滚压挤密，钢筋产生加工硬化，提高了原材强度，从而实现了钢筋等强度连接的目的，接头强度可以达到行业标准《钢筋机械连接通用规则》(JGJ 107—96)中A级接头性能要求。此技术以其操作简单，加工工序少，滚丝轮工作寿命长，施工速度快，无污染，接头连接质量可靠稳定而得到大力推广。它适用于直径为16～50mm的钢筋在任意方向和位置的同径、异径连接。

5. 套筒灌浆连接

钢筋套筒灌浆连接技术是将连接钢筋插入内部带有凹凸部分的高强圆形套筒，再由灌浆机灌入高强度无收缩灌浆材料的技术。当灌浆材料硬化后，套筒和连接钢筋便牢固地连接在一起。这种连接方法在抗拉强度、抗压强度及可靠性方面均能满足不同施工的要求。

采用套筒灌浆连接对钢筋不施加外力和热量，不会发生钢筋变形和内应力。该工艺适用范围广，可应用于不同种类、不同外形、不同直径的变形钢筋的连接。施工操作时无须特殊设备，对操作人员也无特别技能要求，安全可靠、无噪声、无污染、受气候环境变化影响小。目前在国外，尤其是在日本该技术得到了广泛应用。

11.3 围护结构施工

在高层结构中，采用轻质隔墙作为围护结构有助于减轻房屋的自重，节约投资，并且对提高建筑的抗震性能也有帮助。

11.3.1 外墙围护工程保温工程

要提高建筑外墙的保温隔热效果，就要提高墙体的热阻值(即减小外墙的传热系数)。在各类外墙材料中，加气混凝土墙板和加气混凝土砌块由于相比之下的热导率较小，作为单一材料的外墙，是唯一能达到节能标准要求的材料。而其他墙体材料如黏土空心砖、黏土实心砖、混凝土空心小砌块、钢筋混凝土墙等，则都必须与保温材料复合才能达到节能标准要求。其复合的方式有3种，即外墙内保温形式、外墙外保温形式、复合墙保温形式，具体如下。

1. 外墙内保温的施工

外墙内保温是把保温材料设在外墙内侧的一种施工方法。其优点是对面层无耐候性要求、施工不受外界气候影响，操作方便，造价低。其缺点是对抗震柱、楼板、隔墙等周边部位不能保温，产生热桥，降低墙体隔热性能；占用建筑面积较多；在墙上固定物件困难，尤其是在进行二次装修时，损坏较多，影响保温效果；随着温差变化容易引起内保温开裂等。外墙的内保温形式虽然具有上述缺点，但仍然可以达到节能30%的效果。如果能对抗震柱、圈梁等易产生热桥的部位进行外侧保温，则内保温形式仍是一种行之有效的节能措施。

1) 饰面石膏聚苯板外墙内保温的施工

饰面石膏聚苯板是采用聚苯板现场加工、安装，满贴一层玻纤布，石膏饰面的构造做法。

聚苯乙烯板是使用可发性聚苯乙烯树脂与适量的发泡剂(如碳酸氢钠)经预发泡后，再放在模具中加压成型得到的材料。其表皮层不含气孔，中心层含有大量微细封闭气孔，具有质轻保温、吸音防震、吸水性小、耐低温性能好，对水、弱酸、弱碱、植物油、醇类相当稳定等特点，热导率在 0.04W/(m・K)左右。

(1) 施工条件。

在屋面防水层及结构工程分别施工和验收完毕，外墙门窗口安装完毕，水暖及装饰工程分别需用的管卡、炉钩和窗帘杆耳子等埋件埋设完毕，电气工程的暗管线、接线盒等必须埋设完毕，并完成暗管线的穿带线工作之后，可以开始外墙内保温的施工。操作地点环境温度不低于 5℃。

(2) 施工程序。

饰面石膏聚苯板外墙内保温施工程序是：结构墙面清理→分档弹线→抹出冲筋→粘贴防水保温踢脚板→安装聚苯板→抹饰面石膏并内贴一层玻纤布→抹门窗护角→满刮腻子。

(3) 施工要点。

① 结构墙面清理：凡凸出墙面 20mm 的砂浆、混凝土块必须剔除并扫净墙面。

② 分档弹线：门窗洞口两侧及其刀把板边各弹一竖筋线，然后依次以板宽间距向两侧分档弹竖筋线，不足一块板宽的留在阴角处。沿地面、顶棚、踢脚上口及门洞上口、窗洞口上下均弹出横筋线。

③ 冲筋：在冲筋位置，用钢丝刷刷出一道不少于 60mm 宽的洁净面并浇水润湿，再在其上刷一道水泥浆。检查墙面平整、垂直，找规矩贴饼冲筋，并在需要设置埋件的地方也做出 200mm×200mm 的灰饼。冲筋材料为 1∶3 水泥砂浆，筋宽 60mm，厚度以保证空气层厚(20mm)为准。

④ 用聚苯胶粘贴踢脚板：在踢脚板内侧，上下各按 200～300mm 的间距布设黏结点，同时在踢脚板底面及其相邻已粘贴上墙的踢脚板侧面满刮胶粘剂，按弹线粘贴踢脚板。粘贴时用橡皮锤轻轻敲实，并随时将碰头缝挤出的胶粘剂清理干净。

⑤ 安装聚苯板：按配合比调制聚苯胶胶粘剂，一次调制不宜过多，以 30min 内用完为宜；按梅花形或矩形布设黏结点，间距在 250～300mm，直径不小于 100mm。板与冲筋黏结面以及板的碰头缝必须满刮胶粘剂；抹完胶粘剂后须立即将板立起安装；安装时应轻轻均匀挤压，碰头缝挤出的胶粘剂应及时刮平清理。黏结过程中须注意检查板的垂直度、平整度。

⑥ 抹饰面石膏并内贴一层玻纤布，共分 3 次抹完。将饰面石膏和细砂按 1∶1 的比例拌匀加水调制到所需稠度，分两次抹，共厚 5mm，随即横向贴一层玻纤布，擀平压光；过 20min 后再抹一遍，厚度为 3mm。饰面石膏面层不得空鼓、起皮和有裂缝，面层应平整、光滑，总厚度不小于 8mm。玻纤布要去掉硬边，压贴密实，不能有皱折、翘曲、外露现象，交接处搭接不小于 50mm。

⑦ 抹门窗护角：用 1∶3 的水泥砂浆或聚合物砂浆抹护角，在其与饰面石膏面层交接处应先加铺一层玻纤布条以减少裂缝。

【小贴士】

在施工中要注意与水电专业的配合，合理安排，不得因各种管线和设备的埋件破坏保

温层的施工。若有因固定埋件而出现聚苯板的孔洞，应用小块聚苯板加胶粘剂填实补平。电气接线盒预埋设深度应考虑保温层施工后的影响，凹进面层不大于 2mm，以免影响使用。

(4) 质量要求。

① 内墙常用的聚苯板通常会加阻燃剂，制成自熄型聚苯乙烯板。其物理性能指标详见表 11-8。胶粘剂配制原料的质量必须符合有关标准。

表 11-8 自熄型聚苯乙烯板的物理性能

项　目	指　标	项　目	指　标
密度/(kg/m^3)	≥18	弯曲强度(MPa)	≥0.22
吸水性/(kg/m^2)	≤0.08	氧指数	≥30
热导率/(W/m・k)	≤0.041	尺寸稳定性(−40～70℃)(%)	±0.5

② 聚苯板必须与结构墙面黏结牢固，无松动现象；空气层厚度不得小于 20mm；聚苯板与墙面黏结点的间距不得大于 300mm；聚苯板碰头缝应用胶粘剂嵌实、刮平。聚苯板安装的允许偏差应符合表 11-9 的规定。

表 11-9 聚苯板安装允许偏差及检验方法

项　目	允许偏差/mm	检查方法
表面平整	±4	用 2m 靠尺检查
立面垂直	±5	用 2m 拖线板检查
阴阳角垂直	±4	用 2m 拖线板检查
阴阳角方正	±4	用 200mm 方尺检查
接缝高差	±1.5	用直尺和塞尺检查

2) GRC 保温板施工

GRC(Glass fiber Reinforced Concrete)内保温复合板是以水泥、砂子、水(必要时可加入膨胀珍珠岩)经搅拌制成料浆，再用料浆包裹玻璃纤维网格布制成上、下层 GRC 面层，中间夹聚苯乙烯塑料板制成的内保温板。可用铺网抹浆法、喷射真空脱水法、立模浇注法生产。

(1) 施工用辅助材料。

用于 GRC 保温板与墙体的黏结、板缝黏结、板缝玻纤网带黏结的黏结剂采用水泥类黏结剂(如 891 胶砂浆)，粘贴时间大于 0.5h，熟结强度大于 1.0MPa；用于满刮墙面的石膏腻子抗压强度大于 2.5MPa，抗折强度大于 1.0MPa，终凝时间小于 3h，黏结强度大于 0.2MPa；玻纤网带采用网孔目数 8 目的耐碱玻纤网格布，经向断裂强度大于 30kg，纬向断裂强度大于 15kg，板缝用玻纤网带宽度为 50mm，墙面转角用玻纤网带宽度为 200mm。

(2) 施工程序。

首先在主体墙内侧水平方向抹 20mm 厚、60mm 宽的水泥砂浆冲筋带，留出 20mm 厚的空气层，并作为保温板的找平层和黏结带，每面墙自下向上冲 3～4 道筋；然后在板侧、板上端和冲筋上满刮黏结剂；一人将保温板撬起，另一人揉压挤实使板与冲筋贴紧，检查保温板的垂直度和平整度，然后用木楔临时固定保温板，溢出表面的黏结剂要及时清理；板下部空隙内用 C10 细石混凝土填实，达到一定强度后可撤去木楔。

【小贴士】

撤木楔时应轻轻敲打，防止板缝裂开。整面墙的内保温板安装后，在两板接缝处的凹槽内刮一道黏结剂，用 50mm 宽的玻纤网带粘贴一层，压实粘牢，再用黏结剂刮平。墙面转角处用 200mm 宽的玻纤网带粘贴一层。在板面处理平整后，刮两道石膏腻子，最后做饰面处理。

3)　玻纤增强石膏内保温板外墙内保温的施工

玻纤增强石膏内保温板是以石膏为基料，掺入适量的水泥、膨胀珍珠岩、外加剂加水制成浆料，用中碱玻璃纤维网格布增强，芯部加入自熄性聚苯乙烯泡沫塑料制成的材料。该板适用于黏土砖外墙或钢筋混凝土外墙内侧的保温。因其防水性能较差，故不能在厨房、卫生间等处使用。该板由于石膏凝结硬化快，生产周期短，且收缩小，安装后墙面不易开裂，而获得了很好的应用效果。复合板的规格为(2400～2700)mm×595mm×50(60)mm。50mm 厚的保温板适用于砖墙；60mm 厚的保温板适用于混凝土墙。

(1)　施工条件。当内隔墙及外墙门窗口、窗台板安装完毕，尺寸已校核完毕；窗台以及内墙面、顶棚、外檐抹灰等湿作业施工完毕；水电安装工作已配合完成后，即可开始外墙内保温的施工。

(2)　施工程序。首先将结构墙面清理干净，再根据开间或进深尺寸及保温板实际规格，预排保温板。排板应从门窗口开始，不足一块板宽的留在阴角。在墙体内侧用 1∶3 水泥砂浆做 20mm 厚冲筋(点)。粘贴防水保温踢脚板，注意粘贴踢脚板必须平整和垂直，并及时将碰头缝挤出的胶粘剂清理干净。在冲筋点、相邻板侧面和上端满刮胶粘剂，并且在板中间须用大于 10%板面面积的胶粘剂作梅花状布点，且间距不大于 300mm，再将保温板粘贴上墙，揉挤安装就位，板顶留 5mm 缝，确认其垂直度和平整度满足要求后，用木楔子临时固定。板缝挤出的胶粘剂应随时刮平。

2. 外墙外保温的施工

外墙外保温是指在垂直外墙的外表面上设置保温层。外保温层的设置克服了内保温的各种弊病，保温效果好，是高层建筑外墙围护结构重点推广的施工技术。

1)　外保温体系的优点

外保温体系的优点表现在以下几个方面。

(1) 可消除或减少热桥。由于外墙外保温体系的主体墙位于室内一侧，因蓄热能力较强，故对室内保持热稳定有利。当外界气温波动较大时提高了室内的舒适感。

(2)　可减少室外气候条件变化对主体的影响，使热应力减小，延长了主体的使用寿命。

(3)　不降低建筑物的室内有效使用面积。

(4)　有利于旧房的节能改造，保温施工对室内居民干扰较小。

2)　外保温体系的缺点

外保温体系的缺点表现在以下几个方面。

(1)　在室外安装保温板的施工难度要比在室内安装保温板大。

(2) 外饰面要有常年承受风吹、日晒、雨淋和反复冻融的能力。同时板缝要求要注意防裂、防水。

(3) 造价较高。

3) 外墙外保温形式的典型构造

外墙外保温形式的典型构造(由外至内)有以下几种：①饰面层+增强材料+保温层+结构墙，其代表做法有保温层采用发泡型聚苯乙烯板，耐碱玻璃纤维网布增强或用岩棉半硬板作保温层，用镀锌钢丝网增强；②预制外保温板(外面层+绝热层+内面层)+空气层+结构墙，其常用的外保温板有 GRC 外保温板、钢丝网架聚苯乙烯外保温板；③饰面层+保护层+保温涂料+结构墙，如聚苯颗粒复合硅酸盐保温浆料外保温施工法。

(1) 聚苯板玻纤网格布聚合物砂浆外墙外保温施工

聚苯板玻纤网格布聚合物砂浆外墙外保温的构造由外到内分为饰面层、保护层、保温层、黏结层、结构层。饰面层可以为涂料、面砖或其他重量不超过 $20kg/m^2$ 的饰面材料；保护层通常采用耐碱玻纤网格布增强，抹 5～7mm 聚合物水泥砂浆；保温层采用聚苯乙烯泡沫塑料板；黏结层是为了使结构层与保温层有更好的黏结，常使用界面处理剂；结构层为主体墙，可以为钢筋混凝土墙、砌块墙等。

① 施工工艺。当外墙和外门窗口施工及验收完毕，基面达到现行规范的规定要求后，可以开始外墙外保温的施工。

其施工程序是：清理基层→弹线定位→涂刷界面剂→粘贴聚苯板→钻孔及安装固定件→抹底层砂浆→贴玻纤网格布→抹面层砂浆→膨胀缝处理→饰面施工。

② 施工要点。

a. 施工气候条件。环境温度不低于 5℃，风力不大于 5 级，雨天施工要采取措施，避免施工墙面淋雨。

b. 基底准备。结构墙体基面必须清理干净，墙面松动应清除，孔洞应用聚合物水泥砂浆填补密实，并检验墙面平整度和垂直度。底层墙外表面在墙体防潮以下，要做防潮处理，以防止地面水分通过毛细作用被吸到保温层中影响保温层的使用寿命。防潮处理采用涂刷氯丁型防水涂料。

c. 弹线定位。在墙面弹出膨胀缝线及膨胀缝宽度线。墙面阴角应设置膨胀缝。经分格后的墙面板块面积不宜大于 $15m^2$，单向尺寸不宜大于 5m。

d. 粘贴聚苯板。聚苯板宜用电热丝切割器切割，为保证聚苯乙烯板尺寸的稳定性，应在板件切割后常温下静置 6 周以上或在高温(70℃)室内养护 1 周才能使用。

胶粘剂用专用聚苯胶与硅酸盐类水泥配制，一次配制量不宜过多，以 45min 内用完为宜。聚苯板黏结可用点粘法或条粘法。点粘法是沿聚苯板的周边用抹子将配制好的黏结聚合物砂浆涂抹成宽为 4～5mm，厚为 8～10mm 的宽带，板中间按梅花形布置黏结点，间距 150～200mm，直径 100mm。条粘法是将聚苯板满涂黏结聚合物砂浆，然后将黏结聚合物砂浆刮出宽厚均为 10mm 左右的平行条纹。抹完胶粘剂后，立即将板立起就位粘贴，粘贴时应用橡胶锤轻敲或揉拍，防止虚粘。每贴完一块板，应及时清除挤出的胶粘剂，板间不留间隙，并随时用托线板检查垂直平整。阳角处相邻的两墙面所粘聚苯板应交错咬合连接。

e. 安装固定件。在贴好的聚苯板上用冲击钻钻孔，孔洞深入墙基面 25～30mm，数量为每平方米 2～3 个，但每一单块聚苯板不少于 1 个。用胀钉套上塑料胀管塞入孔内胀紧，把聚苯板固定在墙体上。螺钉拧到与聚苯板面平。

f. 贴网格布。将大面网格布沿水平方向绷平，用抹子由中间向上、下两边将网格布抹平，使其紧贴底层聚合物砂浆。网格布左、右搭接宽度不小于 100mm，上、下搭接宽度不小于 80mm，局部搭接处可用胶粘剂补充胶浆不足，不得使网格布皱折、空鼓、翘边。在阳角处还需局部加铺宽 400mm 网格布一道。门、窗洞口四角若不靠膨胀缝，则沿 45° 方向各加一层 400×200mm 网格布进行加强。为防止首层墙面受冲击，在首层窗台以下墙面加贴一层玻纤布。

g. 抹聚合物砂浆。在底层聚合物水泥砂浆凝结前，抹面层聚合物砂浆，抹灰厚度以盖住网格布以 1～2mm 为准。若在抹面层砂浆前，底层砂浆已凝结，应先用界面剂涂刷一遍，再抹面层砂浆。面层聚合物水泥砂浆厚度要掌握在 3～5mm，否则过厚易裂。

h. 膨胀缝的做法。膨胀缝的做法是在膨胀缝处填塞发泡聚乙烯圆棒，其直径应为膨胀缝宽度的 1.3 倍左右，分两次勾填嵌缝膏，深度为缝宽的 50%～70%。

③　质量要求。聚苯板、网格布的规格和各项技术指标，胶粘剂、聚合物砂浆的配制原料的质量，必须符合设计要求，具体如下。

a. 聚乙烯胀塞尖应全部进入结构墙体，螺钉进入胀塞长度应不小于 30mm。

b. 聚苯板碰头缝不抹胶粘剂。

c. 网格布应横向铺设，压贴密实，不能有空鼓、皱折、翘曲、外露等现象，搭接宽度左右不得小于 100mm，上下不得小于 80mm。

d. 聚苯板安装的允许偏差应符合表 11-10 的规定。

表 11-10　外保温聚苯板安装允许偏差及检查方法

项　目		允许偏差/mm	检查方法
表面平整		±3	用 2m 靠尺和塞尺检查
垂直度	每层	±5	用 2m 拖线板检查
	全高 H	H/1000 且不大于 20	用经纬仪或吊线和尺量检查
阴、阳角垂直		±4	用 2m 拖线板检查
阴、阳角垂直		±4	用 200m 方尺和塞尺检查
接缝高度		±1.5	用直尺和塞尺检查

(2)　预制外保温板外保温施工。

GRC 外保温板是指由玻璃纤维增强水泥面层与高效保温材料预制复合而成的外墙外保温板，有单面板与双面板两种构造形式。单面板是将保温材料嵌在 GRC 槽形板内，双面板是将保温材料置于两层 GRC 板之间。GRC 外保温板目前所用的板形为小块板，板长 550～900mm，板宽 450～600mm，板厚 40～50mm，其中聚苯板的厚度为 30～40mm。GRC 面层厚为 10mm。用 GRC 外保温板与主体墙复合组成的外保温复合墙体的构造有紧密结合型和空气隔离型两种。

钢丝网架聚苯乙烯外保温板是指由三维空间焊接成的钢丝网骨架和聚苯乙烯泡沫塑料板构成网架芯板，再在两面(或单面)喷抹水泥砂浆面层后形成的外保温板。该板具有质轻、高强、保温、隔声、抗震等众多优点。其结构可分为两个部分，一部分是芯板，由钢丝焊接成的网架，中间夹有聚苯乙烯泡沫塑料板，另一部分是两侧面(或外侧)铺抹(或喷涂)的水泥砂浆，该砂浆层可现场喷涂或工厂预制。

【知识拓展】

按照网架钢丝直径的不同，板又可分为承重和非承重两种，一般钢丝直径全部为 2mm 时，用作非承重墙板使用；网架钢丝直径在 2～4mm 之间，插筋直径在 4～6mm 之间的可作承重墙板用。

(3) 聚苯颗粒复合硅酸盐保温浆料外保温施工。

聚苯颗粒复合硅酸盐保温浆料是由复合硅酸盐胶粉料、聚苯颗粒轻骨料与各种外加剂按一定比例复合而成，其中聚苯颗粒是用回收的废聚苯板粉碎而成。该施工方法适用于新建或改建的工业及民用建筑。一般在高层施工中用喷涂法完成。

① 结构构造。聚苯颗粒复合硅酸盐保温浆料外保温的构造由外到内分为饰面层、保护层、保温层、黏结层、结构层。饰面层可以为涂料、面砖或干挂石材等；保护层通常采用抗裂砂浆、复合耐碱玻纤网格布；保温层采用聚苯颗粒复合硅酸盐保温浆料与复合镀锌钢网；黏结层是为了使结构层与保温层有更好的黏结，常使用界面处理剂；结构层可分为钢筋混凝土墙、混凝土空心砌块墙、陶粒砌块墙等。

② 施工工艺。在施工前，首先对基层墙体进行清理、修补。如果墙面过干，在喷保温浆料前一天用水浇一遍，在清洁干净的墙面上涂一层薄薄的界面剂砂浆。在墙面按要求做好冲筋和灰饼，安装钢网，注意钢网的平整度一定要好。按 1∶1∶1 的比例将界面剂、水泥、砂混合，在墙上做出拉毛。采用机械泵送喷涂保温涂料，注意将保温浆料压入钢网之中，用刮杠从上向下刮实。保温浆料终凝后，按设计要求做分格线。保温浆料干燥 7*d* 固化后，可进行保护层施工。铺好复合耐碱玻纤网格布，网布之间要保证搭接宽度。抹配制好的抗裂砂浆，一定要将网布压入抗裂砂浆中，以表面不见网布只见暗格的效果。保护面层施工 24h 后，分格缝上、下口连接保护层处涂 50mm 宽的高弹防水涂料。

3. 复合墙体保温形式

复合墙体的保温隔热有三种形式：第一种是将保温隔热材料放在内、外面层材料的中间的夹心式的复合墙体；第二种是将保温隔热材料设置在两侧；第三种是将保温隔热材料设置在板的一侧，这样可以有效地防止墙体内部结露。

11.3.2 高层建筑的隔墙工程

高层建筑分室分户的非承重隔墙主要采用轻质板材和轻质砌块墙。轻质板材是指那些用于墙体的、密度较混凝土制品低的、采用不同工艺预制而成的建筑制品，可分为轻质面板和轻质条板两大类。轻质面板是指那些厚度较薄，断面为实心的平板。由于自身的强度和刚度都较低，一般不能单独作墙体使用，常依附于其他的结构件，如龙骨、结构墙等，作面层使用。轻质条板是指那些面密度较小、厚度相对较大，可以单独作为隔墙使用的板材。按照截面不同，轻质条板又可分为空心型、实心多孔型、夹心型 3 种。目前常用的轻质隔墙板材有蒸压加气混凝土板、石膏空心板、GRC 轻质多孔条板、金属夹心板、钢丝网架水泥夹心板(泰柏板)等。以下主要介绍轻质条板的施工。

1. 蒸压加气混凝土板隔墙工程

蒸压加气混凝土板材，是以钙质和硅质材料为基本原料，以铝粉为发气剂，经蒸压养护等工艺制成的一种多孔轻质板材。板材内一般配有单层钢筋网片。蒸压加气混凝土板内部含有大量微小的非连通气孔，孔隙率可达 70%～80%，自身质量轻、隔热保温性能好，还具有较好的耐火性和一定的承载能力，可作为建筑内墙板及外墙板。

加气混凝土内隔墙板材类型按宽度有 500mm、600mm，按厚度有 75mm、100mm、120mm 几种，其长度可按设计要求定制。加气混凝土隔墙板厚度的选用，一般应考虑便于安装门窗，其最小厚度不应小于 75mm；墙板的厚度小于 125mm 时，其最大长度不应超过 3.5m；分户墙的厚度，应根据隔声要求决定，原则上应选用双层墙板。

1)　施工工艺

先按设计要求在楼板(梁)底部和楼地面弹好墙板位置线，并在架设靠放墙板的临时方木后，即可安装隔墙板。

墙板安装前，先将黏结面用钢丝刷刷去油垢并清除渣末。在其上涂抹一层胶粘剂，厚约 3mm。然后将板立于预定位置，用撬棍将板撬起，使板顶与上部结构底面粘紧；板的一侧与主体结构或已安装好的另一块墙板粘紧，并在板下用木楔楔紧，撤出撬棍，板即固定。每块板安装后，应用靠尺检查墙面垂直和平整情况。

板与板间的拼缝，要满铺黏结砂浆(可以采用 107 胶水泥砂浆，注意 107 胶掺量要适当)拼接时要以挤出砂浆为宜，缝宽不得大于 5mm。挤出的砂浆应及时清理干净。

墙板固定后，在板下填塞 1∶2 的水泥砂浆或细石混凝土。若采用经防腐处理后的木楔，则板下木楔可不撤除；若采用未经防腐处理的木楔，则待填塞的砂浆或细石混凝土凝固具有一定强度后，先将木楔撤除，再用 1∶2 的水泥砂浆或细石混凝土堵严木楔孔。

墙板的安装顺序应从门洞口处向两端依次进行。当无门洞口时，应从一端向另一端顺序安装。若在安装墙板后进行地面施工，需对墙板进行保护。对于双层墙板的分户墙，安装时应使两面墙板的拼缝相互错开。隔墙板原则上不得横向抠槽埋设电线管，竖向走线时，抠槽深度不宜大于 25mm。

2)　节点构造

(1)　上、下部位连接：加气混凝土隔墙板与楼板或梁底部黏结一般采用在板的上端抹黏结砂浆的方法，板的下端先用木楔顶紧，最后再在下端木楔空间填入细石混凝土，然后再做地面。

(2)　转角和丁字墙节点连接：隔墙板转角和丁字墙交接处，主要采用黏结砂浆黏结，并在一定距离(700～800mm)斜向钉入经过防腐处理的钉子或 ϕ 8mm 磨尖过的钢筋，钉入长度不小于 200mm。

(3)　隔墙板板材间连接：加气混凝土隔墙板一般垂直安装，板与板之间用黏结砂浆黏结，并沿板缝上下各 1/3 处，按 30° 角钉入铁销或铁钉。

2. 石膏空心条板隔墙工程

石膏空心条板是以天然石膏或化学石膏为主要原料，掺入适量粉煤灰或水泥、适量的膨胀珍珠岩以及少量增强纤维，加水拌和成料浆，再经过浇筑成型、抽芯、干燥等工艺制成的轻质空心条板。它具有重量轻、强度高、隔热、隔声、防水、施工简便等性能。石膏空心条板按原材料的不同可分为石膏珍珠岩空心条板、石膏粉煤灰硅酸盐空心条板。石膏空心条板适用于住宅分室墙的一般隔墙、公共走道的防火墙、分户墙的隔声墙等。

石膏空心条板安装拼接的黏结材料，主要为 107 胶水泥砂浆，其配合比为 107 胶：水泥：砂=1：1：3 或 1：2：4，板缝处理可采用石膏腻子。

【小贴士】

墙板安装时，应按设计弹出墙位线，并安好定位木架。安装前在板的顶面和侧面刷涂 107 胶水泥砂浆，先推紧侧面，再顶牢顶面。在顶面顶牢后，立即在板下两侧各 1/3 处楔紧两组木楔，并用靠尺检查。确定板的安装偏差在允许范围内后，在板下填塞干硬性混凝土。板缝挤出的黏结材料应及时刮净。板缝的处理，可在接缝处先刷水湿润，然后用石膏腻子抹平。在墙体连接处的板面或板侧刷一道 791 胶液，用 791 石膏胶泥黏结。

3. GRC 轻质多孔条板

GRC 轻质多孔条板是以耐碱玻璃纤维为增强材料，以低碱度的硫铝酸盐水泥轻质砂浆为基材，采用一定工艺技术制成的中间有若干孔洞的条形板材。与早期的玻璃纤维水泥板比较，降低了水泥碱性对玻璃纤维的腐蚀。近年来该材料发展很快，国家也制定了相应的标准，如《玻璃纤维增强水泥轻质多孔隔墙条板》(JC666—1997)等。

4. 金属面夹心板

金属面夹心板是用厚度为 0.5～0.8mm 的金属板为面材，以硬质聚氨酯泡沫塑料、聚苯乙烯塑料或岩棉等绝热材料为芯材，经过黏结复合而成的夹心板材。其主要特点是质量轻、强度高，具有高效绝热性；外形美观、施工便捷；可多次拆卸，重复安装使用，耐久性较高。

金属面夹心板可作为冷库、仓库、车间、仓储式超市、商场、办公楼、旧楼房加层、活动房、战地医院、展览馆和候机楼等场所的建材。

5. 钢丝网架水泥夹心板隔墙工程

钢丝网架夹心板先是用高强度冷拔钢丝焊接成三维空间网架，在其中间填以阻燃型聚苯乙烯泡沫塑料或岩棉等绝缘材料，到达施工现场安装后，再在其两侧喷抹水泥砂浆而形成的建筑构件。保温板喷抹的水泥砂浆既能保护主体墙和保温层，又能在外饰面中喷刷涂料和粘贴面砖。在安装过程中，若无明确设计要求，且当隔墙宽度小于 4m 时，可以整板上墙。隔墙高度或长度若超过 4m 时，应增设加劲柱。

要注意夹心板与四周的连接：墙、梁、柱上已预埋锚筋的，用 22 号镀锌铁丝将锚筋与钢丝网架扎牢，扎扣不少于 3 点；用膨胀螺栓或用射钉固定 U 形连接件作连接的，用 22 号镀锌铁丝将 U 形连接件与钢丝网架扎牢；夹心板与混凝土墙、柱连接处的拼缝，用 300mm

宽平网加固，平网一边用箍码或 22 号镀锌铁丝与钢丝网架连接，另一边用钢钉与混凝土墙、柱固定。

【小贴士】

按设计要求预埋的各种预埋件、铺电线管、稳接线盒等，应与夹心板的安装同步进行，固定牢固。当确认夹心板、门窗框、各种预埋件、管道、接线盒的安装和固定工作完成后，可以开始抹灰。抹灰前将夹心板适当支顶，在夹心板上均匀喷一层面层处理剂，随即抹底灰，以加强水泥砂浆与夹心板的黏结。底灰的厚度为 12mm 左右。底灰要基本平整，并用带齿抹子均匀拉槽，以利于与中层砂浆的黏结。抹完底灰后应立即均匀喷涂一层防裂剂。48h 以后撤去支顶，抹另一侧底灰。在两层底灰抹完 48h 以后才能抹中层灰。

6. 板材隔墙工程质量要求

板材隔墙工程应符合《建筑装饰装修工程质量验收规范》(GB 50210—2001)的规定。其质量要求如下。

(1) 隔墙板材安装所需预埋件、连接件的位置、数量及连接方法应符合设计要求。板材安装必须牢固。

(2) 隔墙板材安装应垂直、平整、位置正确，板材不应有裂缝或缺损。

(3) 板材隔墙表面应平整光滑、色泽一致、洁净，接缝应均匀、顺直。

(4) 隔墙上的孔洞、槽、盒应位置正确、套割方正，边缘整齐。

(5) 板材隔墙安装的允许偏差和检验方法应符合表 11-11 的规定。

表 11-11　板材隔墙安装的允许偏差和检验方法

项　目	允许偏差/mm				检验方法
	复合轻质模板		石膏空心板	钢丝网水泥板	
	金属夹心板	其他复合板			
立面垂直度	2	3	3	3	用 2m 垂直检测尺检查
表面平整度	2	3	3	3	用 2m 靠尺和塞尺检查
阴阳角方正	3	3	3	4	用直角检测尺检查
接缝高低差	1	2	2	3	用钢直角和塞尺检查

11.3.3　填充墙砌体工程

多层与高层房屋建筑须经常设置填充墙，填充墙一般采用空心砖、蒸压加气混凝土砌块、轻骨料混凝土小型空心砌块等砌筑而成。

1. 填充墙的一般施工技术要求

(1) 在填充墙块材的运输、装卸过程中，严禁抛掷和倾倒。进场后应按品种、规格分类堆放整齐，堆置高度不宜超过 2m。加气混凝土砌块应防止雨淋。

(2) 当采用蒸压加气混凝土砌块、轻骨料混凝土小型空心砌块砌筑时，其产品龄期应超过 28d。

(3) 填充墙砌体砌筑时，块材应提前两天浇水湿润。蒸压加气混凝土砌块砌筑时，应向砌筑面适量浇水。

(4) 预埋在柱中的拉结钢筋和网片，必须准确地砌入填充墙的灰缝中。

(5) 填充墙与框架柱之间的缝隙应采用砂浆填实。

(6) 填充墙砌筑时应错缝搭砌，灰缝的厚度和宽度应正确。

(7) 填充墙接近梁板底时应留有一定的空隙，在抹灰前采用侧砖、立砖或砌块斜砌挤紧，倾斜度宜为 60° 左右，砌筑砂浆应饱满。

2. 填充墙施工工艺

1) 空心砖砌体工程

(1) 空心砖的砖孔若无具体设计要求，一般应将砖孔置于水平位置；若有特殊要求，则砖孔应垂直放置。

(2) 砖墙应采用全顺侧砌，上下皮竖缝相互错开 1/2 砖长。灰缝应为 8～12mm，应横平竖直，砂浆饱满。

(3) 空心砖墙不够整砖部分，宜用无齿锯加工制作非整砖块，不得用砍凿方式将砖打断。

(4) 留置管线槽时，弹线定位后用凿子凿出或用开槽机开槽，不得用斩砖预留槽的方法。

(5) 空心砖墙应同时砌起，不得留斜槎。砖墙底部至少砌三匹普通砖，门窗洞口两侧也应用普通砖实砌一砖。

2) 蒸压加气混凝土砌块砌体工程

(1) 加气混凝土砌块一般厚度有 200mm、250mm、300mm 3 种，立面砌筑形式只有全顺一种。上下皮竖缝相互错开 1/3 砌块长，若不满足，应在水平灰缝中设置 2 个ϕ6 钢筋或者ϕ4 钢筋网片，加筋长度不小于 400mm。水平、竖直灰缝厚度宜为 15mm 和 20mm。

(2) 为了减少现场切锯砌块的工作量，砌筑前应进行砌块排列设计，并根据排列图制作皮数杆。

(3) 砌筑前应检查砌块外观质量，清除砌块表面污物，并应适当洒水湿润，含水率一般不超过 15%。

(4) 在加气混凝土砌块墙底部应用烧结普通砖或烧结多孔砖砌筑，也可用普通混凝土小型空心砌块砌筑，其高度不宜小于 200mm。

(5) 不同密度和强度等级的加气混凝土砌块不能混砌。混砌过的灰缝要饱满均匀。

(6) 砌块墙的转角处，应隔皮纵、横墙砌块墙的转角处。应隔皮纵、横墙砌块同时相互搭砌；砌块墙的 T 字交接处，应使横墙砌块隔皮端部露头。

(7) 墙体洞口上方应放置两根直径为 6mm 的钢筋，并伸过洞口两边的长度，每边不小于 500mm。

(8) 砌块墙与柱的交界处，应依靠拉结筋拉结。拉结钢筋应沿柱高每 500mm 左右设一道，每道为两根直径 6mm 的钢筋(带弯钩)，伸出柱面长度不小于 1000mm，在砌筑砌块时，将此拉结钢筋伸出部分埋置于砌块的水平灰缝内。

(9) 穿越墙体的水管，要严防渗漏。穿墙、附墙或埋入墙内的铁件应做防腐处理。

(10) 加气混凝土砌块若无有效措施，不得使用在以下部位：建筑物±0.000 以下；长期浸水或经常受干湿交替部位；受酸碱化学物质侵蚀的部位；制品表面湿度高于 80℃的部位。

3)　轻骨料混凝土空心砌块砌筑工程

(1)　轻骨料混凝土空心砌块的主要规格是 390mm×190mm×190mm，采用全顺砌筑形式，墙厚等于砌块宽度。

(2)　上下皮竖缝相互错开 1/2 砖长，并不小于 120mm。如不满足，应在水平灰缝中设置 2 根ϕ6 钢筋或者ϕ4 钢筋网片。灰缝应为 8～12mm，应横平竖直，砂浆饱满。

(3)　对轻骨料混凝土空心砌块，宜提前 2 天以上适当浇水润湿。严禁雨天施工，砌块表面有浮水时不得进行砌筑。

(4)　墙体转角处及交接处应同时砌起。每天砌筑高度不得超过 1.8m。

3. 填充墙砌体工程施工的质量验收

1)　主要材料的质量控制

砖、砌块和砌筑砂浆的强度等级应该符合设计要求，主要依靠检查砖或砌块的产品合格证书、产品性能检测报告和砂浆试块试验报告。

2)　填充墙的砌筑质量控制

填充墙砌体的尺寸允许偏差详见表 11-12，砌体砂浆的饱满度要求详见表 11-13。另外有无混砌现象、拉结钢筋设置情况、搭砌长度、灰缝厚度、宽度、梁底砌法均在检查之列。

表 11-12　填充墙砌体尺寸允许偏差

项次	项　目		允许偏差/mm	检查方法
1	轴线位移		10	用尺检查
	垂直度	≤3m	5	用 2m 拖线板或掉线检查
		＞3m	10	
2	表面平整度		8	用 2m 靠尺和楔形塞尺检查
3	门窗洞口高、宽(后塞口)		5	用尺检查
4	外墙上、下窗口偏移		20	用经纬仪或掉线检查

表 11-13　砌体砂浆饱满度

砌体种类	灰　缝	饱满度要求	检验方法
空心砖砌体	水平	≥80%	采用百格网检查
	竖直	填满砂浆，不得有透明缝、瞎缝、假缝	
加气混凝土砌块和轻骨料混凝土砌块砌体	水平	≥80%	
	垂直	≥80%	

本 章 小 结

本章详细讲解了高层建筑模板工程、粗钢筋连接技术、围护结构施工等内容。首先介绍了高层建筑模板工程，包括大模板施工、滑模施工、爬模施工、台模施工、永久模板施工、无框木胶合板模板等内容；接着介绍了粗钢筋连接技术，包括钢筋的焊接、钢筋机械连接等；然后介绍了围护结构施工、外墙围护工程保温工程、隔墙工程等。通过学习，读者对高层模板工程不同类型的施工方法、钢筋的焊接以及钢筋机械连接、外墙围护工程保温工程、隔墙工程、填充墙砌体工程等内容。

思考与练习

1. 厚大体积混凝土施工特点有哪些？如何确定其浇筑方案？其温度裂缝有几种类型？防止开裂有哪些措施？

2. 多层钢筋混凝土框架结构施工顺序、施工过程和柱、梁、板浇筑方法有何不同？如何组织它们的流水施工？

3. 混凝土浇筑前对模板钢筋应做哪些检查？

4. 简述大模板的特点、组成及外墙大模板的支设方法。简述大模板的施工工艺、吊装顺序。大模板平面组合方案都有哪些？各适用于哪种情况？

第 12 章

高层建筑防水工程的施工

学习目标

- 掌握地下室工程防水施工内容。
- 掌握外墙及厕浴间防水施工内容。
- 掌握屋面及特殊建筑部位防水施工内容。

本章导读

本章介绍高层建筑防水工程施工的相关内容。章节首先介绍地下室工程防水施工，包括地下卷材防水层施工、混凝土结构自防水施工、刚性防水附加层施工、涂膜防水施工等内容；接着介绍外墙及厕浴间防水施工，内容包括构造防水施工、材料防水施工、厕浴间防水施工、其他部位接缝防水施工；然后介绍屋面及特殊建筑部位防水施工，内容包括屋面防水和特殊建筑部位防水。

项目案例导入

结构工程概况：地下 2 层钢筋混凝土结构，地上 5 层裙房和 50 层塔楼钢筋混凝土结构。建筑占地面积 8500m^2，总建筑面积 130532m^2，其中地上 107727m^2，地下 22805m^2，塔楼建筑高度 207m，裙房建筑高度 22.45m。

地下防水工程概况。

(1) 地梁、承台、地板防水：水泥基渗透结晶型防水涂料。

(2) 地下室外侧墙三元乙丙卷材防水，挤塑板护层。

(3) 地下室顶板三元乙丙卷材防水，挤塑板护层，细石混凝土。

(4) 地下室外墙内侧面防水砂浆。

案例分析

1. 防水基层处理

(1) 底板混凝土垫层施工时不得出现蜂窝、麻面、毛刺、起砂等情况，阴阳角应用抹子勒成圆角，抹面时面层要平整，灰浆饱满，抹子印不能太显，垫层施工完后，再施工砖胎模抹灰，以保证防水涂料基层板面的整体性。混凝土垫层施工缝接茬要严密，接茬部位最好用灰浆抹平。

(2) 清除防水涂层基面上杂物、浮浆、砂浆疙瘩、灰尘，对损坏和凹凸不平的混凝土基面进行补修。

(3) 如有空气泵，最好用高压空气清理浮尘。如条件不具备，施工前可用清水冲刷，湿润防水涂层基层。

(4) 对基层凹坑缺陷应使用掺有 108 胶(占水泥重量的 15%)的 1∶3 水泥砂浆分层(指凹坑小于 30mm 的情况，前层收缩后，抹下一层)抹平。

(5) 混凝土墙面基层应平整，墙面上凝结的混凝土灰浆、混凝土疙瘩等应铲除。模板缝隙错台部位应用水泥砂浆抹成平缓的过渡基层，砂浆为 1∶3 水泥砂浆(内掺占水泥重量 15%的 108 胶)。清理混凝土墙面阳角毛刺，凿除阴角部位黏结的灰浆。

(6) 阴阳角部位处理：墙体、顶板阴阳角事先用水泥砂浆抹成圆弧。穿墙套管：除去穿墙套管根部周围松动的砂粒，用水清洗后刷一层用 108 胶配制的水泥浆，如果是套管群，管与管之间基层处理平整后宜用聚氨酯防水涂料处理。套管若有油污、铁锈等，应用砂纸、钢丝刷、溶剂等予以清除干净。

(7) 基层含水率＜9%。

2. 底板防水施工

底板防水采用水泥基渗透结晶型防水涂料，其特点与水泥相同：在潮湿的基层施工，其主要成膜物为无机水硬性材料，在水硬性材料水化反应时，自身形成膜层，并可渗透到防水层的毛细孔道及裂缝中形成不溶于水的结晶体。

3. 三元乙丙防水卷材施工条件

(1) 卷材施工期间必须保持基坑内的地下水位稳定，并降低在底板垫层以下不少于 500mm 处，直至施工完毕。

(2) 铺贴卷材的基层应洁净、平整、坚实、牢固，阴阳角呈圆弧形。

(3) 卷材防水层严禁在雨天、雪天，以及 5 级风以上的条件下施工。

(4) 卷材防水层正常施工温度范围为 5～35℃；冷粘法施工日温度不宜低于 5℃。

(5) 卷材防水层所用基层处理剂、胶粘剂、密封等配套材料均应与铺贴的卷材材性相容。

(6) 施工人员必须持有防水专业上岗证书，操作人员必须进行岗前技术培训。

(7) 排水口、地漏应低于基层，有套管的管道部位应高于基层表面不少于 20mm。

12.1　地下室工程的防水施工

地下室墙面水平施工缝的防水施工处理方法如下。

(1) 墙面水平施工缝采用加止水条的形式防止渗水。

(2) 新旧混凝土的接缝处理。混凝土浇筑前 24h，施工缝用高压清水冲洗，并多次湿润混凝土接槎面，使新旧混凝土有良好的接槎。

地下室管道穿墙部位防水施工方法：穿墙管应在浇筑混凝土前预埋套管、穿墙管与内墙角，凹凸部位距离应大于 250mm，管与管的间距应大于 300mm；当穿墙管线较多时，可采用穿墙盒的封口钢板与墙上预埋角钢焊严，并从钢板上的预留浇筑孔注入改性沥青柔性密封材料或细石混凝土。

12.1.1　混凝土结构自防水施工

混凝土结构自防水，是以工程结构本身的密实性和抗裂性，实现其结构承重和防水合为一体的一种防水方法。它具有材料来源丰富、造价低廉、工序简单、施工方便等优点。

防水混凝土是以自身壁厚及其憎水性和密实性来达到防水目的。防水混凝土一般分为普通防水混凝土、骨料级配防水混凝土、外加剂(密实剂、防水剂等)防水混凝土和特种水泥(大坝水泥、防水水泥、膨胀水泥等)防水混凝土。不同类型的防水混凝土具有不同的特点，应根据工程特征及其使用要求进行选择。

随着防水混凝土技术的发展，高层建筑地下室目前广泛应用外加剂防水混凝土，值得推荐的是用作钢筋混凝土结构自防水的补偿收缩混凝土(膨胀水泥)。

1. 外加剂防水混凝土

外加剂防水混凝土是依靠掺入少量的有机物或无机物外加剂来改善混凝土的和易性，从而提高其密实性和抗渗性，以适应工程需要的防水混凝土。按所掺外加剂种类的不同，可分为减水剂防水混凝土、加气剂防水混凝土、三乙醇胺防水混凝土和氯化铁防水混凝土等。

2. 补偿收缩防水混凝土

由于在膨胀水泥或在水泥中掺入了膨胀剂，使混凝土产生了适度膨胀，补偿了混凝土的收缩，故称这种混凝土为补偿收缩混凝土。

(1) 主要特征。补偿收缩防水混凝土的主要特征见表 12-1。

表 12-1　补偿收缩防水混凝土的主要特征

特　征	内　容
具有较高的抗渗功能	补偿收缩混凝土是依靠膨胀水泥或水泥膨胀剂在水化反应过程中形成钙钒石为膨胀源，这种结晶是稳定的水化物，填充于毛细孔隙中，使大孔变小孔，总孔隙率大大降低，从而增加了湿凝土的密实性，提高了补偿收缩混凝土的抗渗能力，其抗渗能力比普通混凝土要提高 2～3 倍
能抑制混凝土裂缝的出现	补偿收缩混凝土在硬化初期产生体积膨胀，在约束条件下，它通过水泥石与钢筋的黏结，使钢筋张拉，被张拉的钢筋对混凝土本身产生应力，可抵消由于混凝土干缩和徐变时产生的拉应力。也就是说补偿收缩混凝土的拉应力接近于零，从而达到补偿收缩和抗裂防渗的双重效果
后期强度能稳定上升	由于补偿收缩混凝土的膨胀作用主要发生在混凝土硬化早期，所以补偿收缩混凝土的后期强度能稳定上升

(2) 施工注意事项。补偿收缩混凝土具有膨胀可逆性和良好的自密作用，必须特别注意加强早期潮湿养护。一般不宜在低于 5℃和高于 35℃的条件下进行施工。

3. 防水混凝土施工

防水混凝土工程质量的好坏不仅取决于混凝土材料质量本身及其配合比，而且施工过程中的搅拌、运输、浇筑、振捣及养护等工序都对混凝土的质量有着很大的影响。因此施工时，必须对上述各个环节严格控制。

12.1.2　地下卷材防水层施工

在高层建筑的地下室及人防工程中，采用合成高分子卷材作全外包防水能较好地适应钢筋混凝土结构沉降、开裂、变形的要求，并能有效抵抗地下水化学的侵蚀。

1. 材料

常用的合成高分子防水卷材有：三元乙丙橡胶防水卷材、氯化聚乙烯-橡胶共混防水卷材、聚氯乙烯防水卷材、氯化聚乙烯防水卷材等。所用的基层处理剂、胶粘剂、密封材料等配套材料，均应与铺贴的卷材性质相容。

铺贴防水卷材前应将找平层清扫干净，在基面上涂刷基层处理剂；当基面较潮湿时，应涂刷湿固化型胶粘剂或潮湿界面隔离剂。防水卷材厚度按设计要求制作。

2. 施工工艺

(1) 高层建筑采用箱形基础时，地下室一般多采用整体全外包防水做法。

(2) 卷材铺贴要求。卷材的铺贴方向应根据屋面的坡度和屋面是否受振动来确定：屋面坡度在 3%以内时，沥青防水卷材宜平行屋脊铺贴；在 3%～15%时，沥青防水卷材可平行或垂直屋脊铺贴；坡度大于 15%的屋面，沥青防水卷材应垂直屋脊铺贴。而高聚物改性沥青防水和合成高分子防水卷材可平行或垂直屋脊铺贴；上下层卷材之间不应相互垂直铺贴。

3. 质量要求

(1) 所选用的合成高分子防水卷材的各项技术性能指标，应符合标准规定或设计要求，并应有现场取样进行复核验证的质量检测报告或其他有关材料的质量证明文件。

(2) 卷材的搭接宽度和附加补强胶条的宽度，均应符合设计要求。一般搭接缝宽度不宜小于 100mm，附加补强胶条的宽度不宜小于 120mm。

(3) 卷材的搭接缝以及与附加补强胶条的黏结必须牢固，封闭严密，不允许有皱折、孔洞、翘边、脱层、滑移或存在渗漏水隐患的其他外观缺陷。

(4) 卷材与穿墙管之间应黏结牢固，卷材的末端收头部位必须封闭严密。

4. 施工顺序

地下防水工程一般把高分子卷材防水层设置在建筑物结构的外侧，称为外防水。它与防水层设在结构内侧的内防水相比较，具有明显的优点：外防水的防水层在迎水面，受压力水的作用紧压在结构上，防水效果良好；内防水的卷材防水层在背水面，在压力水作用下局部容易形成映开-外防水，使得其渗漏机会比内防水少，因此一般多采用外防水。

铺贴卷材防水层有外贴法和内贴法两种施工方法。采用不同的防水施工方法，其施工程序也会有所不同。下面以外贴法施工为例进行讲解。

基础的混凝土垫层养护好后，在垫层上面抹 10～20mm 的 1∶3 水泥砂浆找平层，待找平层干燥后，涂刷一道冷底子油，待油干燥后，再用聚氨酯防水涂料即可铺贴卷材防水层。在需要铺贴垂直面防水层的外侧砌半砖厚的保护墙，在保护墙与垫层的找平层接触处先干铺油毡一层，然后在干铺油毡上砌保护墙。保护墙要分两次砌筑，第一次下部用 1∶3 水泥砂浆砌 200～500mm 高的永久性保护墙，上部按卷材所留的各层搭接长度，用 1∶3 石灰砂浆砌临时性保护墙，并用原砂浆在墙上抹找平层，然后将基础垫层上留出的卷材搭接接头贴在临时保护墙上。临时保铲墙上只做找平层，不刷冷底子油，为了以后拆除临时保护墙时不致损坏卷材，可在粘贴卷材之前，在找平层上刷一层白灰浆，然后进行地下建筑物墙身施工。在做墙身防水层时，须将临时保护墙拆除，在建筑墙身外侧抹 10～20mm 厚的水泥砂浆。

12.1.3　刚性防水附加层施工

屋面防水层的隔离层一般设置在防水层与上面的刚性保护层之间，它有两个作用：一是表面的刚性层(通常是 40mm 厚细石混凝土)会有热胀冷缩变形，如果防水层与刚性层黏结很好，则刚性层变形时会牵动防水层一起变形，这样有可能对防水层产生直接拉裂或长期疲劳破坏，所以要在两个构造层间设置具有滑移功能的隔离层；二是当防水层上的其他构造层施工时，有可能刺破损坏防水层，适当的保护是必要的，隔离层同时可以起到保护作用。

隔离层以前采用纸筋灰或低标号砂浆，由于刚性层施工时，纸筋灰很容易进入混凝土中，所以现在停用了。由于低标号砂浆施工时的运输小车会对防水层的损害，而且防滑移性能不理想，所以现在也停用了。现在一般采用干铺一道油毡，也有用厚质塑料薄膜等材料作为隔离层。

1. 水泥砂浆防水层的分类及适用范围

1) 分类

水泥砂浆防水层的分类见表12-2。

表12-2 水泥砂浆防水层的分类

分类		说明
刚性多层抹面水泥砂浆防水层		利用不同配合比的水泥浆和水泥砂浆分层施工，相互交替抹压密实，充分切断各层次毛细孔网的渗水通道，使其构成一个多层防线的整体防水层
掺外加剂水泥砂浆防水层	掺无机盐防水剂	在水泥砂浆中掺入占水泥质量3%～5%的防水剂，可以提高水泥砂浆的抗渗性能，其抗渗压力一般在0.4N/mm² 以下，故只适用于水压较小的工程或作为其他防水层的辅助措施
	掺聚合物	掺入各种橡胶或树脂乳液组成的水泥砂浆防水层，其抗渗性能优异，是一种刚柔结合的新型防水材料，可单独用于防水工程，并能获得较好的防水效果

2) 适用范围

(1) 水泥砂浆防水，适用于埋置深度不大，使用时不会因结构沉降、温度和湿度变化以及受震动等产生有害裂缝的地下防水工程。

(2) 除聚合物水泥砂浆外，其他均不宜用在长期受冲击荷载和较大振动作用下的防水下程，也不适用于受腐蚀、高温(100℃以上)以及遭受反复冻融的砌体工程。

2. 聚合物水泥砂浆防水层

聚合物水泥防水砂浆是由水泥、砂和一定量的橡胶乳液或树脂乳液以及稳定剂、消泡剂等化学助剂，经搅拌混合均匀配制而成。它具有良好的防水抗渗性、胶黏性、抗裂性、抗冲击性和耐磨性。由于在水泥砂浆中掺入各种合成高分子乳液，故能有效地封闭水泥砂浆中的毛细孔隙，从而提高水泥砂浆的抗渗透性能，有效地降低材料的吸水率。

【知识拓展】

与水泥砂浆掺和使用的聚合物品种繁多，主要有天然和合成橡胶乳液、热塑性及热固性树脂乳液等，其中常用的聚合物有阳离子氯丁胶乳(简称CR胶乳)和聚丙烯酸乳液等。阳离子氯丁胶乳水泥砂浆不但可用于地下建筑物和构筑物，还可用于屋面、墙面做防水、防潮层和修补建筑物裂缝等用。

12.1.4 涂膜防水施工

地下防水工程采用涂膜防水技术具有明显的优越性。涂膜防水就是在结构表面基层上涂抹一定厚度的防水涂料，防水涂料是以合成高分子材料或以高聚物改性沥青为主要原料，加入适量的化学助剂和填充剂等加工制成的在常温下呈无定型液态的防水材料。将其涂布在基层表面后，能形成一层连续、弹性、无缝、整体的涂膜防水层。涂膜防水层的总厚度小于 3mm 的称为薄质涂料，总厚度大于 3mm 的称为厚质涂料。

涂膜防水具有质量轻，耐候性、耐水性、耐蚀性、适用性强，可冷作业，易于维修等优点。但是它又具有涂布厚度不易均匀、抵抗结构变形能力差、与潮湿基层黏结力差、抵抗动水压力能力差等缺点。

目前防水涂料的种类较多，按涂料类型可分为溶剂型、水乳型、反应型和粉末型 4 大类；按成膜物质可分为合成树脂类、合成橡胶类、聚合物水泥复合材料类、高聚物改性石油沥青类等。高层建筑地下室防水工程施工中常用的防水涂料应以化学反应固化型材料为主，如聚氨酯防水涂料、硅橡胶防水涂料等。

1. 聚氨酯涂膜防水施工

聚氨酯涂膜防水材料是双组分化学反应固化型的高弹性防水涂料。其中甲组分是以聚醚树脂和二异氰酸酯等原料为主，经过氢转移加成聚合反应制成的含有端异氰酸酯基的氨基甲酸酯预聚物；乙组分是由交联剂(或称硫化剂)、促进剂(或称催化剂)、抗水剂(石油沥青等)、增韧剂、稀释剂等材料组成，经过脱水、混合、研磨、包装等工序加工制成。

2. 硅橡胶涂膜防水施工

硅橡胶防水涂料是以硅橡胶乳液及其他乳液的复合物为主要基料，掺入无机填料及各种助剂配制而成的乳液型防水涂料，该涂料兼有涂膜防水和浸透性防水材料两者的优良性能，具有良好的防水性、渗透性、成膜性、弹性、黏结性和耐高低温性。

【知识拓展】

在高层建筑中，如果地下室的标高低于最高地下水位或使用上的需要(如车库冲洗车辆的污水、排入地面以下的设备运转冷却水)以及对地下室干燥程度要求十分严格时，可以在外包防水做法的前提下，利用基础底板反梁或在底板上砌筑砖地垄墙，并在反梁或地垄墙上铺设架空的钢筋混凝土预制板，并可在钢筋混凝土结构外墙的内侧采用砌筑离壁衬套墙的做法，以达到排水的目的。

具体做法是在底板的表面浇筑 C20 混凝土并形成 0. 5%的坡度，在适当部位设置深度大于 500mm 的集水坑，使外部渗入地下室内部的水顺坡度流入集水坑中。再用自动水泵将集水坑中的积水排出建筑物的外部，从而保证架空板以上的地下室处于干燥状态，以满足地下室使用功能的要求。

【案例 12-1】本工程名称为华堂花园别墅 4 栋样板楼工程，该工程位于华堂国际高尔夫俱乐部内，建设单位为三河园方房地产开发公司。该 4 栋样板楼工程包含 A、B、C、D 4 种户型，屋面防水工程均采用水乳型聚合物水泥基复合防水涂料。

【分析】

1. 施工准备

(1) 技术准备。现场技术人员在进场前认真熟悉图纸，理解设计要求，掌握细部构造。

(2) 材料及机具准备。开刀、钢丝刷、扫帚、台秤、水桶、搅拌器、磙子，刷子。

(3) 作业条件。找平层应干净、干燥、平整、坚实、无空鼓、无起砂、无裂缝、无松动掉灰；找平层与突出屋面结构(如烟囱等)的交接处以及基层的转角处应做成圆弧形，圆弧半径≥50mm。内部排水的水落口周围，基层应做成略低的凹坑。

2. 施工工艺

(1) 工艺流程。基层检查处理→涂布基层→特殊部位加强处理→第 1 遍涂布→第 2 遍涂布→第 3 遍涂布→检查清理验收。

(2) 基层检查处理。检查找平层是否符合规定和设计要求，并进行清理、清扫。若存在凹凸不平、起砂、起皮、裂缝等缺陷，应及时进行修补。

(3) 找平层处理。找平层处理剂应先对屋面节点、周边、拐角等部位进行涂布，然后再大面积涂布。注意涂布均匀、薄厚一致，不得漏涂，以增强涂层与找平层间的黏结力。

(4) 特殊部位加强处理。天沟、檐沟、檐口等部位应加铺胎体增强材料附加层，宽度不小于 200mm；水落口周围与屋面交接处做密封处理，并铺贴两层胎体增强材料附加层。涂膜伸入水落口的深度不得小于 50mm。

(5) 涂布防水涂料。待找平层涂膜固化干燥后，应先全面仔细检查其涂层上有无气孔、气泡等质量缺陷。若有，应立即修补。

打底层配比为 10∶7∶14，0.3kg/m^2；下层配比为 10∶7∶0～2，0.9kg/m^2；中层配比为 10∶7∶0～2，0.9kg/m^2；上层配比为 10∶7∶0～2，0.9kg/m^2。

涂布防水涂料应先涂立面、节点，后涂平面。涂层应按分条间隔方式或按顺序倒退方式涂布。分条间隔宽度应与胎体增强材料宽度一致。涂布完后，涂层上严禁上人踩踏走动。

涂膜应分层、分遍涂布，待前一遍涂层干燥或固化成膜后，并认真检查每一遍涂层表面确认无气泡、无褶皱、无凹坑、无刮痕等缺陷时，方可进行后一遍涂层的涂布，每遍涂层方向应相互垂直。

涂料配比搅拌后应确保在 3h 内用完，超时硬化后严禁使用。

(6) 检查清理。施工完毕后，应进行全面检查，必须确认不存在任何缺陷，待面层干燥后将表面用水冲洗干净并应检查特殊部位是否有渗漏。

12.2 外墙及厕浴间的防水施工

构造防水又称空腔防水，即在外墙板的四周设置线型构造，加滴水槽、挡水台等，放置防寒挡风(雨)条，形成压力平衡空腔，利用垂直或水平减压空腔的作用切断板缝毛细管通路，根据水的重力作用，通过排水管将渗入板缝的雨水排除，以达到防水目的。这是早期预制外墙板板缝防水的做法。

12.2.1 构造防水施工

构造防水施工包括以下几点。

(1) 外墙板进场后必须进行外观检查，确保防水构造的完整。若有局部破损，应进行修补。

(2) 吊装前应将垂直缝中的灰浆清理干净，保持平整光滑，并对滴水槽和空腔侧壁满涂一道防水胶油。

(3) 首层外墙板安装前，应按防水构造要求，沿外墙做好现浇混凝土挡水台，再安装外墙板。

(4) 外墙板安装前，应做好油毡聚苯板的裁制粘贴工作和塑料挡水条的裁制工作。

(5) 每层外墙板安装后，应立即插放油毡聚苯板和挡水塑料条，然后再进行现浇混凝土组合柱施工。

(6) 外墙板垂直、水平缝的勾缝施工，可采用屋面移动悬挑车或吊篮。

(7) 为了提高板缝防水效果，宜在勾缝前先进行缠缝，且材料应做防水处理。

12.2.2　材料防水施工

预置外墙板板缝及其他部位的接缝，采用各种弹性或弹塑性的防水密缝膏嵌填，以达到板缝严密堵塞雨水通路的方法，称为材料防水。这种方法，工艺简单，操作方便。材料种类及性能见表 12-3。

表 12-3　材料种类及性能

<table>
<tr><th colspan="2">种　类</th><th>性　能</th></tr>
<tr><td colspan="2">防水密封膏</td><td>防水密封膏依其价格和性能不同有高、中、低三档。高档密封膏如硅酮、聚硫、聚氨酯等适用于变形大、时间长、造价高的工程；中档密封膏如丙烯酸、氯丁橡胶、氯磺化聚乙烯类等；低档密封膏有干性油、塑料油膏等。因材料不同其施工方法也分嵌填法、涂刷法和压移法 3 种</td></tr>
<tr><td colspan="2">背衬材料</td><td>主要有聚苯乙烯或聚乙烯泡沫塑料棒材(或管材)</td></tr>
<tr><td colspan="2">基层处理剂(涂料)</td><td>基层涂料一般采用稀释的密封膏，其含固量在 25%～30%为宜</td></tr>
<tr><td rowspan="2">接缝基层处理和要求</td><td>接缝要求</td><td>外墙板安装的缝隙宽度应符合设计规定，若设计无规定时，一般不应超过 30mm。缝隙过宽则容易使密封膏下垂，且用量太大；过窄则无法嵌填，缝隙过深，材料用量大，过浅则不易黏结密封，一般要求缝的宽深比为 2：1，接缝边缘宜采取斜坡面，缝隙过大，过小均应进行修补。修补方法如下：缝隙过大的，应先在接缝部位刷一道高分子聚合物乳液，然后在两侧壁板上抹高分子聚合物乳液，每次厚度不超过 1cm，直至修补合适为止；缝隙过小的，需人工剔凿开缝，要求开缝平整、无毛茬</td></tr>
<tr><td>基层处理</td><td>嵌填密封膏的基层必须坚实、平整、无粉尘，若有油污，应用丙酮等清洗剂清洁干净，要求基层要干燥，含水率不超过 9%</td></tr>
</table>

12.2.3　厕浴间的防水施工

建筑工程中的厕浴间，一般都布置有穿过楼地面或墙体的各种管道，这些管道具有形状复杂、面积较小等特点。在这种条件下，如果继续沿用石油沥青纸胎油毡或其他卷材类材料进行防水，则很难黏结牢固和封闭严密，难以形成一个弹性与整体的防水层，比较容易发生渗漏等工程质量事故，影响厂厕浴间装饰质量及其使用功能。

为了确保高层建筑中厕浴间的防水工程质量，现在多用涂膜防水或抹聚合物水泥砂浆防水取代使用各种卷材做厕浴间防水的传统做法，尤其是选用高弹性的聚氨酯涂膜、弹塑性的高聚物改性沥青涂膜或刚柔结合的聚合物水泥砂浆等新材料和新工艺，可以使厕浴间的地面和墙面形成一个连续、无缝、封闭严密的整体防水层。

从施工技术的角度看，高层建筑的厕浴间防水与一般多层建筑并无区别。只要结构设计合理，防水材料运用适当，严格按规程施工，确保工程质量也不是难事。

【案例 12-2】某工程地上共 11 层，局部共 6 层，地下共 2 层，总建筑面积 216500m^2，建筑物檐高 48m。卫生间防水采用单组分环保型聚氨酯涂膜防水层。

【分析】

1. 施工部署

现场分为 4 个区，项目部设 2 名总负责人主管整个厕浴间防水工程的施工。每个区的质检员对厕浴间防水工程的施工质量进行全面控制。技术部全面负责厕浴间防水工程的方案的制定、技术指导和管理工作。工程部负责现场施工过程的文明施工管理、施工协调、质量控制等。器材部负责材料的准备、各种质量证明文件的收集等。安保部负责施工安全管理工作。

2. 施工管理流程安排

卫生间防水工程 4 个区全面展开，施工管理流程安排，如图 12-1 所示。

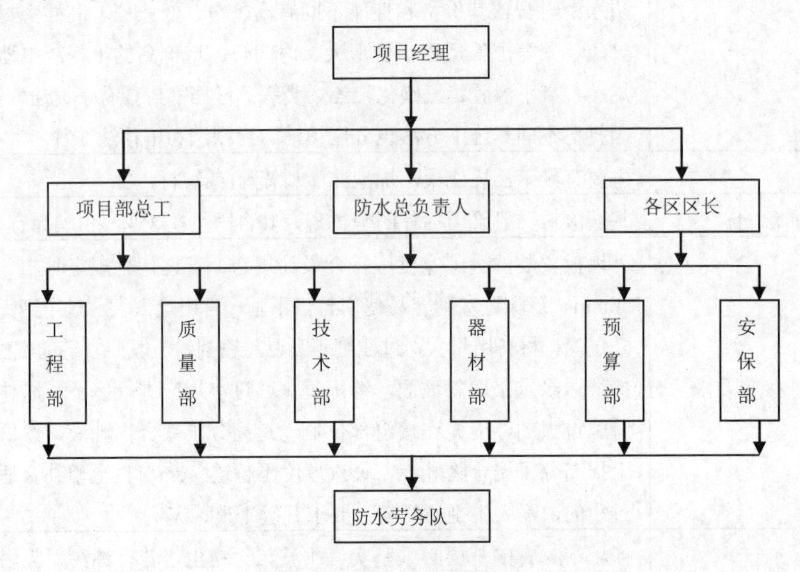

图 12-1　施工管理流程图

3. 施工准备

(1)　材料简介。聚氨酯防水涂料是一种化学涂料，以单组分形式使用，涂刷成膜后形成较厚的防水涂膜。

(2)　主体材料。采用铁桶包装，贮存时应密封，进场后应存放在阴凉、干燥、无强日光直晒的库房(或场地)。施工操作时应按厂家说明的比例进行配合，操作场地要防火、通风，操作人员应戴手套、口罩、眼镜等，以防溶剂中毒。

(3)　主要辅助材料。磷酸或苯磺酰氯：凝固过快时，作缓凝剂用。

二月桂酸二丁基锡：凝固过慢，作促凝剂用。

二甲苯：清洗施工工具用。

乙酸乙酯：清洗手上凝胶用。

玻璃丝布(幅宽 90cm，14m)或无纺布。

水泥：425 号以上矿渣硅酸盐水泥，补基层用。

(4) 聚氨酯防水涂料，必须经试验合格方能使用，其技术性能应符合以下要求。

固体含量：≥93%;

抗拉强度：0.6MPa 以上;

延伸率：≥300%;

柔度：在−20℃绕ϕ20mm 圆棒无裂纹;

耐热性：在 85℃。加热 5h，涂膜无流淌和集中气泡;

不透水水性：动水压 0.2MPa，恒压 1h 不透水。

(5) 主要机具：电动搅拌器、拌料桶、油漆桶、塑料刮板。铁皮小刮板、橡胶刮板、弹簧秤、油漆刷(刷底胶用)、滚动刷(刷底胶用)、小抹子、油工铲刀、笤帚、消防器材。

4. 操作工艺及流程

(1) 聚氨酯防水涂料施工工艺流程。

清扫基层→涂刷底胶→细部附加层→第一层涂膜→第二层涂膜。

(2) 清扫基层。用铲刀将粘在找平层上的灰皮除掉，用扫帚将尘土清扫干净，尤其是管根、地漏和排水口等部位要仔细清理。若有油污应用钢丝刷和砂纸刷掉。表面必须平整，凹陷处要用 1∶3 水泥砂浆找平。

(3) 涂刷底胶。用滚动刷或油漆刷蘸底胶均匀地涂刷在基层表面，不得过薄也不得过厚，涂刷量以 0.2kg/m^2 左右为宜。涂刷后应干燥 4h 以上，才能进行下一工序的操作。

(4) 细部附加层。将聚氨酯涂膜防水材料，用油漆刷蘸涂料在地漏、管道根、阴阳角和出水口等容易漏水的薄弱部位均匀涂刷，不得漏刷(地面与墙面交接处，涂膜防水拐墙上做 100mm 高)。

(5) 第 1 层涂膜。将聚氨酯倒入拌料桶中，用电动搅拌器搅拌均匀(约 5min)，用橡胶刮板或油漆刷刮涂一层涂料，厚度要均匀一致，刮涂量以 0.8～1.0kg/m^2 为宜，从内往外退着操作。

(6) 第 2 层涂膜。第 1 层涂膜后，涂膜固化到不粘手时，按第 1 遍材料配比方法，进行第 2 遍涂膜操作。为使涂膜厚度均匀，刮涂方向必须与第 1 遍刮涂方向垂直，刮涂量与第 1 遍同。

(7) 在操作过程中根据当天操作量配料，不得搅拌过多。若涂料黏度过大不便涂刮影响施工时，可加入少许磷酸或苯磺酚氯化缓凝剂，加入量不得大于甲料的 0.5%；若涂膜固化太慢，可加入少许促凝剂，加入量不得大于甲料的 0.3%。

涂膜防水做完，经检查验收合格后可进行蓄水试验，若 24h 无渗漏，则可进行面层施工。

12.2.4　其他部位接缝防水施工

其他部位接缝防水施工包括阳台、雨罩板部位防水、屋面女儿墙防水等。

1. 阳台、雨罩板部位防水

(1) 平板阳台板上部平缝全长和下部平缝两端 30mm 处以及两端的立缝，均应嵌填防水油膏，相互交圈密封。槽形阳台板只在下侧两端嵌填防水油膏。

阳台板的泛水做法要正确，确保使用期间排水畅通。

防水油膏应具有良好的防水性、黏结性、耐老化和高温不流淌、低温柔韧等性能。基层应坚硬密实，表面不得有粉尘。在嵌填防水油膏前，应先刷一道冷底子油，待冷底子油晾干后，再嵌入油膏。

(2) 雨罩板与墙板压接及其对接接缝部位，应先用水泥砂浆嵌缝，并抹出防水砂浆帽。防水砂浆帽的外墙板垂直缝内，要嵌入防水油膏，或将防水卷材沿外墙向上铺设 30cm 高。

2. 屋面女儿墙防水

屋面女儿墙部位的现浇组合柱混凝土与预制女儿墙板之间容易产生裂缝，雨水会顺缝隙流入室内。因此，首先应采用干硬性混凝土或微膨胀混凝土，防止组合柱混凝土的收缩。混凝土浇筑应在组合柱外侧，沿竖缝嵌防水油膏，外抹水泥砂浆加以保护。女儿墙外墙板立缝也应用油膏和水泥砂浆填实。另外，还应增设女儿墙压顶，并在压顶两侧留出滴水槽，防止雨水沿缝隙顺流而下。

12.3 屋面及特殊建筑部位的防水施工

屋面是建筑物最上层的外围护构件，用于抵抗自然界的雨、雪、风、霜、太阳辐射、气温变化等不利因素，保证建筑内部有一个良好的使用环境，屋面应满足坚固耐久、防水、保温、隔热、防火和抵御各种不良影响的功能要求。

12.3.1 屋面防水

高层建筑的屋面防水等级一般为二级，其防水耐用年限为 15 年，如果继续采用原有的传统石油沥青纸胎油毡防水，已远远不能适应屋面防水基层伸缩或开裂变形的需要，而应采用各种拉伸强度较高、抗撕裂强度较好、延伸率较大、耐高低温性能优良、使用寿命长的弹性或弹塑性的新型防水材料做屋面的防水层。一般宜选用合成高分子防水卷材、高聚物改性沥青防水卷材和合成高分子防水涂料等进行两道防水设防，其中必须有一道卷材防水层。

目前，常用的屋面防水形式多为合成高分子卷材防水、聚氨酯涂膜防水组成的复合防水构造，或与刚性保护层组成的复合防水构造，其施工工艺与一般多层建筑的屋面防水相同。施工时应根据屋面结构特点和设计要求选用不同的防水材料或不同的施工方法，以获得较为理想的防水效果。

12.3.2 特殊建筑部位防水

在现代化的建筑工程中，往往在楼地面或屋面上设有游泳池、喷水池、四季厅、屋顶(或室内)花园等，从而增加这些工程部位建筑防水施工的难度。

为了确保这些特殊部位的防水工程质量，最好采用现浇的防水混凝土结构做垫层，同时选用高弹性无接缝的聚氨酯涂膜与三元乙丙橡胶卷材或其他合成高分子卷材相复合，进行刚柔并用、多道设防、综合防水的施工做法。其施工要点如下。

(1) 对基层的要求及处理。

(2) 涂膜防水层的施工。

(3) 三元乙丙橡胶卷材防水层的施工。

(4) 细石混凝土保护层与瓷砖饰面层的施工。

本 章 小 结

本章介绍了地下室工程防水施工、地下卷材防水层施工、混凝土结构自防水施工，构造防水施工、材料防水施工、厕浴间防水施工、其他部位接缝防水施工、屋面及特殊建筑部位防水施工等内容。章节首先介绍了地下室工程防水施工，包括地下卷材防水层施工、混凝土结构自防水施工、刚性防水附加层施工、涂膜防水施工等；接着介绍了外墙及厕浴间防水施工，包括构造防水施工、材料防水施工、厕浴间防水施工、其他部位接缝防水施工；然后介绍了屋面及特殊建筑部位防水施工，包括屋面防水、特殊建筑部位防水。通过学习，读者要掌握高层建筑防水工程施工的相关知识。

思考与练习

1. 常见的找平层的质量缺陷有哪些？如何进行修补？

2. 地下卷材防水层的施工方法有外防外贴法和外防内贴法两种，试分析它们各自的优缺点及其适用范围。

第 13 章

高层建筑的装饰工程

学习目标

- 了解高层建筑装饰工程的概念。
- 掌握高层建筑幕墙工程的内容。
- 掌握高层建筑饰面工程的内容。

本章导读

本章将对高层建筑施工的装饰工程施工进行介绍。章节首先对高层建筑装饰工程施工进行概述，内容包括外装饰的功能及其发展、高层建筑室内装饰工程的发展、高层建筑室内装饰技术开发的重要性；接着介绍幕墙工程，内容包括铝合金幕墙、玻璃幕墙等；最后介绍高层建筑的饰面工程。读者通过学习要掌握高层建筑装饰的基本技能。

项目案例导入

某饭店由塔楼、裙楼和附属建筑物组成，占地总面积近 30000m^2，建筑物占地面积为 4850m^2，建筑面积 48640m^2，其中主楼为 45140m^2。塔楼共 37 层，总高为 108m，设客房 804 套，电梯 10 部。裙楼分别为 2～3 层，裙楼和塔楼的非标准层为公共活动场所。该饭店装饰工程量大，技术要求高，绝大部分集中在下面两层。室内装饰工程有乳胶漆、壁纸、大理石、马赛克、塑料石棉砖、瓷砖和缸砖等；室外装饰工程均为玻璃马赛克。

案例分析

1. 工程的装饰工程量

该工程的装饰工程量见表 13-1。

表 13-1 某饭店装饰工程量

序号	分项工程	单位	工程量				
			外墙	内墙	地面	顶棚	合计
1	抹白灰砂浆	m^2		71630		25810	97440
2	抹水泥砂浆	m^2			26930		26930
3	瓷砖	m^2		17050	4800		21850
4	玻璃马赛克	m^2	20600				20600
5	彩色马赛克	m^2		3070	1920		4990
6	缸砖	m^2		2450	2690		5140
7	大理石板	m^2		1880	1860		3740
8	乙烯树脂石棉砖	m^2			1290		1290
9	浮胶漆	m^2		12740		35260	48000
10	壁纸	m^2		57690			57690
11	地毯	m^2			25830		25830
12	胶合板平顶	m^2				9450	9450
13	吸音板平顶	m^2				2100	2100
14	装饰板平顶	m^2				4058	4058
15	细屑水泥砂浆	m^2			1680		1680
16	木装修	m^2		17972			17972

2. 装饰工程工艺

全部内外高级装饰，均须先做出一个样板，经过质量和色彩验收合格后，方可全面施工。在装饰工程阶段，组建抹灰、木装修和油漆 3 个专业工作队，组建钢窗、壁纸、贴瓷砖和铺地毯等专业班组。全部专业队组，均实行定任务、标准、时间和材料，包产到组，超产给奖。

裙楼主体完成后，自上而下逐层、逐间进行内装饰，同层内按天棚、墙面和地面顺序施工。而塔楼主体完成 5 层以后，开始内装饰。主体全部完成后，以每 10 层为一个施工段，自上而下进行流水施工，在同层内按照卫生间、卧室和走廊的顺序施工。

外装饰也采取自上而下、以每 10 层为一个施工段，逐段逐层进行施工。

3. 脚手架和垂直运输

地下室、裙楼和塔楼非标准层的内装饰，均采用钢管满堂红脚手架；塔楼标准层，采用轻便式工具脚手架；外装饰全部采用进口吊篮。

裙楼用 3 台金属井架，塔楼用电梯井内的 4 台井架和外墙施工的电梯，分别作为垂直运输工具，电梯安装后也可作垂直运输之用。

高层建筑的装饰工程既有美化作用，又有防火作用，施工设计者要特别注重外墙的装饰设计施工。本章我们就来学习高层建筑装饰工程施工的内容。

13.1 概　　述

随着人们生活水平及城市环境的不断提高，高层建筑物的装饰标准和质量要求越来越高，其造价比重也越来越大。为确保高层建筑的装修施工处于有序、受控的管理状态，有必要学习高层建筑装饰。

13.1.1 高层建筑装饰的重要性

高层建筑的装饰装修作为房屋开发建设链中一个必不可少的环节，在房屋建设中发挥了重要作用。根据行业间利益相关的理论，建筑装饰装修的规模、发展速度和质量对房屋建设具有重要的推动、保障和完善作用。

在我国，建筑装饰装修对房屋建设的积极作用表现在以下几个方面。

1. 建筑装饰装修促进了房屋消费水平和房屋产业化水平的提高

建筑装饰装修通过设计和施工，在既定的空间内汇集了各种技术和产品，具体实现了人们期望的各种功能，从而使房屋建设产品真正进入到消费阶段。建筑装饰装修设计是对建筑设计在使用功能上的深化和完善，是使建筑空间最终能够满足消费者多种需求的基本环节。

通过装饰装修，消费者对房屋产生出各种新的功能需求，这些需求刺激消费者提高对空间功能的期望值，促使人们去购买新的空间，从而使房屋建设市场保持活力。同时，新建建筑一定要在室内空间、设备配置、设施水平等方面有质的提高，这是房屋建设持续发展的重要原动力。

2. 建筑装饰装修提高了房屋建设质量

建筑装饰装修是满足人们个性化居住需求的最基本手段，通过材料、部品、饰品的运用和搭配，可以满足多种文化、艺术风格的需求，可以营造出多姿多彩的生活和工作空间，从而提高房屋建设的整体质量。同时，建筑装饰装修作为建筑投入使用前的最后一个生产施工环节，不仅要对建筑设计进行全面的完善，而且要提高施工质量。在我国房屋建设整体水平参差不齐的背景下，建筑装饰装修起到了提高房屋建设质量的作用。

3. 建筑装饰装修加快了房屋建设的速度

在进行大规模房屋建设的时期，我国为了加快建筑的建设速度，建设了大量的毛坯房。毛坯房的存在加快了我国建筑装饰装修行业的发展，从另一个角度分析，是建筑装饰装修使毛坯建筑满足了市场需求。

在我国的房屋建设施工总承包体制下，装饰装修作为一项专项工程，在精装修成品房屋建设中仍然是一个独立的运作环节。同时，装饰装修工程的工期、质量和环保水平对房屋建设也起到了关键性作用。

因此，在建设精装修成品房屋时，科学、准确地选择装饰装修工程承包商是房地产开发的一项重要任务，也是保证房屋建设质量和速度的重要技术性工作。

4. 建筑装饰装修推动了房屋建设技术的升级换代

建筑装饰装修与房屋建设的终端技术需求密切相关，是最早应用各种先进的设备、设施满足消费者需求的探索者和实践者。建筑内部产品与技术的升级换代可以满足消费者更高的消费者需求，可以说，没有建筑装饰装修领域的技术更新，房地产市场的技术升级就很难实现。

高层建筑装饰的目的是保护基体，美化建筑，给人们创造一个幽雅舒适的工作、生活和娱乐的环境。它所用的材料、施工工艺和机具的先进与落后，直接影响到建筑装饰效果和经济效益。过去，由于长期采用传统的材料和手工操作的湿作业工艺，以及落后而简单的工具，因而劳动强度大、工效低、耗工多和工期长，施工麻烦，质量不易保证，装饰标准不高，装饰效果不能满足现代化使用要求，经济效益也较低。在我国大、中城市为改善居民居住、工作和娱乐环境，而雨后春笋般地建造高层建筑的今天，若不进行高层建筑室内装饰技术开发，必定会严重影响城市建设的效果和发展速度。

【知识拓展】

近几年来上海、北京、广州、天津、深圳等地，在高层建筑室内装饰工程中，广泛开发应用了轻质新型建筑装饰材料和干作业施工工艺，并采用一部分装饰施工小机具代替繁重的手工操作，不仅使房屋装饰效果和等级有了明显提高，而且，也大大降低了劳动强度，施工工效成倍提高，工期明显缩短，有效地加快了高层建筑的施工速度，收到了良好的经济效益。

13.1.2 高层建筑的外装饰

外装饰对建筑物主要起保护作用，同时也是对建筑物表面起艺术美化的作用。

我国在 20 世纪 50—60 年代的建筑外装饰，除国家重点公共建筑和纪念性建筑物以外，绝大部分建筑物都是采用清水外墙，以红砖青瓦衬托来协调环境色彩。60 年代末随着混凝土构件和砌块的发展与应用，以及黏土砖外表质量的退步，清水外墙大幅度减少，外装饰逐步趋向普通抹灰饰面。因而在 20 世纪 70 年代形成了外装饰“灰面孔”的统一格局。后来随着各类建筑涂料的开发，才逐渐丰富了我国外装饰的色彩。近年来新的装饰材料和新的装饰工艺不断涌现，比如水刷石、斩假石、泰山面砖等传统施工工艺的推陈出新，改善了装饰面的质感，提高了装饰效果，在外装饰中起到了画龙点睛的作用。

13.1.3　高层建筑的内装饰

20 世纪 70 年代以前，我国高层建筑室内装饰基本上都是采用传统的材料和做法。平顶装饰通常是在黄砂石灰底纸筋灰面上刷石灰浆、大白浆与可赛银浆；在木龙骨纤维板面上刷无光调和漆；在木龙骨胶合板面上刷清水油漆；石膏粉刷等。内墙面装饰通常也是在黄砂石灰底纸筋灰面上刷无光调和漆、石灰浆、大白浆、可赛银浆，或贴锦缎、胶合板清水腊克护壁，大理石墙面，瓷砖墙面，石膏粉刷等。地面装饰通常是铺设细石混凝土地面、油漆地面、硬木地板、羊毛地毯、大理石地面、磨光花岗石地面、现磨水磨石地面、马赛克地面和红缸砖地面等。施工工艺多为湿作业，手工操作，工具也较简单。

在地面装饰方面有化纤地毯、塑料地板、塑料石棉板地面、胶粘薄型硬木地板、印刷仿木纹地面、釉面地砖地面等。同时，胶体黏结剂得到广泛使用，胶质材料成了增强涂料附着力的重要成分。另外，采用干作业施工工艺也越来越普遍。在机具方面，出现了锯断、刨平、刨线条、钻孔、凿眼等多功能木工机具、自攻螺丝钉枪、冲击电钻、射钉枪、瓷硅切割机、墙布涂胶机、角向磨光机、型钉射钉枪和点状涂料喷枪等。从而使我国高层建筑室内装饰的现代化水平日益提高，经济效益和社会效益也有了明显改善。

13.2　幕 墙 工 程

幕墙是由面板与支承结构体系(支承装置与支承结构)组成的、可相对主体有一定位移能力或自身有一定变形能力、不承担主体结构所受作用的建筑外围护墙。因其不承重，看上来像是幕布一样挂上去的，故又称为悬挂墙。它是现代大型和高层建筑常用的带有装饰效果的轻质墙体。

13.2.1　铝合金幕墙

1. 混凝土剪力墙面的铝板饰面

幕墙以角铁为骨架，通过角铁扣件用膨胀螺栓将角铁骨架固定在混凝土墙面上，然后将铝板固定在骨架上，从而形成整片铝合金墙面。

铝板饰面的安装步骤如下。

(1)　以建筑物的垂直控制线和楼层标高为依据，分别在混凝土墙面上弹出分块竖线和水平线。

(2)　在混凝土墙面上做出塌饼，作为控制铝板和混凝土墙面安装距离的依据。

(3)　打设膨胀螺栓，螺栓进墙深度要求大于 20mm。

(4)　安装角钢扣件，扣件为 40mm×40mm 角钢，长 300mm，其上面的螺孔为椭圆形，以便调整安装距离。

(5)　安装角钢骨架。

(6)　安装铝板，用铆钉枪将铝板逐块固定在骨架上。

(7) 板缝处封防水硅胶。

(8) 清除板面保护胶纸，进行板面清理。

2. 框架结构墙面的铝合金幕墙

框架结构铝合金幕墙，一般为铝板和铝合金窗的组合幕墙。在框架结构上固定幕墙，是利用楼层结构的预埋件用扣件连接固定。每块铝板由金属框通过钢扣件和结构楼面上的预埋件连接固定，铝窗则用螺栓安装固定在四周铝板金属框上，形成整块铝合金组合面，在板面安装结束后，再在室内安装石膏板，外贴墙纸。

1) 铝板和铝窗组合墙面的安装步骤

(1) 预埋件整理。

(2) 弹线。在楼面混凝土上弹出横轴基准线和纵轴基准线。

(3) 安装钢扣件。在预埋件面先打设扣件螺杆。

(4) 安装铝板。3 块单件铝板的安装顺序是先安装窗间墙，然后安装窗肚墙铝板，它们分别由连接片和钢扣件连接，再由扣件支承在结构预埋件上。

(5) 安装铝窗框。在铝板安装后，最后安装铝窗，窗的四周和铝板连接固定。

(6) 安装玻璃。

(7) 嵌缝和防水处理。用专用注入枪将硅酮封缝料嵌入铝板间缝隙。

(8) 幕墙表面清洗。要随装随清洗，及时清除飞在上面的砂浆等污泥，并在交工前做一次系统的清洗。

2) 铝合金组合墙面安装的质量控制

墙面的安装要严格控制 3 个要点。

(1) 每块铝板安装高度的控制。安装高度直接关系到铝板水平分格缝能否在同一水平线上，是外观质量的关键，要求较高。

(2) 铝板饰面平整度控制。用悬挂线锤于基准轴线上来控制铝板面的平整度，如有误差则前后移动钢扣件槽口来进行调正。

(3) 铝板表面垂直度控制。从结构外侧用钢弦线引下一条垂线作为基准垂线，使每层横轴基准线到垂线之间的水平距离相等，并连续校正 3 层控制垂直度。对于铝板表面的垂直度可用测垂器来校准。

当铝板安装满足上述 3 个要点时，将钢扣件和预埋件焊接固定即可达到质量要求。

【小贴士】

幕墙安装不搭设脚手架，主要采用吊篮。吊篮可根据墙面形状加工成矩形、弧形以适应操作的需要。

13.2.2 玻璃幕墙

玻璃幕墙一般用于办公用房的外墙，它以铝合金为框间镶嵌玻璃，形成以固定玻璃为主体的玻璃幕墙立面。

1. 铝框玻璃幕墙

1) 节点构造

以统长幕墙竖筋为支承骨架，用角钢扣件将结构楼板混凝土上的预埋件焊接固定，再将玻璃分块镶嵌在骨架的竖横筋之间，最后用硅胶作防水嵌缝处理。

2) 安装步骤

(1) 将楼板面的预埋铁件表面清理干净。

(2) 根据建筑物轴线弹出纵横两个方向的基准线和水平标高控制点。

(3) 安装幕墙竖筋，以基准线为准，确定竖筋位，并在其挂直后将其固定。

(4) 安装幕墙横筋。

(5) 镶嵌玻璃，并用硅胶嵌缝作防水处理。

2. 大块玻璃幕墙

一般玻璃高度接近建筑物层高，以玻璃自身支承，端头固定，厚度为 10～19mm。整块玻璃高度在 5m 以内一般由玻璃本身支承自重，两端嵌入金属框内，用硅胶嵌缝固定。当高度过高时，要利用玻璃表面平整度高、吸附力强的特点采用吸盘机，将玻璃平稳地吸牢并移动到安装地点。

大块玻璃幕墙的安装顺序和安装方法如下。

(1) 按设计要求先固定好玻璃的顶框和底框。

(2) 玻璃就位：在玻璃两侧用手工吸盘由人工将其搬运至安装地点。

(3) 用吸盘机在玻璃一侧将玻璃吸牢，利用单轨电动葫芦将吸盘机连玻璃一起升高到一定高度，然后转动吸盘，将横卧的玻璃转动至竖直，并将玻璃上口先插入顶框，继续往上提，使玻璃下口对准底框槽口，然后将玻璃放入底框并安装支承在设计标高位置。

(4) 在玻璃与玻璃之间、玻璃与顶框或底框的凹槽内用硅胶嵌缝固定。

13.3 饰 面 工 程

饰面工程是对一个成型空间的地面、墙面、顶面及立柱、横梁等表面的装饰。附着在其上的装饰材料和装饰物是与各表面成刚性地连接为一体的，它们之间不能产生分离甚至剥落现象。

1. 材料品种和规格

面砖有釉面和毛面之分，颜色有米黄色、深黄色、乳白色等多种色彩，形状有正方形和长方形不同规格，其边长一般在 400mm 以下，厚度在 15mm 左右。

2. 镶贴工艺

1) 逐块铺贴法

(1) 按设计要求和面砖的规格弹好分格线。

(2) 在墙面及转角处每隔 2m 左右码好贴面标志点(可用面砖角料)以控制面层的平整度、垂直度和黏结层的厚度。

(3) 面砖洗刷干净，放入桶内清水浸泡 2h 以上，晾干使用。

(4) 面砖粘贴应分段或分块进行，每个分块自下而上粘贴。操作时在面砖背面刮满刀灰，砂浆厚度 6～8mm，面砖上墙后，用小木锤轻轻敲打，用直尺调正平整度和垂直度。每贴完一皮将砂浆刮平，放上分缝用的小木条，然后再贴下一皮，木条于次日取出。

(5) 勾缝：1∶1 水泥砂浆。

(6) 表面的清洁：有不洁之处，可用 5%～10%稀盐酸清洗。

2) 托板模具铺贴法

对于墙面造型特殊、要求多种颜色面砖交叉镶贴的墙面，可用托板模具铺贴小规格面砖。其铺贴步骤如下。

(1) 定线划块。

(2) 拼花组合：按照设计的要求对不同颜色的面砖进行花纹排列。先将面砖按编号反铺在模具内，并在砖缝中撒上细砂，随后在砖面上满黏结水泥砂浆(1∶1.5)～(1∶2.0)2～3mm。同时在墙面糙胚层上抹上相同的水泥黏结砂浆，随即将托板模具对准基线上墙粘贴，用木榔头轻轻击平，然后取下模具，刷清砖缝间细砂，最后进行托板之间的镶补工作。在铺贴 1d 后用纯水泥浆勾缝。

3. 大规格饰面板施工

1) 材料的品种

用于高层建筑外装饰的大规格饰面板一般选用天然石料。天然石料根据材质分为大理石和花岗石两种。根据表面加工处理的不同有光面、镜面、粗磨面、麻面、条纹面及天然石面等。大理石和花岗石均是色彩丰富、绚丽美观的高级装饰材料，价格昂贵，质量要求高。

2) 安装方法

(1) 灌浆固定法。按照设计要求在基层表面绑扎好钢筋网和结构预埋件，连接牢固。每块墙面进行饰面板分块，按不同规格分别编号，并要求在平地上试拼，以校核其尺寸、排列和色泽的协调一致。安装前饰面板材按设计要求用钻头打圆孔，穿上铜丝或镀锌铅丝。

自下而上进行安装，先在最下一皮两头做好找平标志，拉好横线，从中间向两边(或从一端向另一端)开始安装，将铜丝与结构表面的钢筋网绑扎固定，随时用托线板靠平靠直，保证板与板的接缝和四角平整。板材与基层墙面的缝隙一般为 20～50mm，用石膏将一皮饰面板逐块临时固定，检查其平整度与垂直度，然后用 1∶2.5 水泥砂浆(稠度一般为 8～12cm)分层灌注。每皮灌浆高度控制在 15～20cm，并振捣密实，待初凝后再继续灌浆，灌至离饰面板上口 5～10cm 时停止，然后将上口临时固定的石膏剔除，清理干净缝隙，继续安装上皮的饰面板，依次由下而上安装灌浆固定。

【知识拓展】

较大规格的饰面板除了和结构物的钢筋网拉结外，还应采用支撑形式帮助固定，在离墙面约 10cm 处搭设临时支撑，用木榫和板材面填实作临时固定。安装和固定后的饰面板，当天应做好表面清理，并对已完工的贴面做好产品保护。光面和镜面饰面板须经清洗晾干后方可打蜡擦亮。

(2) 扣件固定法。用扣件固定大规格饰面板是近期才发展的新工艺，费用较高。它改变了传统的灌浆固定法，采用在混凝土墙面上打膨胀螺栓，再通过钢扣件连接饰面板材。每块板材的自重由钢扣件传递给膨胀螺栓支承。板与板之间用不锈钢销钉固定，板面接缝的防水处理用密封硅胶。用扣件固定饰面板，在板块与混凝土墙面之间形成的空腔无须用砂浆填充，因此对结构面的平整度要求较低。墙体外饰面受热胀冷缩的影响较小。

【案例 13-1】某工程为大唐西市综合住宅 1 号、2 号楼工程。本工程总建筑面积 94857.5m^2。建筑总高度 105.20m，共计 34 层，属于综合住宅楼。建筑物外墙装饰采用空调百叶窗、陶瓷面砖、干挂大理石等。陶瓷面砖铺装面积约 4.5 万 m^2，陶瓷面砖采用 240cm×60cm 规格砖缝为 5mm，大面积采用浅灰色工字贴、深灰色每隔 5 层设两道腰线，其余腰线为浅灰色，正面沿子分别用深灰和白色两种。

【分析】

1. 施工准备

(1) 技术准备。组织项目技术人员进行施工图纸消化、编制施工方案、进行技术交底，进行“样板施工”，样板施工选择在 1 号楼西山墙，2 号楼东山墙立面上。

(2) 施工设备准备：搅拌机、手提电动调速搅拌器。常用工具：铁抹子、托灰板、灰桶、铁铲、刮杠、靠线板、猪鬃刷(4 寸)、木抹板、方头铁铲、手推车、木方尺(单位长不小于 15cm)、常用的检测工具(经纬仪及放线工具)、2m 托线板、水平尺、钢尺、手锤、钳子等。

(3) 材料准备。面砖的品种、规格、颜色均匀性须符合设计规定，砖表面平整方正、几何尺寸一致，不得有缺棱掉角和表面裂纹缺陷；面砖吸水率、抗冻性等各检测项目、技术指标、检测结果均应满足陶瓷砖 GB/T 4100—2006 的有关规定。界面处理剂选用符合《混凝土界面处理剂》(JC/T 907—2002)有关规定的界面剂，可用作界面增强剂、基面处理剂和水泥砂浆添加剂。其主要优点是：增加砂浆黏结力、防止砂浆过早硬化、减少砂浆开裂、提升防水抗渗效果，且环保无毒。

2. 施工设施

32 层以上的主体结构利用已有整体提升脚手架进行操作(脚手架搭设应离开外墙面一定距离，预留出保温层施工的厚度)。32 层以下利用吊篮提升设备施工。

3. 施工作业条件

(1) 外墙墙体平整度达到要求，经监理单位检查验收合格方可进行下道工序施工。

(2) 外墙外表面的雨水管卡、预埋铁件、设备穿墙管道等应提前安装完毕，并预留出一定的厚度。

(3) 施工用脚手架搭设及吊篮安装必须牢固，安全检验合格。

本 章 小 结

本章对高层建筑施工的装饰工程施工进行了讲解。章节首先对高层建筑装饰工程施工进行了概述，内容包括外装饰的功能及其发展、高层建筑室内装饰工程的发展、高层建筑室内装饰技术开发的重要性；接着介绍了幕墙工程，内容包括铝合金幕墙、玻璃幕墙等；

最后介绍了高层建筑的饰面工程。通过介绍，读者应该掌握高层建筑的装饰工程的概念及其方法，并能在实际测量中运用所学知识。

思考与练习

1. 在饰面板(砖)工程中应对哪些项目进行复验?
2. 在幕墙工程中应对哪些隐蔽工程项目进行验收?
3. 在幕墙工程中应对哪些材料及其性能指标进行复验?
4. 装饰抹灰工程的表面质量应符合哪些规定?

参 考 文 献

[1] 江正荣，朱国梁. 简明施工计算手册[M]. 北京：中国建筑工业出版社，1991.

[2] 侯君伟. 现浇混凝土建筑结构施工手册[M]. 北京：机械工业出版社，2003.

[3] 杨南方等. 混凝土结构施工实用手册[M]. 北京：中国建筑工业出版社，2001.

[4] 叶昌琳. 大体积混凝土施工[M]. 北京：中国建筑工业出版社，1987.

[5] 李刚，程耿东. 基于性能的结构抗震设计——理论、方法与应用[M]. 北京：科学出版社，2004.

[6] 熊丹安. 建筑抗震设计简明教程[M]. 广州：华南理工大学出版社，2006.

[7] 李爱群，高振世. 工程结构抗震与防灾[M]. 南京：东南大学出版社，2003.

[8] 方鄂华，钱稼茹，叶列平. 高层建筑结构设计[M]. 北京：中国建筑工业出版社，2003.

[9] 胡庆昌，孙金墀，郑琪. 建筑结构抗震减震与连续倒塌控制[M]. 北京：中国建筑工业出版社，2007.

[10] 李战雄. 浅谈地下室防水工程施工质量监理[J]. 广西城镇建设，2005(08) .

[11] 李钊，孙永军. 高层建筑地下室主体结构施工探讨[J]. 经营管理者，2009(14).

[12] 李向东. 某高层建筑地下室工程施工监理的质量控制[J]. 福建建筑，2001(01).

[13] 赵斌武，魏井军，王春雨. 高层建筑地下室防水施工质量控制[J]. 科技信息，2009(14).